이산수학의 이해

이병무 지음

KM 경문사

머리말

이산수학은 이산구조를 가진 대상, 즉 서로 다르거나 연결되어 있지 않은 원소들의 집합이나 시스템에 대한 수학적 성질을 연구하는 수학의 한 분야이다. 따라서 연속의 개념을 제외한 이산적인 대상과 유한 과정의 개념을 다룸으로써 정보화 시대의 과학과 기술의 근간이 되는 이산수학은 실생활에서 일어나는 이산 상황에 대한 제반 문제를 수학적으로 분류하고, 논리적으로 사고하여 합리적으로 문제를 해결하는 능력을 길러준다. 1980년대 이후 정보화 사회를 유발한 컴퓨터 과학과 기술 공학의 발전과 더불어 산업과 경영에서 파급되는 정보가 폭발적으로 증가함으로써 이산적인 상황을 보다 간결하게 표현하고 처리하는 수학적 방법론이 급격히 요구됨으로써 이산수학의 발전은 가속화되고 있다.

이산수학의 문제들은 해결 방법의 존재성에 관한 문제, 해결 방법을 찾는 수 세기의 문제, 그리고 최적해를 결정하는 최적화 문제로 분류된다. 따라서 이 책에서는 이러한 문제를 해결하기 위해 이산수학에서 필요한 기본 개념을 설명하고 문제 해결에 대한 적응력을 향상시키는데 주안점을 두었다. 이 책은 학생들이 보다 쉽게 내용을 이해하고 실제로 이산수학 이론의 개념을 정립할 수 있도록 집필되었고, 학생들로 하여금 이산수학의 수학적 이론에 대하여 흥미를 갖도록 하였다. 특히 이론적 배경과 적용 방법, 그리고 이론적 유도과정을 쉽게 설명하였으며, 이산수학을 필요로 하는 모든 학문 분야를 전공하는 학생을 대상으로, 한 학기 또는 두 학기에 이수해야 할 부분을 체계적으로 담아내는데 초점을 두었다.

제1장에서는 논리와 집합에 관하여 서술하였다. 제2장에서는 수의 체계와 알고리즘, 즉 정수의 성질, 특히 소수의 성질을 탐구하여 암호 이론에 응용되고 있는 수학의 응용 세계를 접하도록 하였고, 알고리즘을 도구로 하여 이산수학의 제반 문제를 해결하는 방법을 알아보았다. 제3장에서는 행렬과 연립일차방정식에 관하여 설명하고, 제4장에서는 경우의 수와 확률에 관하여 서술하였다. 많은 분야에서 제기되는 문제

의 해결 수단으로 이용되는 순열과 조합이론을 공부하여 문제의 해결 방법에 대한 다양성을 강조하였다. 제5장에서는 그래프에 관하여 기술하였다. 이산 구조를 가진 대상물의 수학적 성질을 탐구할 때, 난이한 문제의 해결 도구로 이용되는 그래프의 성질, 검색 알고리즘에 관하여 설명하였다.

이 책에서는 기본 개념과 정리에 대한 이해를 돕고 광범위한 영역에 걸쳐 활용하기 위하여 반드시 갖추어야 할 기본 기능을 익히도록 하였다. 많은 예제를 이용하여 혼자서도 쉽게 새로운 개념과 정리에 대하여 충분히 이해하고 활용할 수 있도록 서술하였으며, 증명 또는 풀이의 일부분은 독자에게 맡겨 스스로 해결점을 찾도록 하였다. 다만 간단한 보기를 '예'로 증명이나 풀이가 뒤따른 것은 '예제'로 구분하였다. 또한 각 절의 마지막에 연습문제를 제시하고 풀이 또는 증명과정을 자세히 제공함으로써 스스로 효과적으로 활용할 수 있도록 하였다.

이 책이 출간되어 수학을 전공하는 학생은 물론 공학, 자연과학, 사회과학 등을 전공하는 학생들이 이산수학에 대한 기초 전반을 학습하여 수학적이고 합리적인 사고와 탐구적인 생각으로 복잡한 응용문제를 해결하는 능력을 갖추는데 많은 도움이 되기를 바란다. 다만 내용상 미비한 부분이나 독자의 오류에 대한 지적과 개선 방향에 대하여 독자 여러분의 따뜻한 조언이 있기를 바란다.

끝으로 본 교재가 출판되기까지 적극적으로 지원해준 경문사 관계자에게 감사드린다. 특히 편집에 수고를 아끼지 않은 편집부와 집필하는 동안 끊임없이 애정을 가지고 조언하며 원고를 수정해준 김엘라씨를 포함한 많은 분들께도 감사와 함께 행운이 깃들기를 기원한다.

2016년 9월

지은이

차례

제1장 논리와 집합

1.1 명제와 논리연산 ······ 2
1.2 증명 방법 ······ 10
1.3 집합 ······ 17

제2장 수의 체계와 알고리즘

2.1 수의 체계 ······ 28
2.2 함수 ······ 53
2.3 알고리즘 ······ 83

제3장 행렬과 연립일차방정식

3.1 행렬 ······ 92
3.2 연립일차방정식 ······ 97
3.3 정칙행렬과 역행렬 ······ 105

제4장 경우의 수와 확률

4.1 유한집합 ······ 110
4.2 비둘기집 원리 ······ 121
4.3 순열과 조합 ······ 129
4.4 분배 ······ 160
4.5 확률 ······ 184

제5장 그래프

5.1 그래프 ········ 190
5.2 트리 그래프 ········ 238
5.3 평면그래프와 정다면체 ········ 259
5.4 그래프 채색과 최단 경로 ········ 269

- 연습문제 풀이 ··· 287
- 참고문헌 ··· 315
- 찾아보기 ··· 317

논리와 집합

제1장

1.1 명제와 논리연산

1.2 증명 방법

1.3 집합

1.1 명제와 논리연산

수학뿐 아니라 많은 학문 분야에서 다루는 증명과 알고리즘이 정확하고 완전한 설명이 되기 위해서는 포함된 논리적 표현의 진위, 즉 참과 거짓 여부를 알아야 한다. 이 절에서는 명제로 구성된 논리의 진위를 판별하는 방법을 알아본다.

참(True) 또는 거짓(False)이 되는 서술 문장을 **명제**(statements)라 하며, 참(T) 또는 거짓(F)을 명제의 **진릿값**(truth value)이라고 한다. 두 가지 이상의 명제는 다섯 개의 기본연산자 '$\sim$', '$\wedge$', '$\vee$', '$\rightarrow$', '$\leftrightarrow$'로 합성된다. 일반적으로 기본연산자들로 합성된 명제에서는 괄호를 최우선으로 하고, $\sim$ 다음에 $\vee$, $\wedge$, 그리고 $\rightarrow$, $\leftrightarrow$의 순서로 연산하여 진릿값을 구한다.

먼저 두 가지 명제 p, q에 대한 기본연산

$$\sim p,\ \ p \vee q,\ \ p \wedge q$$

의 **진리표**(truth table)는 다음과 같다.

p	$\sim q$
T	F
F	T

$\sim q$

p	q	$p \vee q$
T	T	T
T	F	T
F	T	T
F	F	F

$p \vee q$

p	q	$p \wedge q$
T	T	T
T	F	F
F	T	F
F	F	F

$p \wedge q$

| 표 1.1.1 |

여러 가지 명제가 합성이 될 때는 각 명제의 참과 거짓에 따라 합성된 명제의 값이 좌우되므로, 합성된 명제는 각 명제가 변수인 하나의 함수라고 할 수 있다. 즉 여러 가지 연산으로 합성된 명제 $P(p_1, p_2, \cdots)$는 각 명제변수 $p_1, p_2, \cdots$에 따라 합성된 진릿값이 결정되는 함수, 즉 명제함수이다. 명제함수 $P(p_1, p_2, \cdots)$의 진위는 진리표에 의해 판별할 수 있다.

명제변수 p, q로 합성된 명제함수 $P(p, q)$의 진릿값은 p, q가 각각 T, F가 될 수 있는 네 가지 조합에 대해서 참 또는 거짓을 판별하며, n개의 변수에 대해서는 T, F의 2^n개 조합에 대하여 참 또는 거짓을 판별해야 한다.

예제 명제 $\sim(p \wedge \sim q)$의 진리표를 구하시오.

풀이

p	q	$\sim q$	$p \wedge \sim q$	$\sim(p \wedge \sim q)$
T	T	F	F	T
T	F	T	T	F
F	T	F	F	T
F	F	T	F	T

| 표 1.1.2 | ■

명제변수 $p_1, p_2, \cdots$의 참과 거짓에 상관없이 항상 참이 되는 명제함수 $P(p_1, p_2, \cdots)$를 **항진명제** (tautology)라 하고, 항상 거짓이 되는 명제함수를 **모순명제** (contradiction)라고 한다.

예 $p \vee \sim p$는 항진명제이고, $p \wedge \sim p$는 모순명제이다. 이때 명제 p에 어떤 명제가 대신 하더라도 항진과 모순은 변하지 않는다. □

논리에서 가장 많이 나타나는 명제 중의 하나는 "p이면 q이다."와 같은 명제이다. 이러한 명제를 **조건명제** (conditional statement)라고 하며

$$p \rightarrow q$$

로 표시한다. 한편 "p이면 q이고, q이면 p이다."와 같은 명제를 **쌍조건명제** (biconditional statement)라고 하며

$$p \leftrightarrow q$$

로 표시한다.

두 명제 p, q에 대한 조건명제 $p \rightarrow q$와 쌍조건명제 $p \leftrightarrow q$의 진릿값을 다음으로 정의한다.

p	q	$p \rightarrow q$
T	T	T
T	F	F
F	T	T
F	F	T

$p \rightarrow q$

p	q	$p \leftrightarrow q$
T	T	T
T	F	F
F	T	F
F	F	T

$p \leftrightarrow q$

| 표 1.1.3 |

두 명제 p, q에 대하여 p가 참이고, q가 거짓인 경우는 조건명제 $p \to q$가 유일하게 거짓이 되며, p가 거짓이면 q에 관계없이 $p \to q$는 참이 된다. 두 명제 p, q에 대하여 쌍조건명제 $p \leftrightarrow q$는 명제 $(p \to q) \wedge (q \to p)$와 같은 진릿값을 가지며, p와 q가 같은 진릿값을 가질 때만 $p \leftrightarrow q$는 참이 되고, 다르면 거짓이 된다.

참고 수학적 문제에서 두 명제 p, q에 대하여, 조건명제 $p \to q$ 또는 쌍조건명제 $p \leftrightarrow q$가 참이 됨을 보여야 할 때가 많다. 이때 "명제 $p \to q$가 참"임을 보이기 위해서는 명제 p가 참일 때 q가 참이 됨을 보이거나 p가 거짓임을 보이면 되고, "명제 $p \leftrightarrow q$가 참"임을 보이기 위해서는 명제 p와 q가 같은 진릿값을 가짐을 보이면 된다. ✠

명제함수 $P(p_1, p_2, \cdots)$가 항상 참이면 $Q(q_1, q_2, \cdots)$도 항상 참일 때, $P(p_1, p_2, \cdots)$가 $Q(q_1, q_2, \cdots)$를 **논리적으로 함의**(logically imply), 간단히 **함의**(imply)한다고 하며

$$P(p_1, p_2, \cdots) \Rightarrow Q(q_1, q_2, \cdots)$$

로 표시한다. 따라서 기호 $\to$와 $\Rightarrow$는 분명히 다르다. 즉 $P \to Q$는 참 또는 거짓이 될 수 있는 명제이고, $P \Rightarrow Q$는 명제 P가 참이고 명제 Q가 거짓인 경우가 없는 두 명제 P, Q 사이의 관계를 의미한다. 정확히 $P \to Q$는 "P이면 Q"를 의미하는 참 또는 거짓이 되는 명제이고, $P \Rightarrow Q$는 "P이면 Q"가 항상 참을 표현하는 기호의 약속이다.

예제 $(p \to q) \wedge (q \to r) \Rightarrow (p \to r)$이 성립한다.

증명 다음 진리표

p	q	r	$p \to q$	$q \to r$	$(p \to q) \wedge (q \to r)$	$p \to r$	$(p \to q) \wedge (q \to r) \to (p \to r)$
T	T	T	T	T	T	T	T
T	T	F	T	F	F	F	T
T	F	T	F	T	F	T	T
T	F	F	F	T	F	F	T
F	T	T	T	T	T	T	T
F	T	F	T	F	F	T	T
F	F	T	T	T	T	T	T
F	F	F	T	T	T	T	T

❙ 표 1.1.4 ❙

의 짙은 색의 표시 부분에서 명제 $(p \to q) \wedge (q \to r)$이 참이고 $p \to r$이 거짓인 경우가 없으므로, 즉 $(p \to q) \wedge (q \to r)$이 참이면 $p \to r$이 참이므로

$$(p \to q) \wedge (q \to r) \Rightarrow (p \to r)$$

이 된다. 또는 명제 $(p \to q) \wedge (q \to r) \to (p \to r)$이 항상 참이므로

$$(p \to q) \wedge (q \to r) \Rightarrow (p \to r)$$

이 된다고 설명할 수도 있다. ■

예제 $(p \to q) \wedge \sim q \Rightarrow \sim p$가 성립한다.

증명

p	q	$p \to q$	$\sim q$	$(p \to q) \wedge (\sim q)$	$\sim p$	$(p \to q) \wedge \sim q \to \sim p$
T	T	T	F	F	F	T
T	F	F	T	F	F	T
F	T	T	F	F	T	T
F	F	T	T	T	T	T

표 1.1.5

로부터 $(p \to q) \wedge (\sim q)$가 참이면 $\sim p$가 참이므로(표에서 진하게 표시한 부분) $(p \to q) \wedge \sim q \Rightarrow \sim p$가 된다. ■

두 명제함수 $P(p_1, p_2, \cdots)$와 $Q(q_1, q_2, \cdots)$가 같은 진리표를 가질 때, 이 두 명제를 **동치**(equivalent)라고 하며

$$P(p_1, p_2, \cdots) \Leftrightarrow Q(q_1, q_2, \cdots) \text{ 또는 } P(p_1, p_2, \cdots) \equiv Q(q_1, q_2, \cdots)$$

로 표현한다.

예 두 명제 p, q에 대하여 $\sim (p \vee q)$와 $\sim p \wedge \sim q$는 p, q의 진위에 따라 항상 같은 결과를 가지므로 동치명제, 즉

$$\sim (p \vee q) \equiv \sim p \wedge \sim q$$

이다. 또한 두 명제 p, q에 대하여 $p \to q$와 $\sim p \vee q$의 진릿값이 같으므로

$$p \to q \equiv \sim p \vee q$$

가 된다. □

참고 명제 $P \leftrightarrow Q$는 참 또는 거짓일 수 있는 명제를 표현한 것이지만, $P \Leftrightarrow Q$는 $P \leftrightarrow Q$가 항상 참이 됨을 의미한다. 따라서 두 기호 $\leftrightarrow$, $\Leftrightarrow$는 분명히 다르다. 명제 $P \leftrightarrow Q$가 참이면 두 명제의 진릿값은 같으므로 $P \equiv Q$가 되고, $P \equiv Q$이면 두 명제의 진릿값이 같음을 의미하므로 $P \leftrightarrow Q$는 항상 참이 된다. ✠

두 명제 p, q에 대하여, $p \Rightarrow q$일 때, p를 q이기 위한 **충분조건**(sufficient condition)이라 하고 q를 p이기 위한 **필요조건**(necessary condition)이라고 한다. 그리고 $p \Leftrightarrow q$를 "p일 때, 그때에 한하여 q(p if and only if q)" 또는 "p는 q에 대한 **필요충분조건**(necessary and sufficient condition)"이라 하고, 이때 두 조건 p와 q는 서로 동치라고 한다.

예제 두 명제 p, q에 대하여, 다음이 성립한다.

(1) $(p \to q) \equiv (\sim q \to \sim p)$

(2) $(q \to p) \equiv (\sim p \to \sim q)$

증명 다음 진리표

p	q	$p \to q$	$q \to p$	$\sim q$	$\sim p$	$\sim q \to \sim p$	$\sim p \to \sim q$
T	T	T	T	F	F	T	T
T	F	F	T	T	F	F	T
F	T	T	F	F	T	T	F
F	F	T	T	T	T	T	T

| 표 1.1.6 |

에서 두 명제 $q \to p$와 $\sim p \to \sim q$의 진릿값이 같으므로, 두 명제는 서로 동치이다. ■

동치명제 $p \to q$와 $\sim q \to \sim p$를 서로의 **대우**(contraposition)라고 한다. 또한 명제 $p \to q$와 $q \to p$를 서로의 **역**(converse)이라고 하며, 명제 $p \to q$와 $\sim p \to \sim q$를 서로의 **이**(inverse)라고 한다.

참고 서로 대우 관계를 갖는 두 명제는 동치가 된다. 즉 한 명제가 참이 됨을 보이면 그 대우명제가 참이 됨을 보인 것과 같음을 의미한다. ✠

예제 명제 c가 모순명제일 때, 다음이 성립한다.

$$(p \to q) \equiv [(p \wedge \sim q) \to c]$$

증명 다음 진리표

p	q	$p \to q$	$\sim q$	$p \wedge \sim q$	c	$(p \wedge \sim q) \to c$
T	T	T	F	F	F	T
T	F	F	T	T	F	F
F	T	T	F	F	F	T
F	F	T	T	F	F	T

표 1.1.7

에서 $p \to q$와 $(p \wedge \sim q) \to c$의 진릿값이 같으므로, 두 명제는 서로 동치이다. ■

일반적으로 집합 $A_1 \times A_2 \times \cdots \times A_n$에 대하여, n변수

$$(x_1, x_2, \cdots, x_n) \in A_1 \times A_2 \times \cdots \times A_n$$

에 값 또는 **한정사** (quantifier)와 같은 제한을 부여할 수 있다. 이때 참 또는 거짓을 판별할 수 있도록 한 명제의 함수식이나 문장 $p(x_1, x_2, \cdots, x_n)$이 집합 $A_1 \times A_2 \times \cdots \times A_n$에서 정의된 **명제함수** (propositional function)이다.

예 등식 $x+y=5$는 x, y 값이 결정되기 전에는 참과 거짓을 판별할 수 없다. 하지만

"x가 정수일 때, 등식 $x+y=5$를 만족하는 정수 y가 존재한다."

는 참인 명제가 된다. □

주어진 등식 $x+y=5$에 대한 해의 존재성을 판별할 때, $x, y \in \mathbb{Z}$(단, $\mathbb{Z}$는 정수 전체의 집합)이면 해의 존재성의 진위를 판별할 수 있다. 이때

"$x, y \in \mathbb{Z}$에 대한 등식 $x+y=5$의 해의 존재성"

을 명제 $p(x, y)$라고 하면, $p(x, y)$는 "$x, y \in \mathbb{Z}$에 대한"이라는 한정사를 갖고 $\mathbb{Z} \times \mathbb{Z}$에서 정의된 명제함수가 된다. 또한 모든 정수 x라는 한정사를 주어도 등식 $x+y=5$를 만족하는 정수 y의 존재성이 참이 되어 명제함수가 된다. 따라서 한정사에는

"모든 x에 대하여 (for all x, $\forall x$)"

와

"x가 존재하여 (어떤 x에 대하여, for some x, for at least one x, $\exists x$)"

등과 같은 제한 조건이 있다.

"모든 x에 대하여 $p(x)$는 참 (또는 거짓)이다."의 부정명제는 "$p(x)$가 거짓 (또는 참)이 되는 x가 존재한다." 또는 "어떤 x에 대하여 $p(x)$가 거짓 (또는 참)이다."와 동치관계이다. 따라서 이것을 기호로 표시하면

$$\sim (\forall x,\ p(x)) \equiv \exists x,\ \sim p(x)$$

가 된다. 즉 "모든 x에 대하여 $p(x)$는 참이다."인 명제가 거짓임을 보이는 것은 "$p(x)$가 거짓이 되는 x가 존재한다."를 밝히는 것과 같다. 이렇게 $p(x)$가 거짓이 되는 x를 명제

$$\forall x,\ p(x)$$

의 반례 (counter-example)라고 한다.

예제 실수 전체의 집합을 $\mathbb{R}$이라 할 때, 다음 명제는 참이 아니다.

(1) $\forall x \in \mathbb{R},\ x^2 \geq x$ (2) $\forall x \in \mathbb{R},\ |x| \neq 0$

증명 (1) 명제의 부정은 "$\exists x \in \mathbb{R},\ x^2 < x$"이다. 이때 $x = 0.1$이면 이 명제는 참이 된다. 따라서 $x = 0.1$은 명제 "$^{\forall} x \in \mathbb{R},\ x^2 \geq x$"의 반례가 된다. 그러므로 주어진 명제는 참이 아니다.

(2) $x = 0$은 명제 "$^{\forall} x \in \mathbb{R},\ |x| \neq 0$"의 반례가 된다. 따라서 주어진 명제는 참이 아니다. ∎

마찬가지 방법으로 "어떤 x에 대하여 $p(x)$는 참이다."의 부정명제는 "모든 x에 대하여 $p(x)$는 거짓이다."와 동치이다. 따라서 이것을 기호로 표시하면

$$\sim (\exists x,\ p(x)) \equiv \forall x,\ \sim p(x)$$

가 된다.

두 개 이상의 변수를 포함하는 명제함수의 부정은 변수가 한 개인 명제함수의 부정과 동치인 명제를 이용하여 오른쪽부터 적용해 나가면 된다.

연습문제 1.1 EXERCISES

1. 다음을 증명하시오.

$$p \rightarrow q \equiv \sim p \vee q$$

2. "비가 오면 학생들은 소풍을 가지 않는다."의 부정을 구하시오.

3. 다음 명제의 부정을 간단히 나타내시오.

(1) $p \rightarrow q$ (2) $p \leftrightarrow q$

4. $\sim (p \vee q) \vee (\sim p \wedge q) \equiv \sim p$가 성립함을 보이시오.

5. 다음 명제의 성립 여부를 판정하시오.

(1) $(p \rightarrow q) \wedge \sim p \Rightarrow \sim q$

(2) $[(p \rightarrow q) \wedge (r \rightarrow s)] \Rightarrow [(p \vee r) \rightarrow (q \vee s)]$

6. 다음 명제의 성립 여부를 판정하시오.

(1) $(p \wedge q) \Rightarrow p \leftrightarrow q$ (2) $(p \leftrightarrow \sim q) \Rightarrow p \rightarrow q$

7. $[(p \wedge \sim q) \rightarrow \sim p] \wedge [(p \wedge \sim q) \rightarrow p] \Rightarrow [(p \wedge \sim q) \rightarrow c]$가 성립함을 보이시오. 여기서 c는 모순명제이다.

1.2 증명 방법

각 분야에서 참과 거짓을 확실히 판단할 수 없는 많은 수학적 문장이 만들어진다. 이때 참 또는 거짓을 정확히 알지 못하는 수학적 문장을 가설(hypothesis)이라 하고, 어떤 수학적 문장이 참임을 정확하고 완전하게 보이는 과정을 **증명**(proof)이라고 한다. 가설의 진위가 밝혀지면 그 가설은 하나의 명제가 된다. 이때 참인 명제를 **보조정리**(lemma), **정리**(theorem), **따름정리**(corollary)라고 한다. 보조정리는 더 중요한 결과를 증명하기 위해 앞서 사용되는 참인 명제를 말하며, 따름정리는 정리의 특수한 경우나 정리로 귀결되는 참인 명제를 의미한다.

여기서는 증명을 하고자 하는 정리가 가장 일반적인 "$P \to Q$가 참이다.", 즉 "$P \Rightarrow Q$"의 형태라고 가정하고, 증명의 방법을 분류하여 알아본다.

(1) 직접 증명

명제 $P \to Q$가 참임을 보이기 위해 명제 P가 참임을 가정하고 여러 가지 규칙과 이미 참으로 증명된 정리를 이용하여 Q가 참임을 증명하는 방법을 **직접 증명**(direct proof)이라고 한다.

구체적으로 설명하면 논리적 함의의 추이적 성질을 이용하여

$$P \Rightarrow P_1,\ P_1 \Rightarrow P_2,\ \cdots,\ P_k \Rightarrow Q$$

를 보임으로써 $P \Rightarrow Q$를 증명하는 방법을 말한다. 이때 참인 명제 $P_1, P_2, \cdots, P_k$는 정의, 정리, 따름정리, 보조정리로부터 얻은 결과이다.

직접 증명의 어려운 점은 결론을 연역해 나갈 때 필요한 중간 과정의 참인 명제 $P_1, P_2, \cdots, P_k$에 대한 정보를 아는 것이고, 정의와 이러한 참인 명제와의 관계를 적절히 이용하여 연역해야 하는 점이다.

예제 n이 홀수이면, n^2도 홀수이다.

증명 n이 홀수이면, 홀수의 정의에 의해 $n = 2k+1$ (단, k는 정수)로 표현된다. 이때

$$n^2 = (2k+1)^2 = 4k^2 + 4k + 1 = 2(2k^2 + 2k) + 1$$

이므로, n^2은 홀수이다. ■

(2) 간접 증명

간접 증명 (indirect proof)에는 두 가지 방법, 즉 대우를 이용한 명제의 증명과 귀류법에 의한 증명이 있다.

① 대우증명

두 명제 $P \to Q$와 $\sim Q \to \sim P$에 대하여

$$(P \to Q) \equiv (\sim Q \to \sim P)$$

이므로, $P \to Q$와 $\sim Q \to \sim P$는 서로 동치이다. 따라서 명제 $P \to Q$가 참임을 증명하는 대신 그 대우명제 $\sim Q \to \sim P$가 참임을 증명해도 된다. 즉 명제 Q가 거짓임을 가정하고 여러 가지 규칙과 이미 참으로 증명된 정리를 이용하여 P가 거짓임을 증명하는 방법을 **대우증명** (proof by contraposition)이라고 한다.

예제 $3n+2$가 홀수이면, n이 홀수이다.

증명 n이 홀수가 아니라면, 즉 짝수라면 짝수의 정의에 의해 $n=2k$ (단, k는 정수)로 표현된다. 따라서

$$3n+2=3(2k)+2=6k+2=2(3k+1)$$

이므로, $3n+2$는 짝수이다. 그러므로 주어진 명제의 대우명제가 참이다. 따라서 $3n+2$가 홀수이면, n이 홀수이다. ■

② 귀류법 증명

두 명제 $p \to q$와 $(p \wedge \sim q) \to c$는 서로 동치이므로, $p \to q$가 참임을 보이는 것은 $(p \wedge \sim q) \to c$가 참임을 보이는 것과 같다. 즉 p가 참이고 q가 거짓, 즉 $p \wedge \sim q$가 참임을 가정하고, 모순명제 c를 연역해 내는 방법을 **귀류법 증명** (proof by contradiction)이라고 한다.

(3) 수학적 귀납법

참고 양의 정수의 정렬성 (well-ordering property) : 양의 정수 전체의 집합을 $\mathbb{N}$으로 나타낼 때, $\mathbb{N}$의 각 부분집합 S (단, $S \neq \varnothing$)에는 최소원 l이 유일하게 존재한다. ✠

다음 원리는 수학적 귀납법의 근거가 된다.

정리 1	**수학적 귀납법의 원리** (Principle of mathematical induction)

$\mathbb{N}$이 양의 정수 전체의 집합일 때, $\mathbb{N}$의 부분집합 S가 다음 두 조건

(1) $1 \in S$

(2) $k \in S$이면, $k+1 \in S$이다.

를 만족하면, $S = \mathbb{N}$이 성립한다.

증명 귀류법 증명을 이용한다. $S \neq \mathbb{N}$, 즉 $T = \mathbb{N} - S \neq \varnothing$라면, $T \subset \mathbb{N}$이므로 $\mathbb{N}$의 정렬성에 의해 집합 T에는 최소의 양의 정수 $a \in T$가 존재한다. 이때 $a \notin S$이므로 $a \neq 1$, 즉 $a > 1$이다. 또한 $a \in T$가 최소의 양의 정수이므로 $a-1 \notin T$이고 $a-1 \in S$이다. 그런데 성질 (2)에 의해 $(a-1)+1 = a \in S$가 되어 $a \notin S$에 모순이 된다. 따라서 $S = \mathbb{N}$이 성립한다. ■

정리 2	**수학적 귀납법** (mathematical induction)

어떤 명제 $p(n)$이 참이 되는 양의 정수 n의 집합을 S라 하고, 집합 S가

(1) $p(1)$이 참이다. $(1 \in S)$

(2) $p(k)$가 참이면, $p(k+1)$도 참이다. ($k \in S$이면, $k+1 \in S$)

를 만족하면, $p(n)$은 모든 양의 정수 n에 대해 항상 참이다. $(S = \mathbb{N})$

수학적 귀납법은 양의 정수에 대한 어떤 공식이나 사실을 증명할 때 자주 쓰인다.

참고 양의 정수 n에 대하여

$$n! = 1 \cdot 2 \cdot \cdots \cdot (n-1) \cdot n$$

을 n의 **계승** (factorial) 또는 **팩토리얼 함수**라고 한다. 이때 $0! = 1$로 정의한다. ✠

예제 모든 양의 정수 n에 대하여, 다음이 성립한다.

$$\sum_{j=1}^{n} j(j!) = (n+1)! - 1$$

증명 $n = 1$일 때 $1 \cdot (1!) = 1$, $(1+1)! - 1 = 1$이므로, 등식이 성립한다. 이제 $k \geq 1$일 때 등식 $\sum_{j=1}^{k} j(j!) = (k+1)! - 1$이 성립한다고 가정하자. 그러면 $n = k+1$일 때

$$\begin{aligned}\sum_{j=1}^{k+1} j(j!) &= \sum_{j=1}^{k} j(j!) + (k+1)(k+1)! \\ &= (k+1)! - 1 + (k+1)(k+1)! \\ &= (k+1)!(k+1+1) - 1 \\ &= (k+2)! - 1\end{aligned}$$

이므로, 등식이 성립한다. 따라서 수학적 귀납법에 의해, 모든 양의 정수 n에 대하여 등식이 성립한다. ■

참고 양의 정수 n(단, $n \geq c$)에 관한 명제 $p(n)$이 다음 두 조건

(1) 양의 정수 c에 대하여, $p(c)$는 참이다.
(2) $n \geq c$인 양의 정수 n에 대하여, $p(n)$이 참이면 $p(n+1)$도 참이다.

를 만족하면, $p(n)$은 $n \geq c$인 모든 양의 정수 n에 대하여 항상 참이다. ✠

예제 n이 1보다 큰 정수일 때, $n^5 - n$은 5의 배수이다.

증명 $n = 2$이면 $2^5 - 2 = 30$이므로, 5의 배수가 된다. 이제 $k \geq 2$일 때 $k^5 - k$가 5의 배수라고 가정하자. 그러면

$$(k+1)^5 - (k+1) = (k^5 - k) + 5(k^4 + 2k^3 + 2k^2 + k)$$

가 되는데, 등식의 우변의 두 항 모두 5의 배수이므로 $n = k+1$일 때도 성립한다. 따라서 수학적 귀납법에 의해, n이 1보다 큰 정수일 때 $n^5 - n$는 5의 배수이다. ■

다음 정리도 양의 정수 n에 관한 명제 $p(n)$을 증명하는 데 이용된다.

정리 3 제2 수학적 귀납법

양의 정수 n에 관한 명제 $p(n)$이 다음 두 조건

(1) $p(1)$은 참이다.
(2) $1 \leq k < n$인 모든 양의 정수 k에 대하여 $p(k)$가 참이면 $p(n)$도 참이다.

를 만족하면, $p(n)$은 모든 양의 정수 n에 대해 항상 참이다.

(4) 기타 증명

① 사례 증명

가정이 논리합으로 구성된 명제 $P_1 \vee P_2 \vee \cdots \vee P_k \rightarrow Q$ 가 참임을 증명하기 위해, 명제의 동치관계

$$[P_1 \vee P_2 \vee \cdots \vee P_k \rightarrow Q] \equiv (P_1 \rightarrow Q) \wedge (P_2 \rightarrow Q) \wedge \cdots \wedge (P_k \rightarrow Q)$$

를 이용하는 방법을 **사례 증명**(proof by cases)이라고 한다.

예제 n이 정수이면, n^2+n은 짝수이다.

증명 n이 짝수이면 $n=2k$이므로, $n^2+n=4k^2+2k=2(2k^2+k)$는 짝수이다. 또한 n이 홀수이면 $n=2k+1$이므로

$$n^2+n=(4k^2+4k+1)+(2k+1)=2(2k^2+3k+1)$$

은 짝수이다. ∎

사례 증명법을 이용하기 위해서는 $P \equiv P_1 \vee P_2 \vee \cdots \vee P_k$ 를 만족하는 명제

$$P_1,\ P_2,\ \cdots,\ P_k$$

를 찾는 것이 중요하다.

② 자명한 증명

자명한 증명은 무의미한 증명과 분명한 증명으로 구분된다.

(ⅰ) 무의미한 증명

명제 P가 거짓이면 조건명제 $P \rightarrow Q$는 항상 참이므로, 명제 Q의 진위에 상관없이 명제 P가 거짓임을 밝힘으로써 $P \Rightarrow Q$를 증명할 수 있다. 이러한 증명을 **무의미한 증명**(vacuous proof)이라고 한다.

(ⅱ) 분명한 증명

명제 Q가 참이면 조건명제 $P \rightarrow Q$는 항상 참이므로, 명제 P의 진위에 상관없이 명제 Q가 참임을 밝힘으로써 $P \Rightarrow Q$를 증명할 수 있다. 이러한 증명을 **분명한 증명**(trivial proof)이라고 한다.

③ 존재성 증명

명제함수 "어떤 x에 대하여 $p(x)$이다.", 즉 명제 "$\exists x,\ p(x)$가 참"임을 보이는 증명을 존재성 증명 (existence proof)이라고 한다. 존재성 증명에는 명제 "$\exists x,\ p(x)$가 참"이 되는 변수 $x=a$를 직접 찾아 증명하는 방법과, 참이 되는 변숫값을 찾을 수 없지만 귀류법 증명을 이용하거나, 또는 다른 증명 방법으로 "$\exists x,\ p(x)$가 참"임을 밝히는 방법이 있다.

④ 유일성 증명

명제함수 "$p(x)$를 만족하는 x가 유일하게 존재한다.", 즉 명제 "$\exists_1 x,\ p(x)$가 참"임을 보이는 증명을 유일성 증명 (uniqueness proof)이라고 한다. 유일성 증명은 존재성 증명과 함께 증명되어야 한다.

⑤ 반례 증명

두 명제 $\sim(\forall x,\ p(x))$와 $[\exists x, \sim p(x)]$의 동치관계

$$\sim(\forall x,\ p(x)) \equiv [\exists x, \sim p(x)]$$

로부터, "모든 x에 대하여, $p(x)$가 참이다."인 명제가 거짓임을 보이는 것은 "$p(x)$가 거짓이 되는 x가 존재한다."를 밝히는 것과 같다. 이렇게 존재성의 증명을 통하여 주어진 명제가 거짓임을 밝히는 증명을 반례 증명 (proof by counter-example)이라고 한다.

예제 명제 "모든 실수 a, b에 대하여 $a^2=b^2$이면 $a=b$이다."는 참이 아니다.

증명 $a=1,\ b=-1$이면, $a^2=b^2=1$이지만 $a\neq b$이다. 따라서 주어진 명제가 거짓이 되는 반례 $a=1,\ b=-1$를 찾았으므로, 주어진 명제는 거짓이 된다. ■

⑥ 비둘기집 원리에 의한 증명

참고 비둘기집 원리 (principle of pigeon-hole) : m개의 물건 (비둘기)을 m보다 작은 n개의 상자 (비둘기집)에 담는다면, 반드시 두 개 이상의 물건 (비둘기)이 담긴 상자 (비둘기집)가 존재한다. (4.2절 참조) ✠

예제 원탁에 n명의 손님이 앉을 자리가 명패와 함께 놓여 있다. 이때 n명의 손님이 명패를 확인하지 않고 아무렇게나 앉았더니 제자리에 앉은 손님이 한 사람도 없었다. 그런데 명패가 놓인 원탁을 적당히 회전시키면 어느 시점에서는 적어도 2명의 손님이 제자리

에 앉게 된다.

증명 처음에 앉았던 자리에서 원탁을 한 자리씩 돌리자. 그러면 처음에 아무도 제자리에 앉은 사람이 없으므로, $n-1$번 돌리는 동안에 모든 사람은 꼭 한 번만 자기 자리 앞에 자기의 명패가 돌아온다. 즉 $n-1$번 돌리는 동안 손님이 제자리에 앉은 경우는 n번이므로 비둘기집 원리에 의해 어느 시점에서는 적어도 한 번은 두 사람이 제자리에 앉게 되는 경우가 있다. ■

비둘기집 원리는 일어날 수 있는 상황의 존재성을 비롯하여 이산수학의 많은 이론적 결과를 도출하는 데 매우 중요하게 이용되고 있다. 비둘기집 원리에 대한 내용은 4.2절에서 자세히 서술한다.

연습문제 1.2 EXERCISES

1. 간접증명법을 이용하여, "정수 a에 대하여, a^5+7이 짝수이면 a는 홀수이다."가 참임을 증명하시오.

2. 귀류법 증명법을 이용하여, "$3n+2$가 홀수이면, n이 홀수이다."가 참임을 증명하시오.

3. 연속되는 23일 중에 적어도 4일은 같은 요일임을 보이시오.

4. 수학적 귀납법을 이용하여, "n이 4 이상의 정수일 때, $n! > 2^n$이다."가 참임을 증명하시오.

5. 어떤 7개의 양의 정수를 택하더라도 그 중에 합 또는 차가 10의 배수가 되는 두 개의 양의 정수가 반드시 존재함을 보이시오.

1.3 집합

집합론은 19세기 말 칸토어(Cantor)에 의해 본격적으로 연구되기 시작하였지만, 오늘날 수학은 집합론에 기초를 두고 이론을 전개한다. 여기서는 집합에 대한 기본적인 내용을 간략하게 서술한다.

1. 집합

집합의 개념은 수학의 모든 분야에서 기초가 된다. '집합'을 엄밀하게 정의하려면 공리론적 방법을 따라야 하지만, 집합의 간단한 활용이 목적이므로 칸토어가 1895년 그의 저서에서 기술한 다음 집합론의 정의로써 만족하기로 한다.

"**집합**(set)이란 우리들의 직관 또는 사고의 대상으로써 확정되어 있고, 서로 명확히 구별되는 것들의 모임이다."

(1) 집합과 원소

집합 A에 대하여 x가 A의 **원소**(element)일 때 $x \in A$로 나타내고, x가 A의 원소가 아닐 때 $x \notin A$로 나타낸다.

집합을 표기하는 표시법에는 **원소나열법**(tabular form)과 **조건제시법**(set-builder form) 등이 있다.

참고 어떤 성질 p를 만족시키는 원소 x 전체의 집합을 $\{x \mid p(x)\}$로 나타내고, 집합 A의 원소 중에서 조건 p를 만족시키는 원소 전체의 집합, 즉 $p(x)$가 참이 되는 모든 $x \in A$의 집합을 $\{x \in A \mid p(x)\}$로 표시한다. ✠

두 집합 A, B에 대하여 A의 각 원소가 또한 B에 속할 때, 즉 모든 $x \in A$에 대하여 $x \in B$일 때 A를 B의 **부분집합**(subset)이라 하고, 이 경우 B를 A의 **초집합**(superset) 또는 포함집합이라 하며 $A \subset B$로 나타낸다. 이때 기호 '$\subset$'를 포함관계라 한다. 특히 $A \subset B$이고 $A \neq B$일 때, A는 B의 **진부분집합**(proper subset) 또는 B는 A의 **진초집합**(proper superset)이라 하고, $A \subsetneq B$로 표기한다.

한편 두 집합 A, B에 대하여 $A \subset B$이고 $B \subset A$일 때, A와 B는 같다(equal) 또는 상

등이라 하고 $A=B$로 나타낸다. 집합 사이의 포함관계를 비교할 때, **벤다이어그램**(Venn diagram)을 이용하면 편리하다.

예 A, B, C가 임의의 집합일 때, 다음이 성립한다.

(1) $A \subset A$

(2) $A \subset B$ 이고 $B \subset C$이면, $A \subset C$ □

수학에서 이론을 전개할 때, 연구 대상의 모든 집합은 특정한 집합의 부분집합이다. 이 특정한 집합을 **전체집합**(universal set)이라 한다. 유한개의 원소를 가진 집합을 유한집합(finite set)이라 하고, 유한집합이 아닌 집합을 **무한집합**(infinite set)이라고 한다. **공집합**(empty set)은 원소를 하나도 갖지 않는 집합으로 $\varnothing$로 표시하고, 유한집합으로 생각한다. 공집합 $\varnothing$는 다른 모든 집합의 부분집합이다. 한편 단 하나의 원소만으로 이루어진 집합을 **단원집합**(singleton set)이라 한다.

예 $B=\{\varnothing\}$일 때, B는 공집합 $\varnothing$를 하나의 원소로 갖기 때문에 $B \neq \varnothing$이다. □

이 책을 기술함에 있어 다음 기호를 미리 정의해 둔다.

$$\mathbb{R}=\{x \mid x\text{는 실수}\},\quad \mathbb{Z}=\{x \mid x\text{는 정수}\},\quad \mathbb{Q}=\{x \mid x\text{는 유리수}\}$$

$$\mathbb{N}=\{n \mid n\text{은 양의 정수}\},\quad \mathbb{N}_k=\{1, 2, \cdots, k\},\quad \mathbb{R}^+=\{x \mid x\text{는 양의 실수}\}$$

(2) 집합의 연산

집합 X의 부분집합 사이에 몇 가지 **집합 연산**(set-theoretic operation)을 정의한다. 이 집합 연산은 멱집합 $\mathscr{P}(X)$에서 정의되는 연산이다.

정의 1 합집합과 교집합

X의 부분집합 A, B에 대하여

(1) **합집합**(union) : $A \cup B=\{x \mid x \in A \text{ 또는 } x \in B\}$

(2) **교집합**(intersection) : $A \cap B=\{x \mid x \in A \text{이고 } x \in B\}$

(3) **차집합**(difference) : $A-B=\{x \mid x \in A \text{이고 } x \notin B\}$

으로 정의한다. 두 집합 A, B에 대하여 $A \cap B=\varnothing$일 때, A와 B는 **서로소**(disjoint)라고 한다.

앞으로 특별한 언급이 없는 한, $A-B$를 $A \setminus B$로 표기하기로 한다.

예 U가 전체집합일 때, 임의의 원소 $x \in U$에 대하여

$$\begin{aligned} x \in A-B &\Leftrightarrow x \in A \text{이고 } x \notin B \\ &\Leftrightarrow x \in A \text{이고 } x \in B^c \\ &\Leftrightarrow x \in A \cap B^c \end{aligned}$$

이므로, $A-B = A \cap B^c$이다. □

정리 2 집합의 대수법칙 (laws of the algebra of sets)

X의 부분집합 A, B, C에 대하여, 다음이 성립한다.

(1) 항등법칙 (identity law) : $A \cup \varnothing = A$, $A \cap X = A$, $A \cup X = X$, $A \cap \varnothing = \varnothing$

(2) 멱등법칙 (idempotent law) : $A \cup A = A$, $A \cap A = A$

(3) 교환법칙 (commutative law) : $A \cup B = B \cup A$, $A \cap B = B \cap A$

(4) 흡수법칙 (absorption) : $A \cup (A \cap B) = A$, $A \cap (A \cup B) = A$

(5) 결합법칙 (associative law) :

$$A \cup (B \cup C) = (A \cup B) \cup C, \quad A \cap (B \cap C) = (A \cap B) \cap C$$

(6) 분배법칙 (distributive law) :

$$A \cap (B \cup C) = (A \cap B) \cup (A \cap C), \quad A \cup (B \cap C) = (A \cup B) \cap (A \cup C)$$

참고 집합 $A_1, A_2, \cdots, A_n$에 대하여

$$A_1 \cup A_2 \cup \cdots \cup A_n = \{x \mid \text{적당한 } i \text{에 대하여, } x \in A_i\}$$
$$A_1 \cap A_2 \cap \cdots \cap A_n = \{x \mid \text{모든 } i \text{에 대하여, } x \in A_i\}$$

를 각각 $A_1, A_2, \cdots, A_n$의 합집합, 교집합이라 하고, 이 두 집합을 각각 $\bigcup_{i=1}^{n} A_i$, $\bigcap_{i=1}^{n} A_i$로 나타낸다. 이때 집합 $A_1, A_2, \cdots, A_n$에 대하여

$$A_i \cap A_j = \varnothing \ (\text{단, } 1 \le i \ne j \le n)$$

이면, $A_1, A_2, \cdots, A_n$을 **쌍마다 서로소** (mutually disjoint)라고 한다. ✠

예 집합 A와 n(단, $n \ge 2$)개의 집합 $A_1, A_2, \cdots, A_n$에 대하여, 다음이 성립한다.

(1) $A \cap (A_1 \cup \cdots \cup A_n) = (A \cap A_1) \cup \cdots \cup (A \cap A_n)$

(2) $A \cup (A_1 \cap \cdots \cap A_n) = (A \cup A_1) \cap \cdots \cap (A \cup A_n)$ □

한 집합 U의 부분집합과 이들 부분집합에 대한 연산을 논할 때는 U를 전체집합이라고 한다. 그리고 전체집합 U의 모든 부분집합으로 이루어진 집합을 U의 **멱집합** (power set)이라 하고 이것을 $\mathscr{P}(U)$ 또는 2^U, 즉

$$\mathscr{P}(U) = 2^U = \{A \mid A \subset U\}$$

로 표현한다. 또한 U의 부분집합 A에 대하여, U에 관한 A의 차집합 $U \setminus A$를 A의 **여집합** (complement)이라 하고 A^c, 즉

$$A^c = \{x \in U \mid x \notin A\}$$

로 나타낸다. U가 유한이고 n개의 원소를 가지면, 멱집합 $\mathscr{P}(U)$는 2^n개의 원소를 갖는다.

정리 3

집합 U의 멱집합 $\mathscr{P}(U)$에서 다음이 성립한다.

(1) $A \cap U = U \cap A = A$, $A \cup U = U \cup A = U$

(2) **여집합법칙** (complementary law):

$$A \cup A^c = U,\ A \cap A^c = \varnothing,\ (A^c)^c = A,\ U^c = \varnothing,\ \varnothing^c = U$$

(3) $A \cup (A^c \cap B) = A \cup B$, $A \cap (A^c \cup B) = A \cap B$

(4) **드모르간 법칙** (De Morgan's law): $(A \cup B)^c = A^c \cap B^c$, $(A \cap B)^c = A^c \cup B^c$

증명 정의에 의해 (1), (2)가 성립하므로, 여기서는 (3), (4)만 증명하기로 한다.

(3) $$\begin{aligned} A \cup (A^c \cap B) &= (A \cup A^c) \cap (A \cup B) \\ &= U \cap (A \cup B) = A \cup B \end{aligned}$$

$$\begin{aligned} A \cap (A^c \cup B) &= (A \cap A^c) \cup (A \cap B) \\ &= \varnothing \cup (A \cap B) = A \cap B \end{aligned}$$

(4) $x \in U$에 대하여

$$\begin{aligned} x \in (A \cup B)^c &\Leftrightarrow x \notin A \cup B \\ &\Leftrightarrow x \notin A \text{이고 } x \notin B \\ &\Leftrightarrow x \in A^c \text{이고 } x \in B^c \\ &\Leftrightarrow x \in A^c \cap B^c \end{aligned}$$

이므로, $(A \cup B)^c = A^c \cap B^c$이다. 마찬가지로 $(A \cap B)^c = A^c \cup B^c$이다. ■

집합에 관한 명제에서 합집합 $\cup$과 교집합 $\cap$, 전체집합 U와 공집합 $\varnothing$는 서로 쌍대관계

를 이룬다. 따라서 멱집합 $\mathscr{P}(U)$에 관한 명제가 참인 경우, 이 명제를 증명할 때 이용한 $\cup, \cap, \varnothing, U$ 대신에 $\cap, \cup, U, \varnothing$ 로 각각 교환하면 쌍대명제에 대한 증명을 얻으므로 쌍대명제도 참이다. 즉 집합에 관한 임의의 참 명제에 대한 쌍대명제는 항상 참이 된다. 이러한 사실을 쌍대성 원리 (principle of duality)라고 한다.

예제 집합 U의 멱집합 $\mathscr{P}(U)$에서 다음이 성립한다.

(1) $A \cup [B \cap (A \cup C)] = (A \cup B) \cap (A \cup C)$

(2) $A \cap [B \cup (A \cup C)] = (A \cap B) \cup (A \cap C)$

증명 (1) $A \cup [B \cap (A \cup C)]$

$= (A \cup B) \cap [A \cup (A \cup C)]$

$= (A \cup B) \cap [(A \cup A) \cup C]$

$= (A \cup B) \cap (A \cup C)$

(2) 쌍대성 원리에 의해 성립한다. ■

정의 4 대칭차

집합 U의 두 부분집합 A, B에 대하여

$$A \oplus B = (A \cap B^c) \cup (A^c \cap B)$$

를 A와 B의 대칭차 (symmetric difference)라고 한다.

예제 집합 U의 두 부분집합 A, B에 대하여, 다음이 성립한다.

(1) $A \oplus B = (A - B) \cup (B - A)$

(2) $A \oplus B = (A \cup B) \cap (A \cap B)^c = (A \cup B) - (A \cap B)$

(3) $A \cup B = (A \oplus B) \cup (A \cap B)$

(4) $A \cap B = \varnothing$ 이면, $A \cup B = A \oplus B$이다.

증명 (1) $A \oplus B = (A \cap B^c) \cup (B \cap A^c)$

$= (A - B) \cup (B - A)$

(2) $(A \cup B) \cap (A \cap B)^c$

$= [(A \cap (A \cap B)^c)] \cup [B \cap (A \cap B)^c]$

$= [A \cap (A^c \cup B^c)] \cap [B \cap (A' \cup B^c)]$

$= [A \cap (A^c \cup B^c)] \cap [B \cap (B^c \cup A^c)]$

$$= (A \cup B^c) \cap (B \cup A^c)$$
$$= (A \cap B^c) \cup (A^c \cap B) = A \oplus B$$

이므로, $A \oplus B = (A \cup B) \cap (A \cap B)^c$이고

$$A \oplus B = (A \cup B) \cap (A \cap B)^c = (A \cup B) - (A \cap B)$$

(3) $(A \oplus B) \cup (A \cap B)$

$$= [(A \cup B) \cap (A \cap B)^c] \cup (A \cap B)$$
$$= (A \cap B) \cup [(A \cap B)^c \cap (A \cup B)]$$
$$= (A \cap B) \cup (A \cup B)$$
$$= (A \cup B) \cup (A \cap B)$$
$$= [(A \cup B) \cup A] \cap [(A \cup B) \cup B]$$
$$= (A \cup B) \cap (A \cup B) = A \cup B$$

(4) $A \cap B = \varnothing$ 이면, (2)에 의해

$$\begin{aligned} A \oplus B &= (A \cup B) \cap (A \cap B)^c \\ &= (A \cup B) \cap \varnothing^c \\ &= (A \cup B) \cap U = A \cup B \end{aligned}$$

이고, $A \cap B = \varnothing$ 이면, (3)에 의해

$$A \cup B = (A \oplus B) \cup (A \cap B) = (A \oplus B) \cup \varnothing = A \oplus B$$ ■

정리 5

집합 U의 멱집합 $\mathscr{P}(U)$에서 다음이 성립한다.

(1) $A \oplus B = A \oplus C$ 이면, $B = C$ 이다.

(2) $A \oplus B = \varnothing$ 이면, $B = A$ 이다.

(3) $A \oplus U = U \oplus A = A^c$, $A^c \oplus U = U \oplus A^c = A$

(4) $(A \oplus B)^c = A \oplus B^c = A^c \oplus B$

증명 (1) $A \oplus B = A \oplus C$ 이면, $A \oplus (A \oplus B) = A \oplus (A \oplus C)$이므로

$$(A \oplus A) \oplus B = (A \oplus A) \oplus C,\ 즉\ \varnothing \oplus B = \varnothing \oplus C$$

이다. 따라서 $B = C$가 성립한다.

(2) $A \oplus B = \varnothing$ 이면, $A \oplus (A \oplus B) = A \oplus \varnothing$ 이므로

$$(A \oplus A) \oplus B = A, \text{ 즉 } \varnothing \oplus B = A$$

이다. 따라서 $B = A$가 성립한다.

(3) $A \oplus U = U \oplus A$이고

$$A \oplus U = (A \cap U^c) \cup (A^c \cap U)$$
$$= (A \cap \varnothing) \cup (A^c \cap U) = \varnothing \cup A^c = A^c$$

이므로, $A^c \oplus U = U \oplus A^c = (A^c)^c = A$가 성립한다.

(4) $(A \oplus B)^c = (A \oplus B) \oplus U = A \oplus (B \oplus U) = A \oplus B^c$

$(A \oplus B)^c = U \oplus (A \oplus B) = (U \oplus A) \oplus = A^c \oplus B$ ∎

2. 첨자집합족

집합을 원소로 하는 집합을 **집합족** (family of sets)이라 한다. 집합 연산은 임의의 집합족으로 확장하여 정의할 수 있다.

정의 6 첨자집합족

집합의 원소들이 모두 집합들로 구성된 집합, 즉 "집합들의 집합"을 집합족이라 한다. 특히 집합 Γ의 각 원소 $\gamma \in \Gamma$에 대하여 집합 A_γ가 대응될 때, 모든 A_γ를 모아 놓은 집합족

$$\{A_\gamma \mid \gamma \in \Gamma\}$$

를 Γ에 의해 첨자가 주어진 **첨자집합족** (indexed family of sets)이라 하고, 이때 집합 Γ를 **첨자집합** (index set)이라고 한다.

특히 첨자집합 Γ가 모든 양의 정수의 집합일 때, 집합족 $\{A_1, A_2, \cdots\}$를 **집합열** (sequence of sets)이라 한다.

이제 합집합 $\cup$과 교집합 $\cap$의 개념을 임의의 집합족으로 확장한다.

정의 7 집합족의 합집합과 교집합

X의 부분집합으로 주어진 집합족 $\mathcal{J}$에 대하여

(1) 합집합 : $\bigcup_{A \in \mathcal{J}} A = \{x \mid \exists A \in \mathcal{J}, x \in A\}$

(2) 교집합 : $\bigcap_{A \in \mathscr{F}} A = \{x \mid {}^{\forall}A \in \mathscr{F}, x \in A\}$

로 정의한다.

참고 집합족 $\{A_\gamma\}_{\gamma \in \Gamma}$에 대하여, 합집합과 교집합을 각각

$$\bigcup_{\gamma \in \Gamma} A_\gamma = \{x \mid \exists \gamma \in \Gamma, x \in A_\gamma\}, \quad \bigcap_{\gamma \in \Gamma} A_\gamma = \{x \mid {}^{\forall}\gamma \in \Gamma, x \in A_\gamma\}$$

로 정의한다. 이때 $\mathscr{F} = \{A_n \mid n \in \mathbb{N}\}$이면 $\bigcup_{A \in \mathscr{F}} A$를 $\bigcup_{n=1}^{\infty} A_n$으로, $\bigcap_{A \in \mathscr{F}} A$를 $\bigcap_{n=1}^{\infty} A_n$으로 각각 나타낸다. ✠

집합의 연산에 관한 정리는 임의의 집합족의 연산에 관한 정리로 일반화한다.

예 집합 A와 임의의 집합족 $\{B_\gamma \subset X \mid \gamma \in \Gamma\}$에 대하여, 다음이 성립한다.

(1) $(\bigcup_{\gamma \in \Gamma} B_\gamma)^c = \bigcap_{\gamma \in \Gamma} B_\gamma{}^c$ (2) $(\bigcap_{\gamma \in \Gamma} B_\gamma)^c = \bigcup_{\gamma \in \Gamma} B_\gamma{}^c$

(3) $A \cap (\bigcup_{\gamma \in \Gamma} B_\gamma) = \bigcup_{\gamma \in \Gamma} (A \cap B_\gamma)$ (4) $A \cup (\bigcap_{\gamma \in \Gamma} B_\gamma) = \bigcap_{\gamma \in \Gamma} (A \cup B_\gamma)$ □

집합과 관련된 여러 분야에서 전체집합을 고려할 때, 첨자집합이 공집합 $\varnothing$인 경우에도 합집합 $\bigcup_{\gamma \in \varnothing} A_\gamma$와 교집합 $\bigcap_{\gamma \in \varnothing} A_\gamma$는 의미를 갖는다.

정리 8

공집합족 $\{A_\gamma \mid \gamma \in \varnothing\}$에 대하여, 다음이 성립한다. 이때 U는 전체집합이다.

(1) $\bigcup_{\gamma \in \varnothing} A_\gamma = \varnothing$ (2) $\bigcap_{\gamma \in \varnothing} A_\gamma = U$

증명 여기서는 (2)만을 증명하고 (1)의 증명은 독자에게 남긴다.

$$\begin{aligned} x \in \bigcap_{\gamma \in \varnothing} A_\gamma &\Leftrightarrow ({}^{\forall}\gamma \in \varnothing, x \in A_\gamma) \\ &\Leftrightarrow (\gamma \in \varnothing \to x \in A_\gamma) \end{aligned}$$

이다. 그런데 마지막 부분이 항상 참이므로, 모든 $x \in U$에 대하여 $x \in \bigcap_{\gamma \in \varnothing} A_\gamma = U$가 참이다. 따라서 $\bigcap_{\gamma \in \varnothing} A_\gamma = U$가 성립한다. ■

연습문제 1.3

EXERCISES

1. 집합 U의 멱집합 $\mathscr{P}(U)$에 대하여, 다음 명제의 쌍대명제를 구하시오.

(1) $A \cup B = \varnothing$ 이면, $A = \varnothing$ 이고 $B = \varnothing$ 이다.

(2) $B \subset A$일 때, 그때에 한하여 $A \cap B^c = \varnothing$ 이다.

(3) $A \cap B^c = \varnothing$, $B \cap C^c = \varnothing$ 이면, $A \cap C^c = \varnothing$ 이다.

(4) $A \cup B = U$, $A \cap B = \varnothing$ 이면, $B = A^c$이다.

2. 집합 U의 멱집합 $\mathscr{P}(U)$에 대하여, 다음이 성립함을 보이시오.

(1) $(A \cup B) = A \cup C$, $A \cap B = A \cap C$이면, $B = C$이다.

(2) $(A \cup B) \cap (A \cup B^c) = A$

3. 집합 U의 멱집합 $\mathscr{P}(U)$에 대하여, 다음 명제의 진위 여부를 판정하시오.

(1) $A \cup B = A \cup C$ 이면, $B = C$ 이다.

(2) $A \cap B = A \cap C$ 이면, $B = C$ 이다.

4. 집합 U의 멱집합 $\mathscr{P}(U)$에서 다음이 성립함을 보이시오.

(1) $(A^c \cup B) \cap (A \cup B^c) = (A \cap B) \cup (A^c \cap B^c)$,

$(A^c \cap B) \cup (A \cap B^c) = (A \cup B) \cap (A^c \cup B^c)$

(2) $(A \cup B) \cup (A^c \cap C) = A \cup B \cup C$, $(A \cap B) \cap (A^c \cup C) = A \cap B \cap C$

수의 체계와 알고리즘

제 2 장

2.1 수의 체계

2.2 함수

2.3 알고리즘

2.1 수의 체계

1. 정수

(1) 정수의 성질

정리 1 나눗셈 알고리즘(division algorithm)

두 정수 a, b(단, $b \neq 0$)에 대하여

$$a = bq + r \text{(단, } 0 \leq r < |b|\text{)}$$

을 만족하는 두 정수 q, r이 유일하게 존재한다. 이때 두 정수 q, r을 각각 a를 b로 나누었을 때의 몫(quotient)과 나머지(remainder)라고 한다.

예 $a = 43$, $b = 8$에 대하여 $-a = -43 = (-b) \cdot 6 + 5$이므로, $-a$를 $-b$로 나누었을 때 몫과 나머지는 각각 6과 5로 주어진다. □

정의 2 약수와 배수

두 정수 a, b에 대하여

$$b = ac$$

를 만족하는 정수 c가 존재할 때, a를 b의 약수(divisor) 또는 인수(factor)라 하고 b를 a의 배수(multiple)라고 한다. 이때 $a \mid b$로 나타내고

"b는 a로 나누어떨어진다."

고 한다. 그리고 $a \mid b$가 아닐 때, $a \nmid b$로 나타낸다.

예 a, b, c가 정수일 때, 다음이 성립한다.

(1) $a \mid a$

(2) $a \mid b$이고 $b \mid c$이면, $a \mid c$이다.

(3) $a \mid b$이고 $b \mid a$이면, $b = a$ 또는 $b = -a$이다.

(4) $a \mid b$이고 $a \mid c$이면, 임의의 정수 x, y에 대하여 $a \mid (bx + cy)$가 성립한다. □

예제 네 정수 a, b, c, d에 대하여, $a \mid b$이고 $c \mid d$이면 $ac \mid bd$가 성립한다.

증명 $a \mid b$이고 $c \mid d$이면, $b = am$, $d = cn$을 만족하는 두 정수 m, n이 존재한다. 이때

$$bd = (am)(cn) = (ac)mn$$

이므로, $ac \mid bd$이다. ■

정의 3 최저한도와 최고한도

임의의 실수 x에 대하여, x보다 작거나 같은 정수 중에서 가장 큰 정수를 $[x]$ 또는 $\lfloor x \rfloor$로 나타내고 $x-[x]$를 $\{\{x\}\}$로 나타낸다. 즉

$$x = [x] + \{\{x\}\},\ [x] \in \mathbb{Z},\ 0 \le \{\{x\}\} < 1$$

이다. 이때 $[x]$를 x의 정수부분(integral part) 또는 **최저한도**(floor)라 하고, $\{\{x\}\}$를 x의 소수부분(decimal part)이라고 한다. 한편 x보다 크거나 같은 정수 중에서 가장 작은 정수를 $\lceil x \rceil$로 나타내고 이것을 x의 **최고한도**(ceiling)라고 한다.

참고 $f(x) = [x]$로 정의된 함수 $f : \mathbb{R} \to \mathbb{R}$를 **최대정수함수**(greates integer function) 또는 **가우스 함수**(Gauss function)라고 한다. 이때 정의에 의해, 임의의 실수 x에 대하여

$$[x] \le x < [x]+1,\quad \lceil x \rceil - 1 < x \le \lceil x \rceil$$

이 성립한다. 특히 x가 정수이면 $[x] = x = \lceil x \rceil$이고, x가 정수가 아니면

$$[x] < x < \lceil x \rceil,\quad \lceil x \rceil = [x]+1$$

이 성립한다. ✠

예제 두 양의 정수 m, n에 대하여 $n > m$일 때, q와 r를

$$n = mq + r\,(\text{단}, 0 \le r < m)$$

을 만족하는 정수라고 하면, 다음이 성립한다.

(1) $\left[\dfrac{n}{m}\right] = q \ge 1$

(2) n개의 정수 $1, 2, \cdots, n$ 중에서 m의 배수인 것은 q개 있다.

증명 가정에 의해 $q \ge 1$이고, 또한

$$\frac{n}{m} = q + \frac{r}{m} \;(\text{단, } 0 \leq \frac{r}{m} < 1)$$

이므로, $\left[\frac{n}{m}\right] = q \geq 1$이다. 이때 $mq \leq n < m(q+1)$이므로, $1, 2, \cdots, n$ 중에서 m의 배수인 정수는 q개의 정수 $m, 2m, \cdots, qm$뿐이다. ■

참고 $100 = 14 \cdot 7 + 2$이므로

$$\left[\frac{100}{7}\right] = 14, \quad \left[\frac{100}{7}\right] = 14 + 1 = 15$$

이다. 따라서 1부터 100까지의 정수 중에서 7의 배수인 것은 14개 있다. ✠

정의 4 최대공약수와 최소공배수

0이 아닌 두 정수 a, b에 대하여

$$e \mid a, \; e \mid b$$

를 만족하는 정수 e를 a, b의 **공약수** (common divisor)라 하고, 다음 두 조건

(1) $d \mid a, \; d \mid b$

(2) 정수 e에 대하여, $e \mid a$이고 $e \mid b$이면 $e \mid d$이다.

를 만족하는 양의 정수 d를 a와 b의 **최대공약수** (greatest common divisor)라고 한다. 이때 $\gcd(a, b)$ 또는 간단히 (a, b)로 표기한다. 한편 0이 아닌 두 정수 a, b에 대하여

$$a \mid c, \; b \mid c$$

를 만족하는 정수 c를 a, b의 **공배수** (common multiple)라 하고, 다음 두 조건

(1) $a \mid l, \; b \mid l$

(2) 정수 c에 대하여, $a \mid c$이고 $b \mid c$이면 $l \mid c$이다.

를 만족하는 양의 정수 l을 a와 b의 **최소공배수** (least common multiple)라고 한다. 이때 $\operatorname{lcm}(a, b)$ 또는 간단히 $[a, b]$로 표기한다.

1은 0이 아닌 두 정수 a, b의 양의 공약수이고, a, b의 어떤 공약수도 $|a|$ 또는 $|b|$보다 클 수 없다.

예 0이 아닌 두 정수 a, b에 대하여, 다음이 성립한다.

$$\gcd(a, b) = \gcd(b, a), \quad \gcd(a, -b) = \gcd(-a, b) = \gcd(-a, -b) = \gcd(a, b)$$

$$\mathrm{lcm}[a,\ b] = \mathrm{lcm}[b,\ a],\ \mathrm{lcm}[a,\ -b] = \mathrm{lcm}[-a,\ b] = \mathrm{lcm}[-a,\ -b] = \mathrm{lcm}[a,\ b]\ \square$$

예제 두 정수 a, b에 대하여, $\gcd(a, b) = \gcd(a, b-a)$가 성립한다.

증명 두 정수 a, b에 대하여 $d = \gcd(a, b)$이면 $d \mid a,\ d \mid b$이다. 따라서 $d \mid b-a$이고 $d = \gcd(a, b) \le \gcd(a, b-a)$가 된다. 한편 $e = \gcd(a, b-a)$라면 $e \mid a,\ e \mid b-a$이므로, $e \mid b$이다. 따라서 $e = \gcd(a, b-a) \le \gcd(a, b)$이다. 그러므로

$$\gcd(a, b) = \gcd(a, b-a)$$

가 성립한다. ■

정리 5 **유클리드 알고리즘** (Euclidean algorithm)

두 양의 정수 a, b에 대하여, $r_0 = a,\ r_1 = b$라 할 때

$$r_0 = a_0 r_1 + r_2 (\text{단, } 0 < r_2 < r_1)$$
$$r_1 = a_1 r_2 + r_3 (\text{단, } 0 < r_3 < r_2)$$
$$r_2 = a_2 r_3 + r_4 (\text{단, } 0 < r_4 < r_3)$$
$$\vdots$$
$$r_{m-1} = a_{m-1} r_m + r_{m+1} (\text{단, } 0 < r_{m+1} < r_m)$$
$$r_m = a_m r_{m+1}$$

$$\begin{array}{r|c c|l}
a_0 & r_0 & r_1 & a_1 \\
 & a_0 r_1 & a_1 r_2 & \\ \hline
 & \vdots & \vdots & \\
a_{m-1} & r_{m-1} & r_m & a_m \\
 & a_{m-1} r_m & a_m r_{m+1} & \\ \hline
 & r_{m+1} & 0 &
\end{array}$$

이 성립하면, $\gcd(a, b) = r_{m+1}$이다. 그리고 $2 \le i \le m+1$에 대하여

$$s_0 = 1,\ \ s_1 = 0,\ \ s_i = s_{i-2} - a_{i-2} s_{i-1}$$
$$t_0 = 0,\ \ t_1 = 1,\ \ t_i = t_{i-2} - a_{i-2} t_{i-1}$$

일 때

$$r_i = a s_i + b t_i (\text{단, } 0 \le i \le m+1) \qquad (*)$$

이고, $\gcd(a, b) = a s_{m+1} + b t_{m+1}$이 성립한다.

증명 나눗셈 알고리즘에 의해, 정수 $a_0, a_1, \cdots, a_m$과 $r_2, r_3, \cdots, r_{m+1}$은 존재하고

$$\gcd(a, b) = \gcd(b, r_2) = \gcd(r_2, r_3) = \cdots = \gcd(r_m, r_{m+1}) = r_{m+1}$$

을 만족한다. 이때 $i = 0, 1$인 경우

$$r_0 = a = 1 \cdot a + 0 \cdot b = as_0 + bt_0, \quad r_1 = b = 0 \cdot a + 1 \cdot b = as_1 + bt_1$$

이 성립한다. 이제 $i = 0, 1, \cdots, k$ (단, $1 \le k \le m$)에 대하여 (*)가 성립한다고 가정하자. 그러면

$$\begin{aligned} r_{k+1} &= r_{k-1} - a_{k-1} r_k \\ &= as_{k-1} + bt_{k-1} - a_{k-1}(as_k + bt_k) \\ &= a(s_{k-1} - a_{k-1}s_k) + b(t_{k-1} - a_{k-1}t_k) = as_{k+1} + bs_{k+1} \end{aligned}$$

이 된다. 따라서 모든 $i = 0, 1, \cdots, m+1$에 대하여 (*)가 성립한다. 특히

$$\gcd(a, b) = r_{m+1} = as_{m+1} + bt_{m+1}$$

이다. ■

예제 두 정수 a, b가 각각 $a = 8316$, $b = 10920$으로 주어질 때, $d = \gcd(a, b)$를 구하시오. 또한 $d = ma + nb$를 만족하는 두 정수 m, n을 구하시오.

풀이 $d = \gcd(8316, 10920) = 84$이다. 이때 $84 = -21(8316) + 16(10920)$으로 주어지므로, m, n은 각각 $m = -21$, $n = 16$이다. ■

정의 6 서로소

0이 아닌 두 정수 a와 b의 최대공약수가 1, 즉 $\gcd(a, b) = 1$일 때, a와 b는 **서로소** (relatively prime)라고 한다.

참고 0이 아닌 두 정수 a, b에 대하여, 다음 두 조건은 서로 동치이다.

(1) $\gcd(a, b) = 1$

(2) $as + bt = 1$을 만족하는 두 정수 s, t가 존재한다.

예제 세 정수 a, b, c에 대하여 a와 b가 서로소일 때, 다음이 성립한다.

(1) $a \mid bc$이면 $a \mid c$이다.

(2) $a \mid c$, $b \mid c$이면 $ab \mid c$이다.

증명 (1) 두 정수 a, b가 서로소일 때, $a \mid bc$라고 하자. 그러면 a, b가 서로소이므로 $as + bt = 1$을 만족하는 두 정수 s, t가 존재한다. 이때

$$acs + bct = c, \quad a \mid a, \quad a \mid bc$$

이므로 $a \mid c$이다.

(2) 두 정수 a, b가 서로소일 때, $a \mid c$와 $b \mid c$이라고 하자. 그러면 a, b가 서로소이므로, $as + bt = 1$을 만족하는 두 정수 s, t가 존재한다. 이때

$$acs + bct = c$$

이고 또한 $ab \mid acs$, $ab \mid bct$이므로, $ab \mid c$이다. ■

정리 7

0이 아닌 세 정수 a, b, m에 대하여, 다음 두 조건은 서로 동치이다.

(1) $\gcd(a, m) = \gcd(b, m) = 1$ (2) $\gcd(ab, m) = 1$

증명 먼저 $\gcd(a, m) = \gcd(b, m) = 1$이면

$$as + mt = 1, \quad bu + mv = 1$$

을 만족하는 정수 s, t, u, v가 존재한다. 이때 $(as + mt)(bu + mv) = 1$, 즉

$$ab(su) = m(asv + but + mtv) = 1$$

이므로, $\gcd(ab, m) = 1$이다. 역으로 $\gcd(ab, m) = 1$이면, $(ab)s + mt = 1$을 만족하는 두 정수 s, t가 존재한다. 이때

$$a(bs) + mt = 1, \quad b(as) + mt = 1$$

이므로, $\gcd(a, m) = \gcd(b, m) = 1$이다. ■

참고 두 양의 정수 a, b에 대하여, $\gcd(a, b) \cdot \mathrm{lcm}[a, b] = ab$가 성립한다. ✠

정의 8 소수와 합성수

정수 p(단, $p \geq 2$)의 양의 약수가 1과 p뿐일 때 p를 **소수**(prime number)라 하고, 소수가 아닐 때, 즉

$$p = de \text{(단, } 1 < d \leq e < p\text{)}$$

를 만족하는 두 정수 d, e가 존재할 때, p를 **합성수**(composite number)라고 한다.

예제 정수 p(단, $p \geq 2$)가 소수일 때, 두 정수 a와 b에 대하여 $p \mid ab$이면

$$p \mid a \text{ 또는 } p \mid b$$

이다.

증명 두 정수 a, b에 대하여 $p \mid ab$일 때, $p \nmid a$라고 가정하자. 이때 p의 양의 약수는 1과 p뿐이므로 $\gcd(p, a) = 1$이다. 따라서 $p \mid b$이다. ■

정리 9 정수론의 기본정리 (fundamental theorem of number theory)

정수 n(단, $n \geq 2$)은 유한개의 소수 $p_1, \cdots, p_k$의 곱

$$n = p_1 \cdots p_k$$

로 **소인수분해**(prime factorization)된다. 이때 n의 소인수분해는 본질적으로 유일하다. 즉 $n = p_1 \cdots p_s$, $n = q_1 \cdots q_t$가 n의 인수분해이면, $s = t$이고 n의 소인수 $p_1, \cdots, p_s$와 $q_1, \cdots, q_t$는 그 순서만이 다르다.

정수 n(단, $n \geq 2$)의 서로 다른 소인수가 $p_1, \cdots, p_r$일 때, n은

$$n = p_1^{e_1} p_2^{e_2} \cdots p_r^{e_r} \text{(단, } e_1 \geq 1,\ e_2 \geq 1, \cdots,\ e_r \geq 1\text{)}$$

의 형태로 소인수분해된다. 정수 n을 이와 같이 나타낸 것을 n의 **표준분해**라고 한다.

참고 정수 n의 소인수분해에는 최대 $\log_2 n$개의 인수가 존재한다. 왜냐하면

$$n = p_1 p_2 \cdots p_k \text{(단, } p_i \geq 2\text{)}$$

이면 $n = p_1 p_2 \cdots p_k \geq 2^k$이므로, $k \leq \log_2 n$이 성립하기 때문이다. ✠

다음 정리는 나눗셈 알고리즘을 이용하여 증명할 수 있다.

정리 10

고정된 정수 b(단, $b \geq 2$)에 대하여, 모든 양의 정수 a는

$$a = r_m b^m + r_{m-1} b^{m-1} + \cdots + r_1 b + r_0 \quad (*)$$

$$m \geq 0,\ 1 \leq r_m < b,\ 0 \leq r_i < b \text{(단, } 0 \leq i < m\text{)}$$

형태로 유일하게 표시된다. 이때 등식 (*)를 a의 b진법에 관한 전개식이라 하며

$$a = r_m r_{m-1} \cdots r_1 r_{0\,(b)}$$

로 나타내고, 이때 b를 밑수(base)라고 한다.

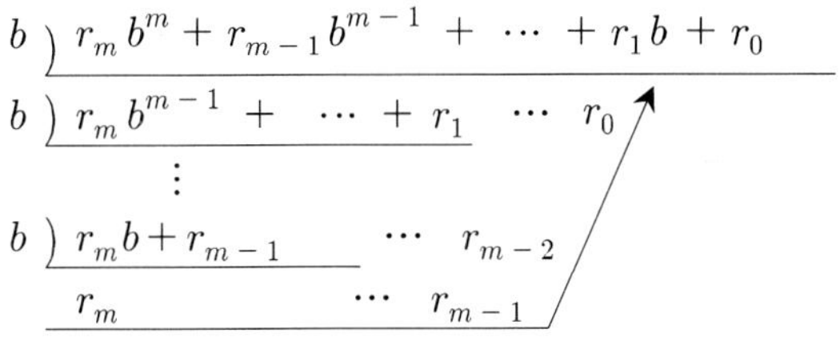

예 (1) $23 = 1 \cdot 2^4 + 0 \cdot 2^3 + 1 \cdot 2^2 + 1 \cdot 2^1 + 1 = 10111_{(2)}$

(2) $69 = 2 \cdot 5^2 + 3 \cdot 5^1 + 4 = 234_{(5)}$

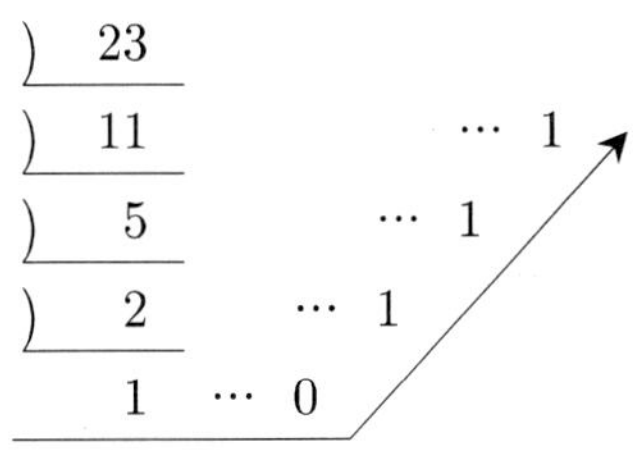

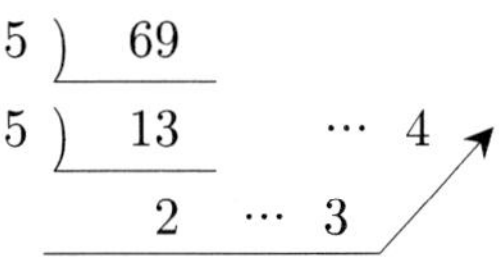

□

(2) 합동

정의 11 합동식

고정된 양의 정수 m에 대하여, 두 정수 a와 b의 차가 m의 배수, 즉 $m \mid (a-b)$일 때 a와 b는 법(modulus) m에 관하여 합동(a is congruent to b modulo m)이라 하고 $a \equiv b \pmod{m}$으로 나타낸다. 즉

$$a \equiv b \pmod{m} \Leftrightarrow m \mid (a-b)$$

이다. 한편 $a \equiv b \pmod{m}$가 아닐 때, 즉 $m \nmid (a-b)$일 때 $a \not\equiv b \pmod{m}$로 나타낸다. 합동 기호 '$\equiv$'가 들어 있는 식을 합동식(congruence equation)이라고 한다.

예 다음이 성립한다.

(1) $-2 \equiv 1 \pmod{3}$ (2) $7 \equiv 3 \pmod{4}$ (3) $-5 \equiv 2 \pmod{7}$ □

정리 12

양의 정수 m에 대하여 a, b, c가 정수일 때, 다음이 성립한다.

(1) $a \equiv a \pmod{m}$

(2) $a \equiv b \pmod{m}$이면, $b \equiv a \pmod{m}$이다.

(3) $a \equiv b \pmod{m}$이고 $b \equiv c \pmod{m}$이면, $a \equiv c \pmod{m}$이다.

증명 (1) $m \mid (a-a)$이므로, $a \equiv a \pmod{m}$.

(2) $a \equiv b \pmod{m}$이면 $m \mid (a-b)$이므로, $m \mid (b-a)$이다. 따라서 $b \equiv a \pmod{m}$.

(3) $a \equiv b \pmod{m}$, $b \equiv c \pmod{m}$이면

$$m \mid (a-b),\ m \mid (b-c)$$

이고 $a-c=(a-b)+(b-c)$ 이므로, $m \mid (a-c)$이다. 따라서 $a \equiv c \pmod{m}$. ■

예 양의 정수 m에 대하여 a, b, c, d가 정수일 때, 다음이 성립한다.

(1) $a \equiv b \pmod{m}$, $c \equiv d \pmod{m}$일 때

$$a \pm c \equiv b \pm d \pmod{m},\ ac \equiv bd \pmod{m}$$

(2) $a \equiv b \pmod{m}$일 때

$$a \pm c \equiv b \pm c \pmod{m},\ ac \equiv bc \pmod{m}$$ □

참고 $2^2 \equiv 4 \pmod{11}$이므로, 다음이 성립한다.

(1) $2^4 \equiv 16 \equiv 5 \pmod{11}$ (2) $2^8 \equiv 5^2 \equiv 25 \equiv 3 \pmod{11}$

(3) $2^{10} \equiv 2^8 \cdot 4 \equiv 1 \pmod{11}$ (4) $2^{32} \equiv (2^{10})^3 \cdot 2^2 \equiv 2^2 \equiv 4 \pmod{11}$ ✠

예제 다항식 $f(x)=5x^3-7x^2+3x-1$에 대하여, 다음이 성립한다.

(1) $f(0) \equiv 4 \pmod{5}$ (2) $f(18) \equiv 0 \pmod{5}$ (3) $f(2) \equiv 0 \pmod{7}$

증명 (1) $f(0) \equiv 5 \cdot 0^3 - 7 \cdot 0^2 + 3 \cdot 0 - 1 \equiv -1 \equiv 4 \pmod{5}$

(2) $f(18) \equiv f(3) \equiv 5 \cdot 0^3 - 7 \cdot 3^2 + 3 \cdot 3 - 1$

$\equiv 0 \cdot 3^3 + 3 \cdot 4 + 4 - 1 = 1 - 1 \equiv 0 \pmod{5}$

(3) $f(2) \equiv 5 \cdot 8 - 7 \cdot 4 + 3 \cdot 2 - 1$

$\equiv 5 \cdot 1 + 1 \cdot 4 + 6 - 1 \equiv 14 \equiv 0 \pmod{7}$ ■

참고 양의 정수 m에 대하여 a, b, c가 정수일 때, $\gcd(a, m)=1$이라 하자. 그러면 $ab \equiv ac \pmod{m}$일 때, $b \equiv c \pmod{m}$가 성립한다. ✠

정리 13

양의 정수 m과 임의의 정수 a에 대하여

$$a \equiv r \pmod{m} \text{(단, } 0 \le r < m)$$

을 만족하는 정수 r이 유일하게 존재한다.

증명 양의 정수 m과 임의의 정수 a에 대하여

$$a = mq + r \text{(단, } 0 \le r < m)$$

을 만족하는 두 정수 q, r이 존재하고, 이때 $a \equiv r \pmod{m}$(단, $0 \le r < m$)이 된다. 이제 $a \equiv s \pmod{m}$(단, $0 \le s < m$)라고 하자. 그러면 $r \equiv s \pmod{m}$, 즉

$$m \mid (r-s) \text{(단, } -m < r-s < m)$$

이므로, $r-s=0$이다. 따라서 $r=s$가 성립한다. ■

합동식 $ax \equiv b \pmod{m}$에 대하여 $x \equiv c \pmod{m}$인 모든 정수 x가 주어진 합동식을 만족시킬 때, $x \equiv c \pmod{m}$를 **합동식의 해**라고 한다.

정리 14

$\gcd(a, m)=1$일 때, 합동식

$$ax \equiv b \pmod{m}$$

는 유일한 해 $x \equiv c \pmod{m}$를 갖는다.

증명 $\gcd(a, m)=1$이므로, $as+mt=1$을 만족하는 두 정수 s, t가 존재한다. 이때 $asb+mtb=b$이므로, $a(sb) \equiv b \pmod{m}$가 성립한다. 따라서 $x \equiv sb \pmod{m}$는 합동식 $ax \equiv b \pmod{m}$의 해가 된다. 이제

$$x \equiv c_1 \pmod{m},\ x \equiv c_2 \pmod{m}$$

가 합동식 $ax \equiv b \pmod{m}$의 두 해라 하자. 그러면 $ac_1 \equiv b \equiv ac_2 \pmod{m}$이고 $\gcd(a, m)=1$이므로, $c_1 \equiv c_2 \pmod{m}$가 성립한다. 따라서 합동식

$$ax \equiv b \pmod{m}$$

는 유일한 해를 갖는다. ■

2. 정수와 소수의 응용

(1) 이항계수와 파스칼 삼각형

연속된 정수들의 곱셈과 나눗셈은 팩토리얼 함수 $n!$을 이용하여 표현할 수 있다.

예 $n(n-1)\cdots(n-r+1)$

$$= \frac{n(n-1)(n-2)\cdot\cdots\cdot 2\cdot 1}{(n-r)(n-r-1)\cdot\cdots\cdot 2\cdot 1}$$

$$= \frac{n!}{(n-r)!}$$ □

정의 15

$0 \le r \le n$인 두 정수 n, r에 대하여, 기호 $\binom{n}{r}$을

$$\binom{n}{r} = \frac{n!}{r!(n-r)!}$$

로 정의하고 '${}_nC_r$'이라고 읽는다.

기호 $\binom{n}{r}$의 값은 두 개 항의 거듭제곱 $(a+b)^n$을 전개한 식의 각 항의 계수가 되므로 $\binom{n}{r}$을 이항계수 (binomial coefficient)라고 한다. $r<0$ 또는 $r>n$인 경우는 $\binom{n}{r}=0$로 정의한다.

예 $\binom{n}{n-r} = \frac{n!}{(n-r)![n-(n-r)]!} = \frac{n!}{(n-r)!r!} = \binom{n}{r}$ □

예제 $\binom{n+1}{r} = \binom{n}{r-1} + \binom{n}{r}$이 성립한다.

증명

$$\binom{n}{r-1}+\binom{n}{r}=\frac{n!}{(r-1)!(n-r+1)!}+\frac{n!}{r!(n-r)!}$$

$$=\frac{rn!+(n-r+1)n!}{r!(n-r+1)!}$$

$$=\frac{(n+1)!n!}{r!(n-r+1)!}=\frac{(n+1)!}{r!(n-r+1)!}=\binom{n+1}{r}$$

■

정리 16 **이항정리** (binomial theorem)

임의의 상수 a, b와 모든 양의 정수 n에 대하여

$$(a+b)^n=\sum_{k=0}^{n}\binom{n}{k}a^{n-k}b^k$$

이 성립한다.

이항정리에서 n에 따라 각 항의 계수를 아래 그림 2.1.1과 같이 정리하면 삼각형 모양으로 이항계수가 배열된다. 이 삼각형을 **파스칼 삼각형** (Pascal's triangle)이라고 한다. 파스칼 삼각형에 나타나는 수들은 많은 흥미로운 관계식을 제공한다.

① 아래 그림에서 표시한 것과 같이 파스칼 삼각형의 각 행의 처음과 끝수를 제외한 모든 수는 하나 위의 행의 바로 위쪽 연속된 두 수의 합과 같다.

$$(a+b)^0=1$$
$$(a+b)^1=a+b$$
$$(a+b)^2=a^2+2a^2b+b^2$$
$$(a+b)^3=a^3+3a^2b+3ab^2+b^3$$
$$(a+b)^4=a^4+4a^3b+6a^2b^2+4ab^3+b^4$$
$$(a+b)^5=a^5+5a^4b+10a^3b^2+10a^2b^3+5ab^4+b^5$$
$$(a+b)^6=a^6+6a^5b+15a^4b^2+20a^3b^3+16a^2b^4+6ab^5+b^6$$

1
1 1
1 2 1
1 3 3 1
1 4 6 4 1
1 5 (10) 10 5 1
1 6 (15) (20) 15 6 1

$$
\begin{array}{ccccccccccc}
 & & & & & \binom{0}{0} & & & & & \\
 & & & & \binom{1}{0} & & \binom{1}{1} & & & & \\
 & & & \binom{2}{0} & & \binom{2}{1} & & \binom{2}{2} & & & \\
 & & \binom{3}{0} & & \binom{3}{1} & & \binom{3}{2} & & \binom{3}{3} & & \\
 & \binom{4}{0} & & \binom{4}{1} & & \binom{4}{2} & & \binom{4}{3} & & \binom{4}{4} & \\
\binom{5}{0} & & \binom{5}{1} & & \binom{5}{2} & & \binom{5}{3} & & \binom{5}{4} & & \binom{5}{5}
\end{array}
$$

❙ 그림 2.1.1 ❙ 파스칼 삼각형

② 파스칼 삼각형의 각 행의 합은 2^n이다. 또한 파스칼 삼각형의 각 행의 수의 제곱의 합은

$$
\begin{aligned}
&1^2 = 1 \\
&1^2 + 1^2 = 2 \\
&1^2 + 2^2 + 1^2 = 6 \\
&1^2 + 3^2 + 3^2 + 1^2 = 20 \\
&1^2 + 4^2 + 6^2 + 4^2 + 1^2 = 70 \\
&\qquad\qquad \vdots
\end{aligned}
$$

으로 주어진다. 이때 이 값들은 파스칼 삼각형의 중간 열의 수, 즉 각 n행의 제곱의 합은 $2n$행의 중간값 $\binom{2n}{n}$이 됨을 알 수 있다. 이 관계식을 일반식으로 표현하면

$$\binom{n}{0}^2 + \binom{n}{1}^2 + \binom{n}{2}^2 + \binom{n}{3}^2 + \cdots + \binom{n}{n}^2 = \binom{2n}{n}$$

으로 주어진다.

③ 파스칼 삼각형에서 대각선 원소들 간의 관계식을 추정할 수 있다. 예를 들면 제3행의 마지막 성분에서 시작한 대각선의 각 성분까지의 합은

$$
\begin{aligned}
&1 = 1 \\
&1 + 3 = 4 \\
&1 + 3 + 6 = 10 \\
&1 + 3 + 6 + 10 = 20 \\
&\qquad \vdots
\end{aligned}
$$

로 파스칼 삼각형의 그 다음 아래 대각선 성분과 같다. 이 관계식을 일반식으로 표현하면

$$\binom{n}{0}+\binom{n+1}{1}+\binom{n+2}{2}+\cdots+\binom{n+k}{k}=\binom{n+k+1}{k}$$

로 주어진다.

④ 파스칼 삼각형의 각 행의 연속된 원소의 비는

$$\frac{\binom{n}{k}}{\binom{n}{k+1}}=\frac{k+1}{n-k}\begin{cases}<1, & k<(n-1)/2\\ =1, & k=(n-1)/2\\ >1, & k>(n-1)/2\end{cases}$$

로 주어진다. 이때

$$\frac{2^n}{n+1}<\binom{n}{n/2}<2^n$$

의 관계가 있다. 이 관계식으로부터 이항계수의 크기를 추정할 수 있다.

(2) 피보나치 수

13세기에 피보나치(Fibonacci)가 다음과 같은 문제를 제시하였다.

"정원에 한 쌍의 새끼 토기가 있다. 이 토끼들은 한 달이 지나면 성숙하게 되고, 그 다음 한 달이 지나면 한 쌍의 토끼를 낳을 수 있다. 그리고 계속 한 달마다 한 쌍의 토끼를 낳는다. 한편 새로 태어난 한 쌍의 토끼도 두 달째부터는 매달 한 쌍의 토끼를 낳을 수 있다. 그렇다면 1년 뒤 그 정원 안에는 몇 쌍의 토끼들이 있게 되는가? 단, 토끼들은 죽지 않는다고 가정한다."

이때 매월 차례대로 토끼 쌍의 수를 세어 보면

$$1,\ 1,\ 2,\ 3,\ 5,\ 8,\ 13,\ 21,\ 34,\ 55,\ 89,\ 144,\ 233$$

으로 늘어나, 12개월이 지나면 정원에는 233쌍들의 토끼들이 있게 됨을 알 수 있다.

위에서 나타난 수들의 규칙성을 조사하면 n번째 되는 달의 토끼 쌍의 수를 F_n이라고 할 때, 이 수들은

$$F_1=1,\ F_2=1,\ F_{n+1}=F_n+F_{n-1}\ (\text{단, } n\geq 2)$$

의 관계를 가진다. 이 관계식에 $F_0 = 0$를 추가로 정의하여 생성되는 수

$$0,\ 1,\ 1,\ 2,\ 3,\ 5,\ 8,\ 13,\ 21,\ 34,\ 55,\ 89,\ 144,\ 233,\ 377,\ \cdots$$

들을 **피보나치 수**(Fibonacci numbers)라 하고, 피보나치 수로 만들어진 수열을 **피보나치 수열**(Fibonacci sequence)이라고 한다. 이때 피보나치 수열은

$$F_0 = 0,\ F_1 = 1,\ F_{n+1} = F_n + F_{n-1}\ (\text{단},\ n \ge 1)$$

으로 주어진다. (2.2절 참조)

참고 피보나치 수의 증가 속도를 알기 위해 n이 무한히 커질 때 연속된 두 수의 비율

$$\frac{F_n}{F_{n-1}}\ (\text{단},\ n = 1,\ 2,\ 3,\ \cdots)$$

을 조사해보면 1.618에 가까워진다. 즉 n이 커지면 피보나치 수열 $\{F_n\}$의 n항과 $n+1$항의 비율은 1: 1.618에 가까워진다. ✠

정리 17

피보나치 수는 n에 관한 일반식

$$F_n = \frac{1}{\sqrt{5}}\left[\left(\frac{1+\sqrt{5}}{2}\right)^n - \left(\frac{1-\sqrt{5}}{2}\right)^n\right]\ (\text{단},\ n \ge 0)$$

을 갖는다.

증명 n에 관한 수학적 귀납법을 이용하여 증명한다. $n = 0, 1$을 대입하면 $F_0 = 0$, $F_1 = 1$이 분명하다. 이제 $k \ge 2$일 때 위의 등식이 성립한다고 가정하자. 그러면 피보나치 수의 성질로부터

$$\begin{aligned} F_{k+1} &= F_k + F_{k-1} \\ &= \frac{1}{\sqrt{5}}\left[\left(\frac{1+\sqrt{5}}{2}\right)^{k-1}\left(\frac{1+\sqrt{5}}{2}+1\right) - \left(\frac{1-\sqrt{5}}{2}\right)^{k-1}\left(\frac{1-\sqrt{5}}{2}+1\right)\right] \\ &= \frac{1}{\sqrt{5}}\left[\left(\frac{1+\sqrt{5}}{2}\right)^{k+1} - \left(\frac{1-\sqrt{5}}{2}\right)^{k+1}\right]\ (\text{단},\ k \ge 2) \end{aligned}$$

이 성립한다. 따라서 $n \ge 0$인 모든 정수에 대하여 등식이 성립한다. ■

위의 정리에서 n이 무한히 커지면, F_n의 식에서 $\frac{1}{\sqrt{5}}\left(\frac{1-\sqrt{5}}{2}\right)^n$은 0에 가까워진다. 따라서 피보나치 수열은

$$F_n \approx \frac{1}{\sqrt{5}}\left(\frac{1+\sqrt{5}}{2}\right)^n = A_n$$

이 되는, 즉 $\frac{1}{\sqrt{5}}\left(\frac{1+\sqrt{5}}{2}\right)^n$에 가까운 등비수열이다. 이때 공비 $\frac{1+\sqrt{5}}{2}$을 **황금비** (golden ratio)라고 하며, 이 황금비는 많은 분야에서 활용되고 있다.

참고 황금비를 **황금분할** 또는 **황금률**이라고도 한다. 증권분석가 엘리오트는 주가파동을 관찰한 결과, 피보나치 수열 $\{F_n\}$에 의한 황금비에 따라 주가가 움직이고 있음을 발견하여 엘리오트 파동이론을 정립하였다. ✠

(3) 소수와 암호

① 소수와 소인수분해

p가 소수이면 1이 아닌 p보다 작은 양의 정수들의 곱으로 표시되지 않는다. 반면에 p가 합성수이면 p는 1과 p 사이의 정수들의 곱으로 표시된다.

예 2, 3, 5, 7, 11은 소수이다. 그러나 4, 6, 8, 9, 10은 합성수이다. 반면 1은 소수도 합성수도 아니다. □

컴퓨터의 확산으로 소수에 관한 이론도 새롭게 발전하고 있다. 주어진 양의 정수가 소수인지를 판별하는 데는 그보다 작은 모든 양의 정수에 의해 나누어지는지를 확인하는 방법을 이용할 수 있다. 그러나 이 방법은 20자리가 넘는 정수에서는 실용적이지 못하다. 이보다 훨씬 효과적인 알고리즘을 컴퓨터로 계산하여 1000자리의 수까지 쉽게 판별할 수 있게 된 지는 겨우 30여 년에 불과하다.

참고 주어진 자릿수를 가진 소수의 존재성의 난이도 때문에 소수는 암호론에서 중요한 역할을 한다. 주어진 자릿수를 가진 소수의 존재성은 19세기 중반까지 증명되지 못했으며, 심지어 아직도 이와 유사한 많은 문제가 해결되지 않고 있다. ✠

소수가 아닌 정수는 소수들의 곱, 즉 소인수분해로 나타낼 수 있다. 이때 곱으로 표시된 각 소수를 소인수라고 한다. 고대 그리스 사람들은 소인수분해의 존재성과 유일성을 증명하였다. 그러나 놀라운 사실은 아직도 그러한 소인수분해를 구하는 효과적인 방법이 없다는 것이다. 물론 뛰어난 성능을 지닌 컴퓨터를 사용하여 상당히 큰 수를 소인수분해할 수 있지만 지금까지의 기록은 약 140자리에 불과하다.

② 유클리드 알고리즘

최대공약수는 각 정수를 소인수분해하여 공통인 소인수와 그 지수를 택하여 구할 수 있다.

예 $900 = 2^2 \cdot 3^2 \cdot 5^2$, $54 = 2 \cdot 3^3$이므로 공통인 인수 2, 3을 택한다. 이때 2의 지수 중 작은 수 1과 3의 지수 중 작은 수 2를 택하여 $\gcd(900, 54) = 2 \cdot 3^2 = 18$을 얻는다. □

참고 a, b의 최대공약수를 약수를 세어 구하는 방법은 아주 큰 정수의 경우에는 소인수분해하기가 매우 어려워 실용적이지 못하다. ✠

GCD 알고리즘 (GCD algorithm) :

입력 : 양의 정수 a, b

출력 : 최대공약수 $\gcd(a, b)$

1. $b = 0$이면 $\gcd(a, b) = a$로 출력하고 종료한다.
2. $q = \left\lfloor \dfrac{a}{b} \right\rfloor$
3. $\gcd(a, b) \Leftarrow \gcd(b, a - q \cdot b)$라 하고, 제1단계로 돌아간다.

은 소인수분해를 하지 않고 최대공약수를 구하는 효과적인 알고리즘이다.

예 GCD 알고리즘을 이용하여, $\gcd(55, 89)$를 구해보자. 이때

$$\begin{aligned}\gcd(55, 89) &= \gcd(89, 55) = \gcd(55, 34) = \gcd(34, 21)\\ &= \gcd(21, 13) = \gcd(13, 8) = \gcd(8, 5) = \gcd(5, 3) = \gcd(3, 2)\\ &= \gcd(2, 1) = \gcd(1, 0) = 1\end{aligned}$$

로 주어진다. □

정리 18

양의 정수 a, b(단, $a > b$)의 최대공약수 $\gcd(a, b)$를 구하기 위한 GCD 알고리즘의 필요한 최대 실행 횟수는 $\log_2 a + \log_2 b$이다.

예 300자리의 두 정수의 최대공약수를 구하기 위해 실행되는 GCD 알고리즘은

$$2\log_2 10^{300} = 600\log_2 10 \approx 600\log_2 10 \approx 1993.2$$

로부터 2000회 안에 최대공약수를 구할 수 있다. 이 수는 두 정수의 최대공약수를 약수를 세어 구하는 알고리즘의 복잡도에 비하면 상당히 효과적이다. □

③ 소수의 성질

다음 정리는 BC 300년경 유클리드(Euclid)에 의해 증명되었다.

정리 19

소수의 개수는 무한히 많다.

증명 모든 양의 정수 n에 대하여, n보다 큰 소수가 항상 존재함을 밝힌다. 양의 정수 $n!+1$을 생각해보자. 먼저 $n!+1$이 소수이면, n보다 큰 소수가 존재한다. 한편 $n!+1$이 합성수이면, 약수인 소수 p가 존재한다. 즉 $p \mid (n!+1)$이다. 이때 소수 p가 n보다 작다면 $p \mid n!$이 된다. 따라서 두 수 $n!$과 $n!+1$이 소수 p에 의해 나누어떨어지므로 $p \mid (n!+1)-n!=1$이 된다. 그러나 소수 p는 1보다 크므로 모순이다. 그러므로 소수 p가 n보다 크다. 즉 모든 양의 정수보다 큰 소수는 항상 존재하므로, 소수의 개수는 무한히 많다. ■

두 소수 사이의 간격은 전혀 규칙적이지 못하다. 더욱이 수가 커질수록 소수와 그 다음 소수의 간격은 더욱 벌어진다. 즉 수가 커질수록 소수가 아닌 합성수가 더욱 많이 연속되게 나타난다.

정리 20

임의의 양의 정수 n(단, $n \geq 2$)개만큼의 연속된 합성수는 항상 존재한다.

다음 소수의 정리라고 불리는 중요한 결과가 아다마르(Hadamard)와 푸생(Poussin)에 의해 1896년에 증명되었다.

정리 21 **소수의 정리** (The prime number theorem)

주어진 양의 정수 n 이하의 소수의 개수를 $\pi(n)$이라고 하면, 충분히 큰 n에 대하여 $\pi(n)$은 다음과 같은 근사식을 갖는다.

$$\pi(n) \approx \frac{n}{\log_e n}$$

양의 정수를 정의역으로 하는 함수 $\pi(n)$을 그래프로 그려보면 거의 직선에 가까운 그래프 형태로 나타난다. 그러나 함수 $\pi(n)$의 정확한 함수식을 구하는 것은 아직 불가능하다.

참고 소수의 정리로부터 자리의 수의 $\frac{1}{3}$만 알면 원하는 자리의 수에 해당하는 소수를 구할 수 있게 되었다. ✠

다음 예의 풀이에는 소수의 정리를 바탕으로 한 근삿값이므로 오차가 포함되어 있다. 그런데 원하는 오차 내의 근삿값을 구하기 위한 n을 찾는 문제는 아직도 완전히 해결되지 않고 있다.

예 200자리의 소수가 얼마나 많은지 알아보자. 자릿수가 200인 수는 10^{199}에서 10^{200}까지이므로 10^{200}까지의 소수에서 10^{199}까지의 소수를 빼면 200자리의 소수의 개수를 구할 수 있다. 즉 소수의 정리로부터

$$\pi(10^{200}) - \pi(10^{199}) = \frac{10^{200}}{200 \ln 10} - \frac{10^{199}}{199 \ln 10} \approx 1.95 \cdot 10^{197}$$

이므로, 약 $1.95 \cdot 10^{197}$개의 200자리의 소수가 있다. 이때 200자리 전체의 수는

$$10^{200} - 10^{199} = 9 \cdot 10^{199}$$

개이므로, $9 \cdot 100^{199} / 1.95 \cdot 10^{197} \approx 460$이 된다. 따라서 평균 약 460개마다 소수가 하나씩 나타난다. □

1600년대 초 페르마(Fermat)는 다음 정리를 증명하였다. 정리의 증명은 정수 a에 관한 수학적 귀납법을 이용한다.

정리 22 **페르마의 작은 정리** (Fermat's little theorem)

임의의 정수 a(단, $a \geq 0$)와 소수 p에 대하여

$$p \mid a^p - a$$

가 성립한다.

참고 페르마의 작은 정리에서 p가 소수라는 가정이 없으면 성립하지 않는다. 예를 들면 $2^4 - 2$는 4로 나누어떨어지지 않는다. 이때 4는 소수가 아니다. ✠

④ 소수의 판별

주어진 양의 정수 n에 대하여 n의 소수 또는 합성수 여부를 판별하는 데는 1보다 크고 n보다 작은 수로 나누어지는가를 조사하여 판별할 수 있지만, 보다 효과적으로 n의 소수 또는 합성수 여부를 판별하는 방법은 1보다 크고 $\lfloor \sqrt{n} \rfloor$까지의 수로 나누어지는가를 조사하는 것이다. 하지만 이 방법 역시 상당히 큰 정수 n에 대하여 조사하는 데는 많은 시간이 걸리므로 좋은 방법이 되지 못한다.

정리 23

양의 합성수 n은 $1 < p \leq \sqrt{n}$를 만족하는 적어도 하나의 소수 p를 소인수로 갖는다.

예 $n = 13$의 소수 여부를 판별하기 위해서는 $\sqrt{13} \approx 3.606$이므로 $\lfloor \sqrt{13} \rfloor = 3$으로부터 2와 3이 13의 약수인지 조사하면 된다. 그런데 2와 3이 13을 나누지 못하므로 13은 소수이다. □

정리 23의 대우명제로서 다음을 얻는다.

정리 24

p가 1보다 큰 정수일 때, $1 < d \leq \sqrt{p}$를 만족하는 약수 d를 갖지 않으면 p는 소수이다.

참고 페르마의 작은 정리를 이용하면 훨씬 효과적인 방법으로 소수 여부를 판별할 수 있다. 즉 짝수인 소수 $p = 2$를 제외하고

$$\text{“홀수인 소수 } p\text{에 대하여, } p \mid 2^{p-1}-1\text{가 된다.”}$$

라는 명제의 대우

$$\text{“}p \nmid 2^{p-1}-1\text{이면, 홀수 } p\text{는 소수가 아니다.”}$$

를 이용한다. 따라서 $n \nmid 2^{n-1}-1$을 만족하는 홀수 n을 찾으면, n은 합성수이므로 소수가 아님이 판별된다. ✠

예 $25 \nmid 2^{24}-1 = 16,777,215$이므로, 25는 소수가 아니다. □

$n \mid 2^{n-1}-1$이라고 해서 반드시 n이 소수라는 보장이 없기에 이 경우는 다른 소수 판별법을 이용해야 한다. 이때 $2^{n-1}-1$을 구하기 위해 2를 $n-2$번 곱해 계산할 수 있지만, 직접 2를 계속 곱하기보다 거듭제곱하여 구하는 방법이 효과적이다. 또한 n이 커지면 $2^{n-1}-1$의 계산이 어려울 뿐만 아니라 값이 상당히 커지므로 n으로 나누어지는지 확인하는 방법도 함께 해야 한다. 그러나 n이 커지면 $2^{n-1}-1$은 천문학적인 수가 되어 n으로 나누어짐을 확인하기가 불가능하다. 그러므로 매번 거듭제곱을 하기 전에 n으로 나눈 나머지를 이용하면 효과적이다. 따라서 매번 n보다 작은 수의 제곱과 n으로 나눈 나머지를 구하는 나눗셈이 필요하다.

예 $25 \nmid 2^{24}-1$을 조사하여 25가 소수가 아님을 보이자. 먼저

$$2^3 = 8,\ 2^6 = 64$$

를 계산한다. 그리고 $64 = 2 \cdot 25 + 14$이므로, 2^{12}을 계산하는 대신 $14^2 = 196$을 구한다. 또한 $196 = 7 \cdot 25 + 21$이므로, 2^{24}을 계산하는 대신 $21^2 = 441$을 구한다. 이때 $441 - 1 = 440$은 25로 나누어지지 않는다. 따라서 $25 \nmid 2^{24}-1$이므로, 25는 소수가 아니다. □

참고 $n \mid 2^{n-1}-1$이라고 해서 n이 소수라는 보장은 없다. 왜냐하면 $341 \mid 2^{340}-1$이지만 $341 = 11 \times 31$이므로, 341은 소수가 아니기 때문이다. ✠

위에서 언급한 방법은 페르마의 작은 정리 $p \mid a^p - a$에서 $a = 2$인 경우만 이용하였다. 그러므로 그 외의 경우, 즉

$$p \mid 3^p - 3,\ p \mid 5^p - 5,\ \cdots$$

등의 여부를 확인하는 방법을 사용할 수도 있다. 하지만 합성수 $561 = 3 \cdot 11 \cdot 17$는 모든 정수 a에 대하여 $561 \mid a^{561} - a$이므로, 이러한 방법을 정확하게 적용하기에는 제한을 받는다. 561과 같은 수를 **카마이클 수** (Carmicheal number)라고 한다. 이러한 카마이클 수로 인한 제한을 피할 수 있는 방법으로 70년대 말 밀러 (Miller)와 로빈 (Robin)이 페르마의 작은 정리를 이용하여 더욱 효과적으로 소수를 판별하는 방법, 즉 주어진 홀수 n에 대한 **밀러 - 로빈** (Miller - Robin)**의 소수 판별법 알고리즘**을 찾았다.

예 561이 소수라면 모든 정수 a에 대하여 $561 \mid a^{561} - a$이므로

$$a^{561} - a = a(a^{35} - 1)(a^{35} + 1)(a^{70} + 1)(a^{140} + 1)(a^{280} + 1)$$

의 오른편의 6개 항 중에서 적어도 하나는 561로 나누어져야 한다. 하지만 $a = 2$일 때 등식의 오른쪽 모든 항은 561로 나누어떨어지지 않는다. 따라서 561은 합성수이다. □

⑤ 소수와 암호

현대인들은 편리한 통신을 이용하는 반면에 안전한 보안을 요구한다. 이 요구에 부응하여 발전하는 분야가 **암호론** (cryptography 또는 cryptology)이다.

A, B 두 사람이 서로 업무에 관한 중요한 메시지를 주고 받을 때 제3자가 알 수 없도록 보내는 사람은 **암호화** (encrypt)하여 메시지를 보내고, 받는 사람은 **복호화** (decrypt)하여 암호화된 메시지를 받아 알아볼 수 있도록 하는 과정이 필요하다. 이때 두 사람이 메시지를 암호화하고 복호화할 때 제3자가 모르는 어떤 정보를 알아야만 하는데 이 정보를 **암호키** (key)라고 한다. 암호키에는 정보의 당사자 이외는 알려지지 않는 **비밀키** (private key)와 제3자가 알아도 복호화하는 데 수많은 시간을 필요로 하는 **공개키** (public key)가 있다. 이렇게 암호화하는 방법과 복호화하는 방법, 그리고 암호키 등을 모두 함께 **암호시스템** (cryptosystem)이라고 한다. 암호시스템의 성공 여부는 계산적 복잡성에 의존하고 있다.

비밀키와 공개키에 관한 암호시스템을 예를 들어 간단히 설명한다. 공개키 암호시스템은 비밀키 암호시스템과 과정은 비슷하지만 훨씬 복잡하다.

(i) 비밀키 암호시스템 (private key cryptosystem)

예 우리는 현금인출기에서 카드와 비밀번호를 이용하여 현금을 인출한다. 이때 인출기가 비밀번호를 알지 못하고 단지 사용자가 비밀번호를 제대로 입력하였는지 확인만 하도록 계산의 복잡성을 이용하여 비밀키 암호시스템을 만든다. 먼저 네 자릿수 비밀번호

를 포함하는 100자리의 소수 p를 만들고 101자리의 소수 q를 찾아 $N=pq$를 계산하여 은행에 값 N만 알려준다. 은행은 인출기에 N을 저장하고 사용자가 비밀번호 네 자릿수를 입력하면 비밀번호로 소수 p를 만들어 p가 N을 나누어떨어지는지를 확인하여 실소유자임을 확인한다. 관리자나 제3자는 $N=pq$의 소인수분해의 복잡성에 의해 차단된다. □

소수를 기반으로 하는 현대의 암호시스템은 항상 200자리 이상의 소수를 찾아야 하는 과정이 필요하다. 200자리의 소수는 약 $1.95 \cdot 10^{197}$개 있고, 평균 약 460개마다 하나씩 존재한다. 그런데 메시지를 암호화하는 작업은 그리 어려운 일이 아니다. 다만 합성수의 소인수분해가 어려운 작업일 뿐이다. 그러므로 암호시스템의 보안성을 깨는 작업 또한 어려운 작업이 되어 암호시스템의 안전성이 보장된다.

(ii) 공개키 암호시스템 (public key cryptosystem)

A는 100자리의 두 소수 p, q를 생성하고 $m=pq$를 계산한다. 또한 200자리의 두 정수 d, e를 $(p-1)(q-1) \mid (de-1)$이 되도록 선택한다. 이때 A는 두 수 m, e를 공개하고, p, q, d는 비공개로 한다. 먼저 B가 A에게 메시지를 수로 전환한 x를 보낸다. 단, x를 m보다 작은 0 이상의 정수로 한다. x가 m보다 큰 0 이상의 정수일 경우는 메시지를 잘라서 여러 개의 메시지로 만든다. 이때 $r=\mathrm{mod}(x^e, m)$, 즉 $r \equiv x^c \pmod m$을 계산하여 A에게 r만을 보낸다. r을 받은 A는 비밀키 d를 가지고 복호화한다. 즉 $\mathrm{mod}(r^d, m)$을 계산하면 이 값이 바로 x가 된다. 반대로 A가 B에게 메시지를 보낼 때는 B의 비밀키와 공개키를 이용하여, 같은 방법으로 암호화하고 복호화한다. 이러한 암호화시스템은 현재 많이 사용되고 있는 RSA 코드이다.

연습문제 2.1

EXERCISES

1. 정수 n과 양의 정수 d에 대하여

$$n = dq + r\,(\text{단}, 0 \le r < d)$$

을 만족하는 두 정수 q, r이 존재함을 보이시오.

2. 두 정수 a, b에 대하여 a는 b의 약수이고, 소수 p는 b의 약수이지만 a의 약수는 아니다. 이때 소수 p는 $\frac{b}{a}$의 약수임을 보이시오.

3. $1 < k < p$일 때, p가 소수이면 $p \mid \binom{p}{k}$임을 보이시오. 그러나 소수가 아니면 성립하지 않음을 예를 들어 보이시오.

4. 정수 a, b, c, d에 대하여 다음 명제가 성립하지 않음을 보이시오.

(1) $a \mid c$, $b \mid c$이면, $(a+b) \mid c$이다.

(2) $a \mid c$, $b \mid c$이면, $ab \mid c$이다.

5. 세 정수 a, b, c에 대하여, $a \mid b$이면 $ac \mid bc$가 성립함을 보이시오.

6. 다음을 증명하시오.

(1) $\binom{n}{0} - \binom{n}{1} + \binom{n}{2} - \binom{n}{3} + \cdots + (-1)^n \binom{n}{n} = 0$

(2) $\binom{n}{0} - \binom{n}{1} + \binom{n}{2} - \binom{n}{3} + \cdots + (-1)^n \binom{n}{k} = (-1)^n \binom{n-1}{k}$

7. 두 정수 a, b에 대하여 $a \equiv b \pmod{m}$일 때, $a \equiv b \pmod{2m}$이 성립하지 않음을 보이시오.

8. 다음 합동식의 해를 구하시오.

(1) $15x \equiv 7 \pmod{26}$

(2) $11x \equiv 1 \pmod{26}$

9. 다음이 성립함을 보이시오.

(1) $10 \mid 37^{500} - 37^{100}$ (2) $341 \mid 2^{340} - 1$

10. 유클리드 알고리즘을 이용하여, $\gcd(135, 40) = m \cdot 135 + n \cdot 40$을 만족하는 두 정수 m, n을 구하시오.

11. 임의의 양의 정수 n(단, $n \geq 2$)개만큼의 연속된 합성수는 항상 존재함을 보이시오.

12. 양의 합성수 n은 $1 < p \leq \sqrt{n}$를 만족하는 적어도 하나의 소수 p를 소인수로 가짐을 보이시오.

2.2 함수

1. 관계

(1) 관계

두 원소 a와 b의 **순서쌍**(ordered pair) $\langle a, b \rangle$는 $\langle a, b \rangle = \{\{a\}, \{a, b\}\}$로 정의된다. 이 정의로부터

$$\langle a, b \rangle = \langle c, d \rangle \text{이면, } a = c \text{이고 } b = d$$

를 얻는다.

정의 1 데카르트 곱

두 집합 A와 B의 **데카르트 곱**(cartesian product) 또는 **카테시안 곱** $A \times B$는

$$A \times B = \{\langle a, b \rangle \mid a \in A,\ b \in B\}$$

로 정의된다. 간단히 $A \times B$를 A와 B의 **곱집합**(product set) 또는 **적집합**이라고도 한다. 이때 $A \times A$를 A^2으로 표현한다.

두 집합 A, B에 대하여, $A \times B$의 부분집합을 A로부터 B로의 **관계**(relation)라고 한다. 이때 $\Re \subset A \times B$이 A로부터 B로의 관계이면 $\langle a, b \rangle \in \Re$를 기호

$$a \Re b$$

로 표기하고, $a\Re b$는 "a는 $\Re$에 의해 b와 관계된다."고 읽는다. 특히 $A = B = X$일 때, "$\Re$을 X에서의 관계", 즉 X에 대하여 $X^2 = X \times X$의 부분집합 $\Re$을 X에서의 관계라고 한다.

집합 A로부터 집합 B로의 임의의 관계 $\Re$의 **정의역**(domain)은 $\Re$에 속하는 순서쌍의 첫째 원소들의 집합이고, 그 **치역**(range)은 둘째 원소들의 집합이다. 즉 집합

$$\mathrm{Dom}(\Re) = \{a \in A \mid \exists b \in B,\ \langle a, b \rangle \in \Re\}$$

는 $\Re$의 정의역이고, 집합

$$\mathrm{Im}(\Re) = \{b \in B \mid \exists a \in A,\ \langle a, b \rangle \in \Re\}$$

는 $\Re$의 치역이다. 관계 $\Re$에 대한 **역관계**(inverse relation) $\Re^{-1}$은

$$\Re^{-1} = \{ \langle b, a \rangle \mid \langle a, b \rangle \in \Re \}$$

로 정의되는 B로부터 A로의 관계이다. 따라서 $a \Re b \Leftrightarrow b \Re^{-1} a$가 성립한다.

(2) 동치관계

정의 2 동치관계

$\Re$이 집합 X에서의 관계일 때, 다음 세 조건

$[E_1]$ 모든 $x \in X$에 대하여, $x \Re x$ 반사적 (reflexive)

$[E_2]$ $x \Re y$이면, $y \Re x$ 대칭적 (symmetric)

$[E_3]$ $x \Re y$이고 $y \Re z$이면, $x \Re z$ 추이적 (transitive)

를 만족하면 $\Re$을 **동치관계** (equivalence relation)라고 한다.

예 모든 실수의 집합 $\mathbb{R}$에서 상등관계 '$=$'는 동치관계이다. 그러나 $x \le y \not\Rightarrow y \le x$이므로, 부등호 '$\le$'는 동치관계가 아니다. 또한 집합의 포함관계 '$\subset$'는 반사적이고 추이적이지만 대칭적이 아니므로, 동치관계가 아니다. □

정의 3 동치류와 상집합

$\Re$이 공집합이 아닌 집합 X에서의 동치관계일 때, 각 $x \in X$에 대하여 $\Re$에 관한 x의 **동치류** (equivalence class) $[x]$를

$$[x] = \{ y \in X \mid y \Re x \}$$

로 정의한다. 때로는 $[x]$를 $x/\Re$로 표기한다. 한편 동치류의 집합족

$$X/\Re = \{ [x] \mid x \in X \}$$

를 "X의 $\Re$에 대한 **상집합** (quotient set)"이라고 한다.

(3) 분할

정의 4 분할

X가 공집합이 아닌 집합일 때, 다음 두 조건

(1) $A_i \ne A_j$이면, $A_i \cap A_j = \varnothing$ (2) $\bigcup_{A_i \in \mathscr{A}} A_i = X$

를 만족하는 X의 공집합이 아닌 부분집합족 $\mathscr{A}=\{A_i\}_{i\in I}$를 X의 분할(partition)이라 한다. $\mathscr{A}=\{A_i\}_{i\in I}$가 X의 분할일 때, 각 A_i를 분할 $\mathscr{A}$의 류(class)라 한다.

예 m이 임의의 고정된 양의 정수일 때, 각 정수 j (단, $0 \le j < m$)에 대하여

$$\mathbb{Z}_j = \{x \in \mathbb{Z} \mid \text{적당한 } k \in \mathbb{Z} \text{에 대하여, } x - j = km\}$$

로 주어진 집합 $\{\mathbb{Z}_0, \mathbb{Z}_1, \mathbb{Z}_2, \cdots, \mathbb{Z}_{m-1}\}$은 $\mathbb{Z}$의 분할이 된다. 이때 동치류 $\mathbb{Z}_i$를 잉여류(residue class)라고 한다. □

공집합이 아닌 집합 X에서의 모든 동치관계는 반드시 X의 하나의 분할에 대응된다. 역으로 X의 분할은 X에서의 하나의 동치관계를 형성한다.

(4) 관계의 합성

정의 5 관계의 합성

U가 A에서 B로의 관계이고, V가 B에서 C로의 관계일 때, 즉 $U \subset A \times B$이고 $V \subset B \times C$일 때, U와 V의 **합성**(composition) $V \circ U$를

$$V \circ U = \{\langle a, c\rangle \in A \times C \mid \exists\, b \in B,\ \langle a, b\rangle \in U,\ \langle b, c\rangle \in V\}$$

로 정의한다.

2. 함수

함수는 관계의 특별한 경우로 정의한다. 함수에 대한 개념은 수학의 모든 분야에서 기본이 되는 부분이다.

(1) 함수

집합 A의 각 원소 $x \in A$를 다른 집합 B의 하나의 원소 $y \in B$에 대응하는 관계의 모임을 A에서 B로 대응하는 **함수**(function) 또는 사상(mapping)이라 하고

$$f : A \to B$$

로 표현한다. 이때 집합 A, B를 각각 함수 f의 정의역(domain), 공역(codomain)이라고 하

며, y를 f에 의한 x의 상이라 하고 $y=f(x)$로 나타낸다. 또한 원소 $a \in A$에 대응하는 집합 B의 원소 $f(a)$를 함수 f에 대한 a의 상(image)이라 하고

$$f(A)=\{f(a) \mid a \in A\}$$

를 f의 치역(range)이라고 하며, $f(A) \subset B$를 만족한다. 한편 $f(A)$를 $\operatorname{im} f$로 나타내기도 한다. 또한 A에서 B로의 함수를 순서쌍의 집합

$$\{(a, f(a)) \mid a \in A,\ f(a) \in B\} \subset A \times B$$

로 표현하기도 한다. 이때 함수의 정의로부터 집합 A의 각 원소는 집합 B의 하나의 원소에 대응되어야 하므로, 임의의 두 원소 $a,\ b \in A$에 대하여 $a=b$이면 $f(a)=f(b)$를 만족해야 한다.

정의역과 공역이 각각 $A,\ B$인 두 함수 $f: A \to B,\ g: A \to B$에서

$$\text{모든 } x \in A\text{에 대하여, } f(x)=g(x)$$

를 만족할 때, $f,\ g$는 서로 같다고 하고, $f=g$로 나타낸다.

예 원소 $a \in A$를 자기 자신 $a \in A$에 대응하는 함수 $I_A : A \to A$, 즉

$$I_A : A \to A,\ I_A(a)=a$$

를 집합 A 위의 **단위함수**(identity function) 또는 항등함수라 한다. □

예 두 함수 $f: A \to B$와 $g: B \to C$에 대하여 집합 A의 원소 $a \in A$를 집합 C의 원소 $g(f(a)) \in C$로 대응하는 함수를 정의할 때, 이 새로운 대응함수를 두 함수 $f,\ g$의 **합성함수**(composite function)라 하고

$$g \circ f : A \to C$$

로 표시한다. 이때 $(g \circ f)(x)=g(f(x))$로 주어진다. 모든 함수 $f: A \to B$에 대하여 단위함수 $I_A,\ I_B$와의 합성함수는 f 자신이 된다. 즉

$$I_B \circ f = f = f \circ I_A$$

가 성립한다. □

참고 집합 A(단, $A \neq \varnothing$)의 임의의 원소 $x,\ y \in A$에 대하여 하나의 원소 $z \in A$가 대응할 때, $\circ$과 같은 기호를 사용하여

$$x \circ y = z$$

로 나타내고, A 위에 **이항연산** (binary operation) 또는 연산 $\circ$이 정의되어 있다고 한다. 집합 A 위에 연산 $\circ$이 정의되어 있을 때, A의 부분집합 B에 대하여

$$a, b \in B \Rightarrow a \circ b \in B$$

인 경우 B는 연산 $\circ$에 관하여 **닫혀 있다** (closed)고 한다. ✠

함수 $f : A \to B$에서 $f(A) = B$, 즉 모든 원소 $b \in B$에 대하여 $b = f(a)$를 만족하는 $a \in A$가 존재할 때, f를 **전사** (onto, surjective) 또는 **위로의 함수** (surjection)라고 한다. 그리고 함수 $f : A \to B$에서 임의의 원소 $x_1, x_2 \in A$에 대하여

$$x_1 \neq x_2 \Rightarrow f(x_1) \neq f(x_2), \text{ 즉 } f(x_1) = f(x_2) \Rightarrow x_1 = x_2$$

를 만족할 때, f를 **단사** (one - to - one, injective) 또는 **일대일 함수** (injection)라고 한다. 또한 전사이고 단사인 함수 $f : A \to B$를 **전단사** (bijective) 또는 **일대일 대응** (one - to - one correspondence)이라고 한다.

한편 함수 $f : A \to B$에 대한 $a \in A$의 상 $f(a) \in B$를 다시 원소 $a \in A$에 대응하는 함수로 정의할 수 있다. 이때 이 함수를 $f : A \to B$의 **역함수** (inverse function)라고 하며

$$f^{-1} : B \to A$$

로 표시한다. 함수 $f : A \to B$의 역함수가 존재할 필요충분조건은 $f : A \to B$가 전단사인 것이다. 함수 $f : A \to B$가 전단사일 때 f의 역함수 $f^{-1} : B \to A$도 전단사이고, 또한 임의의 $a \in A$, $b \in B$에 대하여

$$f^{-1} \circ f = 1_A, \ f \circ f^{-1} = 1_B$$

가 성립한다.

예 실수 전체의 집합 $\mathbb{R}$과 정수 전체의 집합 $\mathbb{Z}$에 대하여, $x \in \mathbb{R}$를 x를 넘지 않는 최대 정수에 대응하는 함수를 **내림함수** (floor function)라고 하며

$$\lfloor \ \rfloor : \mathbb{R} \to \mathbb{Z}$$

로 표시한다. 또한 $x \in \mathbb{R}$를 x보다 작지 않는 최소 정수에 대응하는 함수를 **올림함수** (ceiling function)라고 하며

$$\lceil \ \rceil : \mathbb{R} \to \mathbb{Z}$$

로 표시한다. 이때 두 함수 $\lfloor\ \rfloor : \mathbb{R} \to \mathbb{Z}$와 $\lceil\ \rceil : \mathbb{R} \to \mathbb{Z}$는 전사이다. 그러나 하나의 상에 대해 유일한 정의역의 원소가 대응되지 않으므로, 두 함수 $\lfloor\ \rfloor : \mathbb{R} \to \mathbb{Z}$와 $\lceil\ \rceil : \mathbb{R} \to \mathbb{Z}$는 단사는 아니다. 따라서 역함수가 존재하지 않는다. □

참고 양의 정수 전체의 집합 $\mathbb{N}$ 또는 음이 아닌 정수의 집합

$$\{0\} \cup \mathbb{N} = \{0, 1, 2, 3, \cdots\}$$

를 정의역으로 하고, 이 정의역의 각 수를 어떤 집합 A의 원소에 대응하는 함수를 **수열**(sequence) 또는 배열이라고 한다. 수열 $\{a_n\}$이 수의 개념을 가질 때, 기호

$$\sum_{j=1}^{n} a_j = a_1 + a_2 + \cdots + a_n, \quad \sum_{j=1}^{\infty} a_j = a_1 + a_2 + \cdots$$

는 수열의 합을 의미한다. 특히 항이 무한개인 수열을 **무한수열**(infinite sequence)이라 하고, 또한 $\sum_{j=1}^{\infty} a_j$를 **무한급수**(infinite series)라고 한다. 앞으로 특별히 언급이 없는 한, 이 책에서는 무한수열과 무한급수를 간단히 수열과 급수로 각각 서술할 것이다. ✠

예제 다음으로 정의된 수열 $\{a_n\}$을 구하시오.

$$a_0 = 4,\ a_{n+1} \equiv 2a_n + 3 \pmod 6,\ 0 \le a_n < 6\ (\text{단},\ n = 0, 1, 2, \cdots)$$

풀이

$$\begin{aligned} a_0 = 4,\ a_1 &\equiv 2a_0 + 3 \equiv 8 + 3 \equiv 5 \pmod 6 \\ a_2 &\equiv 2a_1 + 3 \equiv 10 + 3 \equiv 1 \pmod 6 \\ a_3 &\equiv 2a_2 + 3 \equiv 2 + 3 \equiv 5 \pmod 6 \\ a_4 &\equiv 2a_3 + 3 \equiv 10 + 3 \equiv 1 \pmod 6 \\ &\vdots \end{aligned}$$

따라서 $\{a_n\}$은 $\{4, 5, 1, 5, 1, 5, 1, \cdots\}$로 주어진다. ■

참고 수열이 집합열 $A_1, A_2, A_3, \cdots$로 정의될 때, 기호

$$\bigcup_n A_n = A_1 \cup A_2 \cup \cdots, \quad \bigcap_n A_n = A_1 \cap A_2 \cap \cdots$$

는 수열의 합집합과 교집합을 의미한다. ✠

(2) 체와 다항식

정의 6 체

집합 F(단, $F \neq \varnothing$) 위에 덧셈과 곱셈이 정의되어 있고, 임의의 $a, b, c \in F$에 대하여

A1 : $(a+b)+c=a+(b+c)$ (덧셈에 관한 결합법칙)

A2 : $a+b=b+a$ (덧셈에 관한 교환법칙)

A3 : 모든 원소 $a \in F$에 대하여, $a+0=0+a=a$를 만족하는 $0 \in F$가 존재한다.

A4 : 각 원소 $a \in F$에 대하여, $a+b=b+a=0$를 만족하는 $b \in F$가 존재한다. 이때 b를 $-a$로 나타낸다.

M1 : $(ab)c=a(bc)$ (곱셈에 관한 결합법칙)

M2 : $ab=ba$ (곱셈에 관한 교환법칙)

M3 : 모든 원소 $a \in F$에 대하여, $a1=1a=a$를 만족하는 $1 \in F$(단, $1 \neq 0$)이 존재한다.

M4 : 각 원소 $a \in F$(단, $a \neq 0$)에 대하여, $ab=ba=1$을 만족하는 $b \in F$가 존재한다. 이때 b를 a^{-1}로 나타낸다.

D : $a(b+c)=ab+ac, \ (a+b)c=ac+bc$ (분배법칙)

를 만족할 때, F를 체 (field)라고 한다.

체 F 위에서의 뺄셈과 나눗셈은 각각 다음으로 정의된다.

$$a-b=a+(-b), \ a \div b=\frac{a}{b}=ab^{-1} \text{(단, } b \neq 0\text{)}$$

예 유리수 전체의 집합, 실수 전체의 집합, 복소수 전체의 집합을 각각 $\mathbb{Q}, \mathbb{R}, \mathbb{C}$로 나타낸다. 이때 $\mathbb{Q}, \mathbb{R}, \mathbb{C}$는 보통 사용하고 있는 덧셈과 곱셈에 관하여 체를 이룬다. 체 $\mathbb{Q}, \mathbb{R}, \mathbb{C}$를 각각 유리수체 (rational number field), 실수체 (real number field), 복소수체 (complex number field)라고 한다. □

정의 7

체 F의 원소 $a_0, a_1, a_2, \cdots, a_n$에 대하여, 합 $a_0+a_1+a_2+\cdots+a_n$을 총합기호 Σ를 사용하여

$$\sum_{k=0}^{n} a_k = a_0+a_1+a_2+\cdots+a_n$$

으로 정의한다.

예 r (단, $r \neq 1$)이 실수일 때, 모든 양의 정수 n에 대하여

$$\sum_{k=0}^{n} r^k = 1 + r + r^2 + \cdots + r^{n-1} = \frac{r^n - 1}{r - 1}$$

이 성립한다. □

정의 8 다항식

체 F의 원소와 부정원 (indeterminate element) x로 이루어진 식

$$f(x) = a_0 + a_1 x + \cdots + a_n x^n \text{ (단, } a_0, a_1, \cdots, a_n \in F)$$

을 F 위의 x에 관한 **다항식** (polynomial)이라 한다. 이때 $a_0, a_1, \cdots, a_n$을 다항식 $f(x)$의 **계수** (coefficient)라고 한다.

참고 $a_1 = \cdots = a_n = 0$일 때 $f(x) = a_0$를 상수다항식이라 하고, $a_0 = \cdots = a_n = 0$일 때 $f(x)$를 영다항식이라고 한다. 다항식

$$f(x) = a_0 + a_1 x + \cdots + a_n x^n$$

에서 $a_n \neq 0$일 때, n을 $f(x)$의 **차수** (degree)라 하고 $f(x)$를 n차의 다항식이라고 한다. ✠

(3) 점화식과 점화수열

여기서는 주어진 조건을 만족하는 경우의 수 a_n을 점화식으로 나타내고, 이를 이용하여 수열 $\{a_n\}$을 구하는 방법을 알아본다.

정의 9 재귀함수

다음 두 가지 조건

(1) 정의역의 몇 개 원소 (기초 원소)에 대한 함숫값이 주어진다.

(2) 기초 원소에 가까운 원소에 대해 자신의 함숫값을 이용하여 함수를 정의한다.

를 만족하도록 재귀적으로 정의한 함수를 **재귀함수** (recursively defined function)라고 한다.

조건 (1)을 **초기조건** (initial condition)이라 하고, 조건 (2)가 함수에 관한 방정식으로 표현

될 때 **재귀식**(recurrence relation) 또는 **점화식**이라고 한다.

예 n명을 일렬로 세우는 방법의 수를 a_n이라 하면, a_n은

$$a_1 = 1,\ a_n = n a_{n-1}$$

로 주어진다. □

수열 $\{a_n\}$에서 a_n을 a_n보다 앞선 항 $a_{n-1}, a_{n-2}, \cdots$를 사용하여 나타낸 식을 **점화식**이라 한다. 이때 처음 몇 항이 적절히 주어져 있으면, 점화식을 이용하여 수열 $\{a_n\}$을 구할 수 있다. 이처럼 점화식을 계산하는 데 꼭 필요한 처음 몇 항을 점화식의 **초기조건**이라고 한다. 점화식에 의해 정의된 수열, 즉 **점화수열**(recurrence sequence)은 재귀함수이다.

정의 10 선형점화식

(1) k개의 상수 $c_1, c_2, c_3, \cdots, c_k$에 대하여

$$a_n = c_1 a_{n-1} + c_2 a_{n-2} + \cdots + c_k a_{n-k} + f(n)\ (\text{단}, n \geq k)$$

과 같이 선행하는 k개의 $a_{n-1}, a_{n-2}, \cdots, a_{n-k}$에 관한 1차식으로 a_n을 정의하는 점화식을 **k계의 선형점화식**(kth-order linear recurrence relation)이라고 한다.

(2) $f(n) = 0$인 k계의 선형점화식

$$a_n = c_1 a_{n-1} + c_2 a_{n-2} + \cdots + c_k a_{n-k}\ (\text{단}, n \geq k)$$

를 **k계의 선형동차점화식**(kth-order linear homogeneous recurrence relation)이라고 한다.

예 상수 A, B에 대하여

$$a_n = A a_{n-1} + B a_{n-2}\ (\text{단}, n \geq 2)$$

는 2계 선형동차점화식이다. 왜냐하면 a_n을 선행하는 a_{n-1}, a_{n-2}에 관한 1차식으로 정의할 수 있기 때문이다. □

예 양의 정수 n에 대하여, 다음 초기조건과 점화식

(1) $0! = 1$

(2) $n! = n \cdot (n-1)!$ (단, $n \geq 1$)

를 만족하는 재귀함수를 $n!$로 정의한다. 즉

$$0! = 1, \quad n! = 1 \cdot 2 \cdot 3 \cdot \cdots \cdot (n-2)(n-1)n$$

으로 주어진다. 그런데 점화식

$$n! = n \cdot (n-1)! \text{ (단, } n \geq 1)$$

은 $(n-1)!$의 계수가 상수가 아닌 n이므로, 1계 선형점화식이 아니다. □

참고 재귀함수 $n!$에 대하여, 다음 부등식이 성립한다.

(1) $2^n < n! < n^n$ (단, $n \geq 4$)

(2) $e\left(\frac{n}{e}\right)^n < n! < \frac{n+1}{4}e^2\left(\frac{n}{e}\right)^n$

(3) 스털링 공식 (Stirling's formula) : $n! \approx \left(\frac{n}{e}\right)^n \sqrt{2\pi n}$ ✠

예제 실수체 $\mathbb{R}$에서의 수열 $\{a_n\}$이 다음으로 주어질 때, 초기조건과 점화식을 구하시오.

(1) $7, 5, 3, 1, -1, -3, \cdots$ (2) $1, 4, 4^2, 4^3, 4^4, 4^5, 4^6, \cdots$

풀이 (1) $a_0 = 7, \ a_{n+1} = a_n - 2$ (단, $n = 0, 1, 2, \cdots$)

(2) $a_0 = 1, \ a_{n+1} = 4a_n$ (단, $n = 0, 1, 2, \cdots$) ■

예제 1과 2로 이루어진 n자릿수 중 1이 연속으로 나오지 않는 수의 개수를 a_n이라고 할 때, a_n에 대한 초기조건과 점화식을 구하시오.

풀이 1이 연속으로 나오지 않는 한 자릿수는 1, 2이므로 $a_1 = 2$, 두 자릿수는 12, 21, 22뿐이므로 $a_2 = 3$이다. 일반적으로 처음의 숫자에 따라 다음과 같은 두 가지 경우가 있다.

(1) 처음의 숫자가 1인 경우: 1이 연속으로 나올 수 없기 때문에 두 번째의 숫자는 2이며, 나머지는 1이 연속으로 나오지 않는 $n-2$자릿수이다. 그러므로 1이 연속으로 나오지 않고 처음의 숫자가 1인 경우의 수는 a_{n-2}이다.

(2) 처음의 숫자가 2인 경우: 처음의 숫자를 제외한 나머지는 1이 연속으로 나오지 않는 $n-1$자릿수이므로, 그 개수는 a_{n-1}이다.

그런데 (1)과 (2)는 동시에 일어나지 않으므로, 덧셈의 법칙에 의해 (4.1절 참조)

$$a_1 = 2,\ a_2 = 3,\ a_n = a_{n-2} + a_{n-1}\,(\text{단},\ n \geq 3)$$

이다. ■

예제 하노이 탑 (Tower of Hanoi): 크기가 서로 다른 n개의 원판이 크기 순서대로 막대기 A에 끼워져 있다. 다른 두 개의 막대기 B, C를 이용하여 이 n개의 원판을 다른 막대기 C로 옮길 때 필요한 최소 이동 횟수를 a_n이라 하자. 그런데 한 번에 한 개의 원판만을 옮길 수 있으며 어떤 원판 위에도 그것보다 큰 원판을 놓지 못한다고 한다. 이때 a_1의 값과 a_n에 대한 점화식을 구하시오.

풀이 명백하게 $a_1 = 1$이다. $n = 2$라면 위의 작은 원판을 B로 옮긴 다음 남은 큰 원판을 C로 옮기고, 다시 B에 있는 원판을 C에 있는 원판 위에 놓으면 되므로 $a_2 = 3$이다. 일반적으로 다음 세 단계로 나누어 생각할 수 있다.

① A에 있는 가장 큰 원판만을 제외하고, 나머지 $n-1$개의 원판을 B로 옮긴다. 이때 필요한 최소 이동 횟수는 a_{n-1}이다.

② A에 남은 가장 큰 원판을 C로 옮긴다. 물론 필요한 이동 횟수는 1이다.

③ B에 있는 $n-1$개의 원판을 C로 옮긴다. 이때 최소 이동 횟수는 a_{n-1}이다.

따라서 n개의 원판을 다른 막대기로 옮길 때 필요한 최소 이동 횟수 a_n은

$$a_1 = 1,\ a_n = 2a_{n-1} + 1\,(\text{단},\ n \geq 2)$$

이다. ■

지금까지 a_n을 점화식으로 나타내는 방법을 알아보았다. 이제 주어진 점화식과 초기조건을 이용하여 일반항 a_n을 구하는 방법에 대하여 알아보자.

참고 일반적으로 초기조건과 점화식이 주어지면 초기조건을 이용하여 수열의 모든 항을 순차적으로 구할 수 있다. 하지만 매우 큰 항의 수열의 값을 구할 때는 많은 시간이 필요하다. 따라서 수열의 일반항을 구할 수 있으면 매우 유용하게 사용될 수 있다. 이때 수열의 일반항을 **점화식의 해** (solution of recurrence relations)라고 한다. ✠

① 먼저 반복에 의해 수열의 패턴을 추정하는 방법을 예를 들어 설명한다.

예 k가 양의 정수일 때, 초기조건과 점화식이

$$a_1 = 1,\ a_n = 2a_{n-1} + 1\,(\text{단},\ n \geq 2)$$

로 주어진 수열의 일반항 a_n을 구해보자.

$$\begin{aligned}
a_1 &= 1 \\
a_2 &= 2a_1 + 1 = 2 \cdot 1 + 1 \\
a_3 &= 2a_2 + 1 = 2(2+1) + 1 = 2^2 + 2^1 + 1 \\
a_4 &= 2a_3 + 1 = 2(2^2 + 2^1 + 1) + 1 = 2^3 + 2^2 + 2^1 + 1 \\
&\vdots \\
a_n &= 2^{n-1} + 2^{n-2} + \cdots + 2^2 + 2^1 + 1 \\
&= \frac{2^n - 1}{2 - 1} = 2^n - 1\,(\text{단},\ n \geq 1)
\end{aligned}$$

이므로, 일반항은 $a_n = 2^n - 1\,(\text{단},\ n \geq 1)$로 주어진다. □

② 2계 이상의 점화식일 경우는 대부분 패턴을 구하기가 쉽지 않아 수열의 일반항, 즉 점화식의 해를 구하는 별도의 기법이 필요하다.

공비가 $r\,(\text{단},\ r \neq 0)$인 등비수열 $\{r^n\}\,(\text{단},\ n \geq 0)$이 k계 선형동차점화식

$$a_n = c_1 a_{n-1} + c_2 a_{n-2} + \cdots + c_k a_{n-k}\,(\text{단},\ n \geq k) \qquad (*)$$

를 만족하면, 이 점화식에 $a_i = r^i\,(\text{단},\ i = n, \cdots, n-k)$을 대입하고, 양변을 r^{n-k}으로 나누어 간단히 하면

$$r^k = c_1 r^{k-1} + c_2 r^{k-2} + \cdots + c_k$$

즉

$$r^k - c_1 r^{k-1} - c_2 r^{k-2} - \cdots - c_k = 0\,(\text{단},\ c_k \neq 0) \qquad (**)$$

를 얻는다. 따라서 공비 $r\,(\text{단},\ r \neq 0)$은 k차 방정식의 해가 된다. 역으로 공비 $r\,(\text{단},\ r \neq 0)$이 k차 방정식 (**)를 만족하면

$$r^k = c_1 r^{k-1} + c_2 r^{k-2} + \cdots + c_k$$

이므로, 양변에 r^{n-k}을 곱하면

$$r^n = c_1 r^{n-1} + c_2 r^{n-2} + \cdots + c_k r^{n-k}\,(\text{단},\ n \geq k)$$

이 된다. 따라서 등비수열 $\{r^n\}$(단, $n \geq 0$)은 k계 선형동차점화식을 만족하는 수열이다. 초기조건만 만족되면 $\{a_n\}$과 같은 수열이 됨을 뜻한다. 이러한 k차 방정식 (**)를 k계 선형동차점화식 (*)의 **특성방정식**(characteristic equation)이라 하고, 이때

$$C(r) = r^k - c_1 r^{k-1} - c_2 r^{k-2} - \cdots - c_k \text{(단, } c_k \neq 0\text{)}$$

를 k계 선형동차점화식 (*)의 **특성다항식**(characteristic polynomial)이라고 한다.

예 점화식 $a_n = -2a_{n-1} + 3a_{n-2}$의 특성다항식은

$$C(r) = r^2 + 2r - 3$$

으로 주어진다. □

참고 특성방정식의 해 r(단, $r \neq 0$)이 공비인 등비수열 $\{r^n\}$(단, $n \geq 0$)은 k계 선형동차점화식을 만족하는 필요충분조건이다. ✠

정리 11

2계 선형동차점화식 $a_n = Aa_{n-1} + Ba_{n-2}$(단, $n \geq 2$)로 정의된 수열 $\{a_n\}$의 일반항 a_n은 다음으로 주어진다.

(1) 특성방정식 $r^2 - Ar - B = 0$가 서로 다른 해 u, w를 갖는다면

$$a_n = Cu^n + Dw^n$$

이고, 이때 상수 C, D는 초기조건에 의해 결정된다.

(2) 특성방정식 $r^2 - Ar - B = 0$가 중근 u를 갖는다면

$$a_n = Cu^n + Dnu^n$$

이고, 이때 상수 C, D는 초기조건에 의해 결정된다.

증명 (1) 특성방정식이 서로 다른 해 u, w를 가지면, 두 수열 $\{u^n\}$, $\{w^n\}$은 선형동차점화식을 만족하고, 두 수열의 일차결합으로 표현된 $\{Cu^n + Dw^n\}$도 같은 선형동차점화식을 만족한다. 따라서

$$\begin{aligned} &A(Cu^{n-1} + Dw^{n-1}) + B(Cu^{n-2} + Dw^{n-2}) \\ &= C(Au^{n-1} + Bu^{n-2}) + D(Aw^{n-1} + Bw^{n-2}) \\ &= Cu^n + Dw^n \text{(단, } n \geq 2\text{)} \end{aligned}$$

이므로, 수열 $\{Cu^n + Dw^n\}$도 초기조건만 만족되면 점화수열 $\{a_n\}$과 동일하다. 일반적으로 2계 선형동차점화식을 포함하는 수열은 2개의 초기조건이 주어지므로, 미지계수 C와 D를 결정할 수 있다.

(2) 특성방정식이 중근 u를 가지면

$$r^2 - Ar - B = (r-u)^2 = r^2 - 2ur + u^2$$

에서 $A = 2u,\ B = -u^2$으로 놓자. 그러면 수열 $\{u^n\}$이 선형동차점화식을 만족하고, 수열 $\{nu^n\}$도 같은 선형동차점화식을 만족한다. 따라서

$$\begin{aligned} &A(n-1)u^{n-1} + B(n-2)u^{n-2} \\ &\quad = 2u(n-1)u^{n-1} - u^2(n-2)u^{n-2} \\ &\quad = 2(n-1)u^n - (n-2)u^n = nu^n \ (\text{단, } n \ge 2) \end{aligned}$$

이므로, 수열 $\{nu^n\}$도 초기조건만 만족되면 점화수열 $\{a_n\}$과 같다. 또한 수열 $\{Cu^n + Dnu^n\}$도 점화식을 만족하고, 초기조건을 만족하는 상수 $C,\ D$를 찾으면 점화수열의 일반항은

$$a_n = Cu^n + Dnu^n$$

으로 주어진다. ■

예제 초기조건과 점화식이

$$a_0 = 0,\ a_1 = 1,\ a_n = a_{n-1} + a_{n-2} \ (\text{단, } n \ge 2)$$

로 주어진 수열 $\{a_n\}$의 일반항 a_n을 구하시오.

풀이 점화식의 특성방정식

$$r^2 - r - 1 = 0$$

의 해가 $r = \dfrac{1+\sqrt{5}}{2},\ \dfrac{1-\sqrt{5}}{2}$이므로, 일반항은

$$a_n = C\left(\frac{1+\sqrt{5}}{2}\right)^n + D\left(\frac{1-\sqrt{5}}{2}\right)^n \ (\text{단, } C, D\text{는 상수})$$

의 형태가 된다. 이때 초기조건 $a_0 = 0,\ a_1 = 1$로부터 구한 연립방정식

$$C + D = 0,\ \ C\left(\frac{1+\sqrt{5}}{2}\right) + D\left(\frac{1-\sqrt{5}}{2}\right) = 1$$

에서 $C=\frac{1}{\sqrt{5}}$, $D=-\frac{1}{\sqrt{5}}$를 얻는다. 따라서 일반항은

$$a_n=\frac{1}{\sqrt{5}}\left(\frac{1+\sqrt{5}}{2}\right)^n+\frac{1}{\sqrt{5}}\left(\frac{1-\sqrt{5}}{2}\right)^n \ (\text{단, } n\ge 0)$$

으로 주어진다. ■

③ k계 선형동차점화식의 특성방정식을 이용하여 점화식을 만족하는 수열의 일반항을 구할 수 있다.

다음 정리는 정리 11의 확장된 결과이다.

정리 12

k계 선형동차점화식 $a_n=c_1a_{n-1}+c_2a_{n-2}+\cdots+c_ka_{n-k}$(단, $n\ge k$)로 정의된 수열 $\{a_n\}$의 일반항 a_n은 다음으로 주어진다.

(1) 특성방정식 $r^k-c_1r^{k-1}-c_2r^{k-2}-\cdots-c_k=0$(단, $c_k\ne 0$)이 서로 다른 해 α_1, α_2, $\cdots$, α_k를 가지면

$$a_n=\lambda_1\alpha_1^n+\lambda_2\alpha_2^n+\cdots+\lambda_k\alpha_k^n$$

으로 표현되고, 이때 상수 λ_1, λ_2, $\cdots$, λ_k는 초기조건에 의해 결정된다.

(2) 특성방정식 $r^k-c_1r^{k-1}-c_2r^{k-2}-\cdots-c_k=0$(단, $c_k\ne 0$)이 각 $i=1, 2, \cdots$, l(단, $l\le k$)에 대하여 α_i가 p_i 중근을 가지면

$$\left\{\alpha_i^n,\ n\alpha_i^n,\ n^2\alpha_i^n,\ \cdots,\ n^{p_i-1}\alpha_i^n \mid i=1, 2, \cdots, l\right\}$$

의 일차결합으로 결정된다.

④ k개의 상수 c_1, c_2, c_3, $\cdots$, c_k에 대하여, 점화식으로 정의된 일반적인 k계 선형비동차점화식, 즉 n에 관한 함수 $f(n)$이 첨가된

$$a_n=c_1a_{n-1}+c_2a_{n-2}+\cdots+c_ka_{n-k}+f(n)\ (\text{단, } n\ge k) \qquad (*)$$

형태의 수열 $\{a_n\}$의 일반항 a_n을 구해보자. 먼저 선형동차점화식

$$a_n=c_1a_{n-1}+c_2a_{n-2}+\cdots+c_ka_{n-k}\ (\text{단 } n\ge k)$$

의 해를 p_n이라 하자. 그리고 선형비동차점화식 (*)를 만족하는 하나의 특수한 해를 q_n이라 하자. 그러면

$$p_n = c_1 p_{n-1} + c_2 p_{n-2} + \cdots + c_k p_{n-k} (\text{단 } n \geq k)$$
$$q_n = c_1 q_{n-1} + c_2 q_{n-2} + \cdots + c_k q_{n-k} + f(n) (\text{단 } n \geq k)$$

으로부터 양변을 더하면

$$p_n + q_n = c_1(p_{n-1} + q_{n-1}) + c_2(p_{n-2} + q_{n-2}) + \cdots + c_k(p_{n-k} + q_{n-k}) + f(n)$$

이 성립한다. 따라서 $a_n = p_n + q_n$은 k계 선형비동차점화식 (*)의 해가 된다.

예제 초기조건과 점화식이

$$a_0 = 1,\ a_n = 2a_{n-1} + n (\text{단, } n \geq 1)$$

으로 주어진 수열 $\{a_n\}$의 일반항 a_n을 구하시오.

풀이 주어진 점화식에 포함된 1계 선형동차점화식 $a_n = 2a_{n-1}$의 일반해는 $p_n = \lambda 2^n$이다. 이제 주어진 점화식의 특수해를 $q_n = cn + d$라 하면, 특수해 q_n도 주어진 점화식을 만족하여야 한다. 그러므로

$$cn + d = q_n = 2q_{n-1} + n = 2\{c(n-1) + d\} + n = (2c+1)n - 2c + 2d$$

로부터 $c = -1,\ d = -2$를 얻는다. 즉

$$a_n = p_n + q_n = \lambda 2^n - n - 2$$

가 주어진 점화식을 만족한다. 따라서 초기조건 $a_0 = 1$로부터 $\lambda = 3$이므로, 일반항은

$$a_n = 3 \cdot 2^n - n - 2 (\text{단, } n \geq 0)$$

로 주어진다. ∎

예제 초기조건과 점화식이

$$a_0 = 1,\ a_n - 5a_{n-1} = 2^n$$

으로 주어진 수열 $\{a_n\}$의 일반항 a_n을 구하시오.

풀이 점화식 $a_n - 5a_{n-1} = 0$의 특성방정식의 해가 $r = 5$이므로, 점화식 $a_n - 5a_{n-1} = 0$의

일반해는 $p_n = \lambda 5^n$이다. 이제 주어진 점화식 $a_n - 5a_{n-1} = 2^n$의 특수해 q_n을 $q_n = c \cdot 2^n$이라 하면

$$c \cdot 2^n - 5c \cdot 2^{n-1} = 2^n$$

으로부터 $c = -\frac{2}{3}$이므로, $q_n = -\frac{2}{3} \cdot 2^n$이다. 즉

$$a_n = p_n + q_n = \lambda 5^n - \frac{2}{3} \cdot 2^n$$

이 주어진 점화식을 만족한다. 따라서 초기조건 $a_0 = 1$로부터 $\lambda = \frac{5}{3}$이므로, 일반항은

$$a_n = \frac{5}{3} \cdot 5^n - \frac{2}{3} \cdot 2^n$$

으로 주어진다. ∎

참고 점화식의 계수가 상수가 아니면 이제까지 살펴본 방법을 적용할 수 없다. 이 경우 상수계수를 갖는 점화식으로 변형하여 구한다. 예를 들면 점화식이

$$(n+1)a_{n+1} + (n-1)a_n + 2 = 0$$

으로 주어질 때, 점화식의 양변에 n을 곱하면

$$n(n+1)a_{n+1} + n(n-1)a_n + 2n = 0$$

이고, 여기서 $b_n = n(n-1)a_n$이라 하면 점화식은

$$b_{n+1} + b_n + 2n = 0$$

으로 변형된다. ✠

(4) 생성함수

생성함수는 세기 방법의 중요한 도구 중의 하나로, 여러 형태의 문제를 해결하는 데 유용하다. 여기서는 생성함수의 기본개념을 익히고 여러 가지 문제를 해결하는데 생성함수가 어떻게 활용되는지 살펴본다.

정의 13 생성함수

주어진 수열 $\{a_n\}$에 대하여

$$G(z) = a_0 + a_1 z + a_2 z^2 + \cdots = \sum_{k=0}^{\infty} a_k z^k$$

으로 주어진 멱급수 $G(z)$를 $\{a_n\}$의 **생성함수** (Generating function)라고 한다.

참고 주어진 수열 $\{a_n\}$을 z에 관한 멱급수(power series), 즉 $\{a_n\}$의 생성함수 $G(z)$에 대응시켜 수열의 성질을 찾는다. 이때 생성함수는 멱급수의 수렴성은 전혀 고려하지 않는 **형식적인 멱급수** (formal power series)이다. ✠

예 $a_n = 1$(단, $n \geq 0$), 즉 수열 $\{1, 1, 1, \cdots\}$의 생성함수는

$$G(z) = \sum_{k=0}^{\infty} a_k z^k = 1 + z + z^2 + \cdots + z^n + \cdots = \frac{1}{1-z}$$

이고, 따라서 $a_n = n$(단, $n \geq 0$)으로 주어진 수열의 생성함수는

$$\begin{aligned} G(z) &= \sum_{k=0}^{\infty} a_k z^k = z + 2z^2 + \cdots + nz^n + \cdots \\ &= z(1 + 2z + \cdots + nz^{n-1} + \cdots) \\ &= z(1 + z + z^2 + \cdots + z^n + \cdots)' \\ &= \left(\frac{1}{1-z}\right)' = \frac{z}{(1-z)^2} \end{aligned}$$

이다. □

참고 수열을 계수로 하여 멱급수를 만들어 z에 관한 생성함수를 구할 수 있고, z에 관한 식으로 주어진 생성함수를 멱급수로 변환하여 수열을 구함으로써 여러 문제를 해결할 수 있다. ✠

예제 다음에 주어진 $G(z)$는 수열 $\{a_n\}$의 생성함수이다. 이때 a_n을 구하시오.

(1) $G(z) = \ln(1+z)$ (2) $G(z) = \sqrt{1+z}$

풀이 (1) $G(z) = \sum_{k=0}^{\infty} \frac{f^{(k)}(0)}{k!} z^k = z - \frac{1}{2}z^2 + \frac{1}{3}z^3 - \cdots$ 이므로

$$a_0 = 0,\ \ a_n = (-1)^{n+1}\frac{1}{n}\ (\text{단},\ n \geq 1)$$

(2) $G^{(n)}(0) = \frac{1}{2}\left(\frac{1}{2} - 1\right)\cdots\left(\frac{1}{2} - n + 1\right)$이므로

$$\begin{aligned} G(z) &= \sum_{k=0}^{\infty} \frac{G^{(k)}(0)}{k!} z^n \\ &= 1 + \frac{1/2}{1!} z + \frac{1/2(1/2-1)}{2!} z^2 + \cdots = \sum_{k=0}^{\infty} \binom{1/2}{k} z^n \end{aligned}$$

이다. 따라서

$$a_n = \binom{1/2}{n} = \frac{1/2(1/2-1)\cdots(1/2-n+1)}{n!}$$

■

정리 14

수열 $\{a_n\}$의 생성함수가 $G(z) = \sum_{k=0}^{\infty} a_k z^k$이면, 다음 관계식

$$\sum_{k=m}^{\infty} a_{k-m} z^k = z^m G(z)$$

가 성립한다.

참고 정리 14에서 함수 $z^m G(z)$는

$$z^m G(z) = a_0 z^m + a_1 z^{m+1} + a_2 z^{m+2} + \cdots$$

이므로, m개의 0으로 시작되는 수열 $\{0, 0, 0, \cdots, a_0, a_1, a_2, \cdots\}$의 생성함수이다. ✠

다음 표는 많이 이용되는 생성함수이다. 이때 생성함수에서 사용되는 기호 $\binom{n}{k}$는

$$\binom{n}{k} = \frac{n!}{k!(n-k)!}$$

로 주어진 이항계수이다.

$G(z)$	멱급수표현
$\frac{1}{1-z}$	$\sum_{k=0}^{\infty} z^k = 1+z+z^2+z^3+\cdots$
$\frac{1}{1+z}$	$\sum_{k=0}^{\infty} (-1)^k z^k = 1-z+z^2-z^3+\cdots$
$\frac{z}{(1-z)^2}$	$\sum_{k=0}^{\infty} kz^k = 0+z+2z^2+3z^3+\cdots$
e^z	$\sum_{k=0}^{\infty} \frac{1}{k!} z^k = 1+z+\frac{z^2}{2!}+\frac{z^3}{3!}+\cdots$
$(1+z)^n$	$\sum_{k=0}^{\infty} \binom{n}{k} z^k = 1+nz+\binom{n}{2} z^2+\binom{n}{3} z^3+\cdots$
$\frac{1}{(1-z)^m}$	$\sum_{k=0}^{\infty} \binom{m+k-1}{k} z^k = 1+mz+\binom{m+1}{2} z^2+\binom{m+2}{3} z^3+\cdots$

❙ 표 2.2.1 ❙ 생성함수

정리 15

두 생성함수 $G(z)=\sum_{k=0}^{\infty} a_k z^k$과 $H(z)=\sum_{k=0}^{\infty} b_k z^k$의 곱이 되는 생성함수 $P(z)$는

$$P(z)=G(z)\cdot H(z)=\sum_{k=0}^{\infty}\left(\sum_{j=0}^{k} a_j b_{k-j}\right) z^k$$

로 주어진다.

예 (1) $P(z)=\frac{1}{(1-z)^2}=\frac{1}{1-z}\cdot\frac{1}{1-z}=\left(\sum_{k=0}^{\infty} z^k\right)\left(\sum_{k=0}^{\infty} z^k\right)$

$$=\sum_{k=0}^{\infty}\left(\sum_{j=0}^{k} 1\cdot 1\right) z^k$$

$$=\sum_{k=0}^{\infty}(k+1) z^k$$

(2) $Q(z)=\frac{1}{(1-z)(1-3z)}=\left(\sum_{k=0}^{\infty} z^k\right)\left(\sum_{k=0}^{\infty} 3^k z^k\right)$

$$=\sum_{k=0}^{\infty}\left(\sum_{j=0}^{k} 1\cdot 3^{k-j}\right) z^k$$

$$= \sum_{k=0}^{\infty} (3^k + 3^{k-1} + \cdots + 3^1 + 3^0) z^k$$

$$= \sum_{k=0}^{\infty} \left(\sum_{j=0}^{k} 3^k \right) z^k = \sum_{k=0}^{\infty} \frac{3^{k+1} - 1}{3 - 1} z^k$$

$$= \sum_{k=0}^{\infty} \left(\frac{3^{k+1} - 1}{2} \right) z^k$$

□

예제 다음 물음에 답하시오.

(1) $G(z)$를 수열 $\{a_n\}$의 생성함수라 하자. 이때 $c_n = a_n - a_{n-1}$(단, $n \geq 1$)으로 주어진 수열 $\{c_n\}$의 생성함수를 $G(z)$로 나타내시오. 단, $c_0 = a_0$이다.

(2) $a_n = n^2$으로 주어진 수열 $\{a_n\}$의 생성함수를 구하시오.

풀이 (1) 수열 $\{a_n\}$과 $\{a_{n-1}\}$의 생성함수는 각각 $G(z)$와 $z\,G(z)$이다. 따라서 수열 $\{c_n\}$의 생성함수는

$$G(z) - z\,G(z) = (1 - z)\,G(z)$$

(2) $\dfrac{1}{1-z} = 1 + z + z^2 + \cdots + z^n + \cdots$의 양변을 미분하면

$$\frac{1}{(1-z)^2} = 1 + 2z + 3z^2 + \cdots + nz^{n-1} + \cdots$$

이고, 양변에 z를 곱하면

$$\frac{1}{(1-z)^2} = z + 2z^2 + 3z^3 + \cdots + nz^n + \cdots$$

이다. 다시 양변을 미분하여 z를 곱하면

$$z \frac{d}{dz} \left\{ \frac{z}{(1-z)^2} \right\} = 1^2 z + 2^2 z^2 + 3^3 z^3 + 4^4 z^4 + \cdots + n^n z^n + \cdots$$

$$= \sum_{k=0}^{\infty} k^2 z^k$$

이므로, $a_n = n^2$으로 주어진 수열 $\{a_n\}$의 생성함수는

$$z \frac{d}{dz} \left\{ \frac{z}{(1-z)^2} \right\} = \frac{z(1+z)}{(1-z)^3}$$

이다. ■

① 점화수열로 정의된 수열의 일반항을 구하는데 생성함수를 이용할 수 있다.

예 점화수열

$$a_0 = 0,\ a_n = 3a_{n-1} + 1\,(단,\ n \geq 1)$$

로 정의된 수열의 일반항을 생성함수를 이용하여 구해보자. 먼저

$$G(z) = \sum_{k=0}^{\infty} a_k z^k$$

을 수열 $\{a_n\}$의 생성함수라고 하자. 이때 점화식의 양변에 z^n을 곱한 후, 모든 $n \geq 1$에 관해 양변을 합하면

$$\sum_{n=1}^{\infty} a_n z^n = 3\sum_{n=1}^{\infty} a_{n-1} z^n + \sum_{n=1}^{\infty} z^n$$

이 된다. 따라서

$$G(z) - a_0 = 3z\,G(z) + \left(\frac{1}{1-z} - 1\right)$$

을 얻는다. 그런데 $a_0 = 0$이므로, $G(z)$를 구하면

$$G(z) = \frac{1}{(1-z)(1-3z)} - \frac{1}{1-3z}$$

이다. 이때 생성함수 $G(z)$를 멱급수로 표현하면

$$\begin{aligned} G(z) &= \frac{1}{(1-z)(1-3z)} - \frac{1}{1-3z} \\ &= \sum_{k=0}^{\infty}\left(\frac{3^{k+1}-1}{2}\right)z^k - \sum_{k=0}^{\infty} 3^k z^k \\ &= \sum_{k=0}^{\infty}\left(\frac{3^{k+1}-1}{2} - 3^k\right)z^k \\ &= \sum_{k=0}^{\infty}\left[\frac{1}{2}(3^k - 1)\right]z^k \end{aligned}$$

이 된다. 따라서 점화수열

$$a_0 = 0,\ a_n = 3a_{n-1} + 1\,(단,\ n \geq 1)$$

로 정의된 수열 $\{a_n\}$의 일반항 a_n은

$$a_n = \frac{1}{2}(3^n - 1)(\text{단}, n \geq 0)$$

로 주어진다. □

참고 위 예처럼 점화수열로 정의된 수열의 일반항을 생성함수의 곱에 관한 정리를 이용하여 구할 수도 있지만, 부분분수를 이용하여 구할 수도 있다. ✠

② 어떤 점화수열로 정의된 수열의 일반항을 구하기 위해 특성방정식을 사용할 수 없는 경우는 생성함수를 이용할 수 있다.

예제 수열 $\{a_n\}$이 다음 조건을 만족시키는 점화수열일 때, 생성함수 $G(z)$를 이용하여 일반항 a_n을 구하시오.

(1) $a_0 = 0,\ a_{n+1} = 2a_n + 1\,(\text{단}, n = 0, 1, 2, \cdots)$

(2) $a_0 = 5,\ a_{n+1} = a_n + 2^n\,(\text{단}, n = 0, 1, 2, \cdots)$

풀이 (1) 주어진 점화수열의 생성함수를 $G(z)$라고 하면

$$\begin{aligned} G(z) - 2zG(z) &= a_0 + a_1 z + a_2 z^2 + a_3 z^3 + a_4 z^4 + \cdots \\ &\quad - 2a_0 z - 2a_1 z^2 - 2a_2 z^3 - 2a_3 z^4 - \cdots \\ &= a_0 + (a_1 - 2a_0)z + (a_2 - 2a_1)z^2 + (a_3 - 2a_2)z^3 + \cdots \\ &= z + z^2 + z^3 + z^4 + \cdots \\ &= -1 + 1 + z + z^2 + z^3 + z^4 + \cdots = -1 + \frac{1}{1-z} \end{aligned}$$

이므로

$$G(z) = \frac{-1}{1-2z} + \frac{1}{(1-2z)(1-z)}$$

이다. 이때 적당한 두 실수 A, B에 대하여

$$\frac{1}{(1-2z)(1-z)} = \frac{A}{1-2z} + \frac{B}{1-z}$$

라고 놓으면 $A = 2,\ B = -1$을 얻는다. 따라서 $G(z)$는

$$G(z) = \frac{-1}{1-2z} + \frac{1}{(1-2z)(1-z)}$$

$$= \frac{-1}{1-2z} + \frac{2}{1-2z} - \frac{1}{1-z} = \frac{1}{1-2z} - \frac{1}{1-z}$$

$$= \sum_{k=0}^{\infty} 2^k z^k - \sum_{k=0}^{\infty} z^k = \sum_{k=0}^{\infty} (2^k - 1) z^k$$

으로 주어진다. 따라서 일반항 a_n은

$$a_n = 2^n - 1 \,(\text{단}, n = 0, 1, 2, 3, \cdots)$$

(2) 주어진 점화수열의 생성함수를 $G(z)$라고 하면

$$\begin{aligned} G(z) - zG(z) &= a_0 + a_1 z + a_2 z^2 + a_3 z^3 + a_4 z^4 + \cdots \\ &\quad - a_0 z - a_1 z^2 - a_2 z^3 - a_3 z^4 + \cdots \\ &= 5 + 2^0 z + 2^1 z^2 + 2^2 z^3 + 2^3 z^4 + \cdots \\ &= \frac{9}{2} + \frac{1}{2}\left[1 + 2z + (2z)^2 + (2z)^3 + (2z)^4 + \cdots\right] \\ &= \frac{9}{2} + \frac{1}{2}\frac{1}{1-2z} \end{aligned}$$

이므로

$$\begin{aligned} G(z) &= \frac{9}{2}\frac{1}{1-z} + \frac{1}{2}\frac{1}{(1-z)(1-2z)} \\ &= \frac{9}{2}\frac{1}{1-z} + \frac{1}{2}\left(\frac{-1}{1-z} + \frac{2}{1-2z}\right) \\ &= \frac{4}{1-z} + \frac{1}{1-2z} \\ &= \sum_{k=0}^{\infty} 4z^k + \sum_{k=0}^{\infty} (2z)^k = \sum_{k=0}^{\infty} (4 + 2^k) z^k \end{aligned}$$

으로 주어진다. 따라서 일반항 a_n은

$$a_n = 4 + 2^n \ (\text{단}, n = 0, 1, 2, \cdots)$$ ∎

예제 다음 점화수열로 정의된 수열

$$a_0 = 0, \ \ a_n = 2a_{n-1} + 1 \,(\text{단}, n \geq 1)$$

의 일반항을 생성함수와 특성방정식을 이용하여 각각 구한 후, 일반항이 서로 같음을 확인하시오.

풀이 수열 $\{a_n\}$에 대한 생성함수를 $G(z)=\sum_{k=0}^{\infty} a_k z^k$이라 하고 점화식 $a_n = 2a_{n-1}+1$의 양변에 z^n을 곱한 후, 모든 $n \geq 1$에 관해 양변을 합하면

$$\sum_{n=1}^{\infty} a_n z^n = 2\sum_{n=1}^{\infty} a_{n-1} z^n + \sum_{n=1}^{\infty} z^n$$

즉

$$G(z) - a_0 = 2z\,G(z) + \left(\frac{1}{1-z} - 1\right)$$

$$G(z)(1-2z) = \frac{1}{1-z} - 1$$

이므로, 생성함수는 z에 관한 식

$$G(z) = \frac{1}{(1-z)(1-2z)} - \frac{1}{1-2z}$$

로 나타난다. 이때

$$\frac{1}{(1-z)(1-2z)} = \left(\sum_{k=0}^{\infty} z^k\right)\left(\sum_{k=0}^{\infty} 2^k z^k\right) = \sum_{k=0}^{\infty}\left(\sum_{j=0}^{k} 1 \cdot 2^{k-j}\right) z^k$$

$$= \sum_{k=0}^{\infty}\left(\sum_{j=0}^{k} 2^j\right) z^k = \sum_{k=0}^{\infty}\left(\frac{2^{k+1}-1}{2-1}\right) z^k = \sum_{k=0}^{\infty}(2^{k+1}-1)z^k$$

이므로

$$G(z) = \frac{1}{(1-z)(1-2z)} - \frac{1}{1-2z}$$

$$= \left[\sum_{k=0}^{\infty}(2^{k+1}-1)z^k\right] - \left(\sum_{k=0}^{\infty} 2^k z^k\right)$$

$$= \sum_{k=0}^{\infty}(2^{k+1}-1-2^k)z^k$$

$$= \sum_{k=0}^{\infty}(2^k-1)z^k$$

이 성립한다. 따라서 점화수열로 정의된 수열 $\{a_n\}$의 일반항 a_n은 생성함수 $G(z)$의 계수이므로

$$a_n = 2^n - 1\,(\text{단, } n \geq 0)$$

로 주어진다. 한편 특성방정식의 해가 2이므로 $p_n = \lambda 2^n$이며, $q_n = a$라고 하면 ($a_n = 2a_{n-1}+1$에서 상수항 1)

$$a = q_n = 2q_{n-1} + 1 = 2a + 1$$

에서 $a = -1$이다. 따라서

$$a_n = p_n + q_n = \lambda 2^n - 1$$

이 된다. 이때 $a_0 = 0$이므로, $n = 0$를 대입하면 $\lambda = 1$이다. 그러므로 일반항 a_n은 $a_n = 2^n - 1$(단, $n \geq 0$)이 된다. ■

(5) 함수의 증가 속도

증가 속도를 알고 있는 함수를 이용하여, 다른 함수의 증가 속도를 추정한다.

정의 16

$f(x)$와 $g(x)$가 서로 다른 두 실함수라 하자. 이때

$$x \geq a\text{인 모든 } x\text{에 대하여, } |f(x)| \leq c|g(x)|$$

을 만족하는 양의 상수 a, c가 존재하면, $f(x) \in O(g(x))$로 정의한다.

$f(x) \in O(g(x))$이면, 함수 $f(x)$는 빨라야 $g(x)$만큼의 속도로 변화하는 함수임을 의미한다. 이때 "big O"라고 읽는다.

예 두 양의 정수 m, n에 대하여 $m < n$일 때

$$f(x) = x^m,\ g(x) = x^n$$

이라고 하면, $f(x) \in O(g(x))$이지만 $g(x) \notin O(f(x))$가 된다. 실제로 $x \geq 1$인 모든 실수 x에 대하여

$$x^m \leq x^m \cdot x^{n-m} = x^n$$

이므로, $f(x) \leq g(x)$이고 $|f(x)| \leq |g(x)|$이다. 따라서 $f(x) \in O(g(x))$이다. 그런데 $g(x) \in O(f(x))$라고 가정하면, 적당한 양의 실수 M, c에 대하여

$$x \geq c \Rightarrow x^n \leq Mx^m,\ \text{즉 } x^{n-m} \leq M$$

이어야 한다. 그러나 이와 같이 될 수는 없다. 따라서 $g(x) \notin O(f(x))$이다. □

예제 x에 관한 m차 다항식

$$f(x) = a_0 + a_1 x + a_2 x^2 + \cdots + a_m x^m$$

에 대하여, $f(x) \in O(x^m)$이 성립한다.

증명 $|f(x)| = |a_0 + a_1 x + a_2 x^2 + \cdots + a_m x^m|$

$$\begin{aligned} &\le |a_0| + |a_1| x + |a_2| x^2 + \cdots + |a_m| x^m \ (\text{단, } x \ge 1) \\ &= \left(\frac{|a_0|}{x^m} + \frac{|a_1|}{x^{m-1}} + \frac{|a_2|}{x^{m-2}} + \cdots + |a_m| \right) x^m \ (\text{단, } x \ge 1) \\ &\le (|a_0| + |a_1| + |a_2| + \cdots + |a_m|) x^m = M x^m \end{aligned}$$

으로 주어진다. 여기서 $M = |a_0| + |a_1| + |a_2| + \cdots + |a_m|$이다. 따라서

$$f(x) \in O(x^m)$$

이 성립한다. ■

정의 17

$f(x)$와 $g(x)$가 서로 다른 두 실함수라 하자. 이때

$$x \ge a \text{ 인 모든 } x\text{에 대하여, } |f(x)| \ge c|g(x)|$$

을 만족하는 양의 상수 a, c가 존재하면, $f(x) \in \Omega(g(x))$로 정의한다.

$f(x) \in \Omega(g(x))$이면, $f(x)$는 적어도 $g(x)$만큼의 빠른 속도로 변화하는 함수임을 의미한다.

예제 x에 관한 6차 다항식

$$f(x) = 17x^6 - 45x^3 + 2x + 8$$

에 대하여, $f(x) \in \Omega(x^6)$이 성립한다.

증명 $\dfrac{d}{dx}\{(17x^6 - 45x^3 + 2x + 8) - 10x^6\} = 42x^5 - 135x^2 + 2 \ge 0$ (단, $x \ge 2$)이므로

$$h(x) = (17x^6 - 45x^3 + 2x + 8) - 10x^6$$

은 증가함수이다. 또한 $x = 2$일 때 함수 $h(x)$의 값은 100이므로, $x \ge 2$일 때

$$(17x^6-45x^3+2x+8)-10x^6>0,\ \text{즉}\ (17x^6-45x^3+2x+8)>10x^6$$

이다. 따라서 $x \geq 2$일 때, $640 \leq 10x^6 < (17x^6-45x^3+2x+8)$이므로

$$10|x^6| \leq |17x^6-45x^3+2x+8|$$

이 된다. 따라서

$$f(x) \in \Omega(x^6)$$

이 성립한다. ■

정의 18

$f(x)$와 $g(x)$가 서로 다른 두 실함수라 하자. 이때

$$x \geq a\text{인 모든 } x\text{에 대하여, } c_1|g(x)| \leq |f(x)| \leq c_2|g(x)|$$

을 만족하는 양의 상수 a, c_1, c_2가 존재하면, $f(x) \in \Theta(g(x))$로 정의한다.

$f(x) \in \Theta(g(x))$이면 $f(x)$가 $g(x)$와 같은 비율로 변화하는 함수임을 의미한다.

예 x에 관한 6차 다항식 $f(x)=17x^6-45x^3+2x+8$에 대하여, $f(x) \in \Theta(x^6)$이 성립한다. □

수열의 증가 속도를 예측하는 방법도 실함수의 증가 속도와 동일한 방법으로 처리할 수 있다.

예 $f(n)=1+2+\cdots+n$에 대하여

$$f(n)=1+2+\cdots+n=\frac{n(n+1)}{2}=\frac{1}{2}n^2+\frac{1}{2}n$$

이고, $\frac{1}{2}n^2+\frac{1}{2}n \in \Theta(n^2)$이다. 따라서 $f(n)$은 n^2의 증가 속도와 같은 비율로 증가한다. □

참고 $f_1 \in \Theta(g_1)$이고 $f_2 \in \Theta(g_2)$이면 $f_1 \cdot f_2 \in \Theta(g_1 \cdot g_2)$가 성립한다. 또한 양의 정수 n_0보다 큰 정수 n에 대하여

$$f_1(n) > 0,\ f_2(n) > 0,\ g_1(n) > 0,\ g_2(n) > 0$$

이면, $f_1 + f_2 \in \Theta(\max\{g_1, g_2\})$가 성립한다. ✠

예 (1) $3n(n^2) \in \Theta(n^3)$ (2) $n^3 + 12n\log_2 n \in \Theta(n^3)$ □

연습문제 2.2 EXERCISES

1. $\mathbb{N} \times \mathbb{N}$ 상의 관계 $\simeq$을

$$\langle a, b \rangle \simeq \langle c, d \rangle \Leftrightarrow ad = bc$$

로 정의할 때, $\simeq$은 동치관계임을 보이시오.

2. $\Re$이 집합 X에서의 관계일 때, $\Re$이 추이적일 필요충분조건은 $\Re \circ \Re \subset \Re$임을 보이시오.

3. 수열 $\{a_n\}$의 일반항이 $a_n = 2^n\left(1 - \frac{n}{2}\right)$(단, $n = 0, 1, 2, \cdots$)으로 주어질 때, 다음이 성립함을 보이시오.

$$a_0 = 1,\ a_1 = 1,\ a_{n+2} = -4a_n + 4a_{n+1}\text{(단, } n = 0, 1, 2, \cdots)$$

4. 초기조건과 점화식이

$$a_0 = 0,\ a_n = na_{n-1} + 1\text{(단, } n \geq 1)$$

로 주어진 수열 $\{a_n\}$의 일반항 a_n을 구하시오.

5. 수열 $\{a_n\}$이 다음으로 주어진 점화수열일 때, 일반항 a_n을 구하시오.

(1) $a_0 = 0,\ a_1 = 8,\ a_{n+2} = 3a_n + 2a_{n+1}$(단, $n = 0, 1, 2, \cdots$)

(2) $a_0 = -5,\ a_1 = 3,\ a_{n+2} = -9a_n + 6a_{n+1}$(단, $n = 0, 1, 2, \cdots$)

6. 다음 생성함수를 z에 관한 멱급수로 표현하시오.

(1) $\frac{z}{(1-z)^2}$ (2) $\frac{1}{1+2z}$

7. 수열 $\{a_n\}$의 생성함수 $G(z)$가 다음으로 주어질 때, $\{a_n\}$을 구하시오.

(1) $G(z)=(z+1)^2$ (2) $G(z)=\frac{z^4}{1-z}$

8. 다음 수열 $\{a_n\}$의 생성함수 $G(z)$를 다항식 또는 유리식의 형태로 나타내시오.

(1) $\{a_n\}: 1, 2, 3, 1, 2, 3, 1, 2, 3, \cdots$

(2) $\{a_n\}: 1, -2, 3, -4, 5, -6, 7, -8, \cdots$

9. 다음 점화수열로 정의된 수열 $\{a_n\}$의 일반항 a_n을 생성함수를 이용하여 구하시오.

(1) $a_0=1,\ a_1=2,\ a_n=a_{n-1}+6a_{n-2}$ (단, $n \geq 2$)

(2) $a_0=3,\ a_1=-12,\ a_n=-5a_{n-1}+36a_{n-2}$ (단, $n \geq 2$)

10. 임의의 양의 정수 α에 대하여

$$\ln x \in O(x^{\alpha})\ (\text{단, } x \to \infty)$$

이 성립함을 보이시오.

2.3 알고리즘

1. 알고리즘

알고리즘 (algorithm)은 어떤 작업을 수행하기 위한 단계별 설명이다. 컴퓨터를 이용한 작업 수행이나 일반적인 수학 문제의 해결 방법을 제시할 때도 실행해야 할 각 단계를 설명해 주는 알고리즘이 필요하다. 알고리즘은 다음 세 가지 조건

(1) 원하는 작업을 정확하게 수행하는가?
(2) 알고리즘의 결과가 얼마나 가치가 있는가?
(3) 원하는 결과를 위해 알고리즘이 실행될 때 필요한 비용은 어느 정도인가?

을 고려하여 디자인해야 한다. 이 세 가지는 올바른 알고리즘을 디자인하고 분석하는 데 반드시 필요한 사항이다. 이 책에서는 특별한 경우를 제외하고 알고리즘을 가능한 프로그래밍 언어가 아닌 일상적인 표현으로 설명하고자 한다.

알고리즘을 디자인하는 데 고려해야 하는 비용 문제는 주로 알고리즘의 결과를 얻는 데 실행되는 시간이나 알고리즘이 수행되는 데 필요한 메모리 공간 등이 될 수 있다.

2. 알고리즘의 복잡도

알고리즘이 차지하는 메모리 공간과 실행되는 시간은 알고리즘의 효율성을 평가하는 데 매우 중요하다. 이 중에 메모리 공간은 주로 입력되는 데이터의 크기의 배수가 되지만, 알고리즘을 실행하여 결과를 얻는 데 필요한 수행 시간은 전체의 수행 시간에 가장 영향을 미치는 중심 연산의 실행 빈도수에 좌우된다. 이때 수행 시간은 데이터의 크기 n으로 나타낸다. 이와 같이 알고리즘의 결과를 얻기 위해 필요한 메모리 공간과 수행 시간을 데이터의 크기 n으로 나타낸 식 $f(n)$을 **알고리즘의 복잡도** (complexity of algorithm)라고 한다.

참고 특별히 언급이 없는 한, 시간 **복잡도** (time complexity)를 알고리즘의 복잡도라고 한다. ✠

예제 n이 양의 정수일 때, 다음 알고리즘

1. $a=0,\ x=2$
2. 각 $i=2,3,\cdots,n$에 대하여, $a=a+i\cdot x$를 계산한다.

에 대하여, 알고리즘을 수행하는 데 필요한 덧셈과 곱셈 연산의 횟수를 구하시오. 또한 모든 연산을 기본연산으로 할 때, 알고리즘의 복잡도를 구하시오.

풀이 각 i에 대하여 덧셈, 곱셈이 각각 1번 수행되고 i가 $n-1$번 반복되므로, 전체 연산 횟수는 $2(n-1)$이다. 또한 곱셈과 덧셈의 전체 연산의 횟수가 $2(n-1)$이고 $2(n-1)\in\Theta(n)$이므로, 알고리즘의 복잡도는 $\Theta(n)$이다. ■

주어진 알고리즘의 복잡도가 모든 데이터에 관해 수행 시간이 일정한 것은 아니다. 따라서 주어진 알고리즘의 복잡도는 데이터 형태의 특수성에 따라 달라질 수 있으므로, 일반적으로

(1) 어떤 특수한 입력 자료에 대한 $f(n)$의 최댓값을 말하는 최악의 경우(worst case)
(2) 일반적인 입력 자료에 대한 기댓값의 $f(n)$을 말하는 평균의 경우(average case)

로 구분하여 복잡도를 구한다. 알고리즘의 복잡도는 데이터의 크기 n에 관한 식 $f(n)$으로 표현하거나, Θ 함수로 표현하여 복잡성을 판별하고 다른 알고리즘과 비교한다.

일반적으로 알고리즘의 평균의 경우에 대한 복잡도는 평균적 확률 분포가 실제 상황에 적용되지 않을 수 있으므로, 최악의 경우보다 분석하기가 복잡하다. 그러나 최악의 경우에 대한 복잡도 $g(n)$과 평균의 경우에 대한 복잡도 $f(n)$과의 관계는 대부분 $f(n)\in\Theta(g(n))$이다. 따라서 알고리즘의 복잡도는 단지 최악의 경우에 대한 알고리즘의 수행 시간을 데이터의 크기 n에 관해 표현한 식을 의미하기도 한다.

예 버블 정렬(BUBBLESORT)이라는 알고리즘은 주어진 n개의 수 $\{x_1, x_2, \cdots, x_n\}$을 크기가 작은 것부터 큰 순서로 재배열하여 $x_1, x_2, \cdots, x_n$에 저장하는 알고리즘, 즉

버블 정렬 알고리즘 : $\{x_1, x_2, \cdots, x_n\}$을 오름차순으로 재정렬

1. $i=n, n-1, n-2, \cdots, 3, 2$의 각 i에 대하여 제2단계를 실행한다.
2. $k=1, 2, \cdots, i-1$에 대하여 x_k, x_{k+1}을 비교하여 큰 수를 x_{k+1}에, 작은 수를 x_k에 저장한다.
3. 오름차순으로 재배열된 $x_1, x_2, \cdots, x_n$을 출력하고 종료한다.

으로 주어진 알고리즘이다. 이 알고리즘이 모든 n에 대하여 n개의 데이터 $\{x_1, x_2, \cdots, x_n\}$을 오름차순으로 재정렬, 즉 정확하게 크기순으로 재배열되는 알고리즘임을 수학적 귀납법을 이용하여 증명할 수 있다(참고문헌 5 참조). 이제 알고리즘의 복잡도를 구해보자. 제1단계에서 $i=n$이면 제2단계에서 $x_1, x_2, \cdots, x_n$ 중에 가장 큰 값을 x_n에 저장하게 되며 비교 연산 횟수는 $n-1$이다. 다시 제1단계에서 $i=n-1$이고 제2단계를 실행할 때 $x_1, x_2, \cdots, x_{n-1}$ 중에 가장 큰 값을 x_{n-1}에 저장하게 되며, 비교 연산의 횟수는 $n-2$이다. 이와 같은 방법을 반복하여 마지막으로 제1단계에서 $i=2$이고 제2단계를 실행할 때 x_1, x_2 중에 가장 큰 값은 x_2에 저장되고 작은 값은 x_1에 저장된다. 이때 비교 연산의 횟수는 1이다. 따라서 $i=n, n-1, \cdots, 3, 2$에 대하여 제2단계를 모두 실행하고 나면 $x_1, x_2, \cdots, x_n$은 작은 값부터 크기순으로 나열된다. 또한 이때 모두 사용된 비교 연산의 횟수는

$$(n-1)+(n-2)+\cdots+2+1=\frac{n(n-1)}{2}$$

이므로, 버블 정렬 알고리즘의 수행 시간에 대한 복잡도는

$$\frac{n(n-1)}{2}$$

에 비례한다. 이때

$$\frac{1}{4}n^2 \le \left|\frac{n(n-1)}{2}\right| \le n^2 \text{(단, } n \ge 2)$$

이므로, 버블 정렬 알고리즘의 복잡도는 $f(n) \in \Theta(n^2)$이다. 따라서 버블 정렬 알고리즘은 최악의 경우 n^2의 복잡도를 갖는다. □

참고 삽입정렬(INSERTSORT) 알고리즘은 주어진 n개의 수 $\{x_1, x_2, \cdots, x_n\}$을 크기가 작은 것부터 오름차순으로 재배열하여 $x_1, x_2, \cdots, x_n$에 저장하는 알고리즘이다. 알고리즘의 기본 방법은 우선 2번째의 원소를 1번째와 비교하여, 2번째 항목이 1번째 항목보다 작으면 교환하여 오름차순으로 만든다. 같은 방법으로 i번째의 원소를 $i-1$번째까지 정렬된 원소의 배열 내의 크기를 비교하여 적절한 위치에 삽입함으로써 정렬된 부분 배열을 점차적으로 확장해 나가는 방법이다. ✠

예제 다음 삽입정렬 알고리즘

삽입정렬 알고리즘 : $\{x_1, x_2, \cdots, x_n\}$을 오름차순으로 재정렬

1. $i=1, 2, 3, \cdots, n$의 각 i에 대하여 $x = x_i$, 제2단계를 실행한다.
2. $k=i-1, i-2, \cdots, 1$에 대하여 $x_k > x$이면 $x_{k+1} = x_k$, $x_k = x$를 실행하고, 아니면 제1단계로 돌아간다.
3. 오름차순으로 재배열된 $x_1, x_2, \cdots, x_n$을 출력하고 종료한다.

에 대하여, 이 알고리즘의 평균의 경우에 대한 복잡도를 구하시오.

풀이 배열 $\{x_1, x_2, \cdots, x_n\}$에 대하여 삽입정렬 알고리즘을 실행하였을 때, 수행하는 비교 연산의 횟수에 대한 기댓값을 E_n이라고 하면, 각 $i=2, 3, \cdots, n$에 대하여

$$E_i = E_{i-1} + (x_i\text{를 } \{x_1, x_2, \cdots, x_{i-1}\}\text{의 적절한 위치에 삽입시 필요한 비교 연산의 횟수에 대한 기댓값})$$

으로 주어진다. 이때 $E_1 = 0$이고, $\{x_1, x_2, \cdots, x_{i-1}\}$의 각 i개의 위치에 x_i가 삽입될 확률은 모두 $1/i$로 동일하다. 만약 x_i가 k의 위치에 삽입되었다면, $i-k+1$번의 비교 연산이 실행되었다. 따라서 $\{x_1, x_2, \cdots, x_{i-1}\}$의 적절한 위치에 삽입할 때 필요한 비교 연산의 횟수에 대한 기댓값은

$$\sum_{k=1}^{i} \frac{1}{i}(i-k+1) = \frac{1}{i}[i+(i-1)+\cdots+1] = \frac{1}{i}\frac{i(i+1)}{2} = \frac{i+1}{2}$$

로 주어진다. 그러므로 점화식

$$E_i = E_{i-1} + \frac{i+1}{2} \ (\text{단, } E_1 = 0)$$

을 갖는다. 이 점화식을 풀면

$$E_n = \frac{n^2+3n-4}{4} \ (\text{단, } n \geq 1)$$

가 된다. 즉 삽입정렬 알고리즘의 평균의 경우에 대한 복잡도는 $O(n^2)$이다. ■

어떤 문제가 알고리즘으로 해결된 후 시간 복잡도가 뛰어난 새로운 알고리즘이 개발되어 같은 문제를 해결하였다면, 새로운 알고리즘은 더욱 효율적인 알고리즘이다. 그러나 많은 연구가들은 이런 방법을 사용하기보다 한계의 지표를 나타내는 복잡도를 제시하는 방법을 택하기도 한다.

참고 좋은 알고리즘의 경우 어느 시간 복잡도 이하는 존재하지 않음을 증명한다면 그보다 효율적인 알고리즘을 찾을 필요가 없을 것이다. ✠

알고리즘의 복잡도는 증가 속도를 알 수 있는 표준함수, 즉

$$\log n,\ n,\ n\log n,\ n^2,\ 2^n,\ \text{big O},\ \text{오메가}(\Omega),\ \text{세타}(\Theta)$$

등과 비교하여 그 증가 속도를 추정한다.

일반적으로 $\Theta(\log n)$, $\Theta(n)$, $\Theta(n\log n)$, $\Theta(n^3)$과 같이 복잡도가 입력 크기 n에 관한 다항식의 함수로 표시되는 알고리즘을 **다항식 시간 알고리즘** (polynominal time algorithm)이라고 한다. 다항식 시간 알고리즘은 효율적인 알고리즘이다. 특히 다항식 시간 알고리즘이 존재하는 문제를 다루기 쉬운 문제 (tractable problem)라고 한다. 반면에 복잡도가 $O(2^n)$의 증가비율이 되는 알고리즘을 **기하급수적 복잡도** (exponential complexity)를 갖는다고 하고, 이러한 알고리즘을 **기하급수적 시간 알고리즘** (exponential time alogrithm)이라고 한다.

참고 기하급수적 시간 알고리즘은 n이 증가함에 따라 요구되는 실행 시간이 급격히 증가하여 효율적이지 못한 알고리즘이다. 효율적인 알고리즘이 존재하지 않는 문제를 다루기 어려운 문제 (intractable problem)라고 한다. ✠

시간 복잡도가 $\Theta(n!)$, $\Theta(2^n)$이 되는 비효율적인 알고리즘의 경우는 실행이 거의 불가능한 최악의 경우이다.

다음 두 가지 유명한 문제, 즉 세일즈맨의 여행 문제와 배낭 문제에 대한 효율적인 알고리즘이 아직 알려지지 않고 있다. 또한 효율적인 알고리즘이 존재하지 않는다는 사실도 아직까지 증명되지 않았다.

예 한 세일즈맨이 n개의 도시를 모두 단 한 번씩만 방문하고 돌아오고자 한다. 그 중에서 가장 거리를 짧게 이동하면서 모든 도시를 방문할 수 있는 여행 스케줄을 찾으려고 하는 문제 (**세일즈맨의 여행 문제**: Traveling salesman problem)를 해결하고자 한다. 모든 가능한 경우의 여행길의 거리를 계산하여 가장 짧은 여행길을 찾는 알고리즘을 사용할 때 복잡도를 구해보자.

모든 가능한 여행길의 수를 계산한다. 먼저 출발 도시에서 갈 수 있는 도시의 수는 $n-1$개 있다. 그러나 다시 출발 도시로 돌아갈 수 없으므로, 다음 갈 수 있는 도시는 $n-2$개 있다. 이를 반복하면 전체의 가능한 여행길의 수는 $(n-1)!$이다. 한 가지 방법의 여행길을 구하여 다른 결과와 비교하는 것이 주된 연산이라고 하면, 알고리즘의

복잡도는 $(n-1)!$에 비례한 기본연산의 실행을 필요로 한다. 또한

$$(n-1)! \le (n-1) \cdots (n-1) = (n-1)^{n-1} \le n^n$$

의 관계식과 $e\left(\frac{n}{e}\right)^n < n!$로부터 $(n-1)! \in \Theta(n^n)$이므로, 이러한 알고리즘은 효율적인 알고리즘이 아니다. 즉 다항식 시간 알고리즘이 될 수 없다. □

예 주어진 n개 물건의 집합 $\{x_1, x_2, \cdots, x_n\}$에서 몇 개의 물건을 선택하여 부피가 K가 되는 배낭에 채우고자 한다. 이때 가급적이면 남은 공간이 적도록 하는 물건의 집합, 즉 부분집합을 구하는 문제(**배낭 문제** : knapsack problem)를 생각한다. 이때 모든 부분집합의 원소들의 부피의 합을 구하여 K와 차이를 계산하여 그 차이가 최소가 되는 부분집합을 구하는 알고리즘을 사용할 때, 복잡도를 구해보자.

주어진 n개 물건의 집합 $\{x_1, x_2, \cdots, x_n\}$의 각 원소가 부분집합에 포함되는 경우와 포함되지 않는 경우가 존재한다. 따라서 모두 2^n개의 부분집합이 존재한다. 이때 각 부분집합의 원소의 합과 K와의 차이를 계산하여 비교하는 연산을 주 연산이라고 하면, 모두 2^n에 비례한 기본연산을 해야 한다. 즉 최악의 경우에 복잡도가 $\Theta(2^n)$이다. □

위 두 예로 주어진 문제와 다르면서 동일한 해결 방법을 갖는 유사한 문제가 많이 존재한다.

예 n개 정수의 집합 $\{x_1, x_2, \cdots, x_n\}$에서 부분집합의 원소의 합이 상수 K 이하이면서 가장 큰 수가 되는 부분집합을 찾는 문제는 배낭 문제와 동일한 문제이다. □

동치의 문제로 분류되는 문제의 집합은 하나가 효율적인 알고리즘을 가지면 나머지 모든 문제도 효율적인 알고리즘을 갖게 되며, 반대로 효율적인 알고리즘을 갖지 않으면 나머지 문제에 대한 효율적인 알고리즘을 갖지 않는다. 이렇게 다루기 쉬운지 어려운지 알 수 없는 문제의 집합을 **NP 완전 문제 집합**(class of NP complete problems)이라고 한다. 이때 NP는 'Nondeterministic Polynomial'의 약자이다.

연습문제 2.3 EXERCISES

1. 다음 두 함수 $f(x)$, $g(x)$에 대하여 $f(x) \in O(g(x))$임을 보이시오.

   (1) $f(x) = 4x$, $g(x) = x^3$　　(2) $f(x) = \log_2 x^7$, $g(x) = x$

2. 삽입정렬 알고리즘에 대하여, 이 알고리즘의 최악의 경우의 복잡도를 구하시오.

3. 알고리즘의 복잡도가 $f(x) = x + x\log_2 x$이면, $f(x) \in \Theta(x\log_2 x)$가 성립함을 보이시오.

4. n이 양의 정수일 때, 다음 알고리즘

   1. $a = 0$
   2. 각 $i = 1, 2, \cdots, n$에 대하여, 다음 제3단계를 실행한다.
   3. 각 $j = 1, 2, \cdots, i$에 대하여, $a = a + j \cdot (i - j + 1)$을 계산한다.

   에 대하여, 알고리즘을 수행하는 데 필요한 모든 산술 연산의 수를 구하여 알고리즘의 복잡도를 구하시오. 또한 곱셈 연산을 주 연산으로 할 때, 알고리즘의 복잡도를 구하시오.

제3장 행렬과 연립일차방정식

3.1 행렬

3.2 연립일차방정식

3.3 정칙행렬과 역행렬

3.1 행렬

$a_1, a_2, \cdots, a_n$이 체 F의 원소일 때

$$\mathbf{v} = (a_1, a_2, \cdots, a_n)$$

을 F 위의 벡터(vector)라 하고, $a_1, a_2, \cdots, a_n$을 벡터 $\mathbf{v}$의 성분(component, entry)이라고 한다. 특히 $\mathbf{0} = (0, 0, \cdots, 0)$을 영벡터(zero vector)라고 한다. 또한 F 위의 벡터 전체의 집합을 F^n, 즉

$$F^n = \{(a_1, a_2, \cdots, a_n) \mid a_1, a_2, \cdots, a_n \in F\}$$

으로 나타낸다.

체 F 위의 두 벡터 $\mathbf{v} = (a_1, a_2, \cdots, a_n)$, $\mathbf{w} = (b_1, b_2, \cdots, b_n)$에 대하여, $\mathbf{v}$와 $\mathbf{w}$의 서로 대응하는 성분이 모두 같을 때, $\mathbf{v}$와 $\mathbf{w}$는 "서로 같다."고 하고, $\mathbf{v} = \mathbf{w}$로 나타낸다.

정의 1

체 F 위의 두 벡터 $\mathbf{v} = (a_1, a_2, \cdots, a_n)$, $\mathbf{w} = (b_1, b_2, \cdots, b_n)$에 대하여, $\mathbf{v}$와 $\mathbf{w}$의 합 $\mathbf{v}+\mathbf{w}$와 차 $\mathbf{v}-\mathbf{w}$를 각각

(1) $\mathbf{v}+\mathbf{w} = (a_1+b_1, a_2+b_2, \cdots, a_n+b_n)$

(2) $\mathbf{v}-\mathbf{w} = (a_1-b_1, a_2-b_2, \cdots, a_n-b_n)$

로 정의한다. 또한 $k \in F$에 의한 벡터 $\mathbf{v}$의 스칼라배(scalar multiple) $k\mathbf{v}$를

$$k\mathbf{v} = (ka_1, ka_2, \cdots, ka_n)$$

으로 정의한다.

참고 $-\mathbf{v} = (-1)\mathbf{v} = (-a_1, -a_2, \cdots, -a_n)$으로 정의한다. ✠

정리 2

제 F 위의 벡터 $\mathbf{u}, \mathbf{v}, \mathbf{w} \in F^n$와 $a, b \in F$에 대하여, 다음이 성립한다.

(1) $\mathbf{u}+\mathbf{v} = \mathbf{v}+\mathbf{u}$

(2) $(\mathbf{u}+\mathbf{v})+\mathbf{w} = \mathbf{u}+(\mathbf{v}+\mathbf{w})$

(3) $\mathrm{u}+0=0+\mathrm{u}=\mathrm{u}$ (4) $\mathrm{v}+(-\mathrm{v})=(-\mathrm{v})+\mathrm{v}=0$

(5) $a(\mathrm{u}+\mathrm{v})=a\mathrm{u}+a\mathrm{v}$ (6) $(a+b)\mathrm{u}=a\mathrm{u}+b\mathrm{u}$

(7) $(ab)\mathrm{u}=a(b\mathrm{u})$ (8) $1\mathrm{u}=\mathrm{u}$

정의 3 행렬

F가 체일 때, mn개의 F의 원소 a_{ij}(단, $1\le i\le m$, $1\le j\le n$)를

$$A=\begin{bmatrix} a_{11} & a_{12} & \cdots & a_{1n} \\ a_{21} & a_{22} & \cdots & a_{2n} \\ \vdots & \vdots & \ddots & \vdots \\ a_{m1} & a_{m2} & \cdots & a_{mn} \end{bmatrix}$$

과 같이 직사각형 모양으로 늘어 놓아 괄호로 한데 묶어 놓은 것을 체 F 위의 $m\times n$ **행렬**(matrix)이라고 한다. 이때 각 a_{ij}를 행렬 A의 (i, j) 성분이라 하고, A를 간단히 $A=[a_{ij}]_{m\times n}$으로 나타낸다.

행렬 $A=[a_{ij}]_{m\times n}$에서

$$a_{i1}, a_{i2}, \cdots, a_{in}\text{과 } a_{1j}, a_{2j}, \cdots, a_{mj}$$

를 각각 A의 i행(i-th row)과 j열(j-th column)이라고 한다.

체 F 위의 $n\times n$ 행렬을 n차의 **정사각행렬**(square matrix), 간단히 n차의 행렬이라고 한다. 1×1 행렬 $[a]$는 a와 동일시한다. 특히 모든 성분이 0인 행렬을 **영행렬**(zero matrix)이라고 한다.

정의 4

체 F 위의 두 $m\times n$ 행렬 $A=[a_{ij}]_{m\times n}$, $B=[b_{ij}]_{m\times n}$에 대하여, A와 B의 서로 대응하는 성분이 모두 같을 때, 즉

$$a_{ij}=b_{ij}(\text{단, } 1\le i\le m,\ 1\le j\le n)$$

일 때, 두 행렬은 "서로 같다."고 하고 $A=B$로 나타낸다. 또한 두 행렬 A, B의 합 $A+B$와 차 $A-B$는 각 (i, j) 성분이 $a_{ij}+b_{ij}$와 $a_{ij}-b_{ij}$인 $m\times n$ 행렬이고, $k\in F$에 의한 A의 스칼라배 kA는 각 (i, j) 성분이 ka_{ij}인 $m\times n$ 행렬이다.

예 실수체 $\mathbb{R}$ 위의 두 2×3 행렬

$$A=\begin{bmatrix}1&2&3\\4&5&6\end{bmatrix},\ B=\begin{bmatrix}0&1&4\\1&-3&2\end{bmatrix}$$

에 대하여

$$A+B=\begin{bmatrix}1&2&3\\4&5&6\end{bmatrix}+\begin{bmatrix}0&1&4\\1&-3&2\end{bmatrix}=\begin{bmatrix}1&3&7\\5&2&8\end{bmatrix}$$

이고

$$3A=3\begin{bmatrix}1&2&3\\4&5&6\end{bmatrix}=\begin{bmatrix}3&6&9\\12&15&18\end{bmatrix}$$

이다. □

정의 5 행렬의 곱

체 F 위의 $m\times n$ 행렬 $A=[a_{ij}]_{m\times n}$와 $n\times r$ 행렬 $B=[b_{jk}]_{n\times r}$에 대하여, 두 행렬 A와 B의 곱 C는 각 (i, k) 성분이

$$c_{ik}=a_{i1}b_{1j}+a_{i2}b_{2j}+\cdots+a_{in}b_{nk}$$

인 $m\times r$ 행렬 $C=[c_{ik}]_{m\times r}$이다. 즉

$$\begin{bmatrix}a_{11}&a_{12}&\cdots&a_{1n}\\a_{21}&a_{22}&\cdots&a_{2n}\\\vdots&\vdots&\ddots&\vdots\\a_{m1}&a_{m2}&\cdots&a_{mn}\end{bmatrix}\begin{bmatrix}b_{11}&b_{12}&\cdots&b_{1r}\\b_{21}&b_{22}&\cdots&b_{2r}\\\vdots&\vdots&\ddots&\vdots\\b_{n1}&b_{n2}&\cdots&b_{nr}\end{bmatrix}=\begin{bmatrix}c_{11}&c_{12}&\cdots&c_{1r}\\c_{21}&c_{22}&\cdots&c_{2r}\\\vdots&\vdots&\ddots&\vdots\\c_{m1}&c_{m2}&\cdots&c_{mr}\end{bmatrix}$$

로 주어진다.

예 실수체 $\mathbb{R}$ 위에서 다음이 성립한다.

(1) $\begin{bmatrix}0&1\\1&0\end{bmatrix}\begin{bmatrix}1&3&5\\2&4&6\end{bmatrix}=\begin{bmatrix}2&4&6\\1&3&5\end{bmatrix}$

(2) $A=\begin{bmatrix}0&1\\0&0\end{bmatrix},\ B=\begin{bmatrix}1&0\\1&1\end{bmatrix}$일 때, $AB=\begin{bmatrix}1&1\\0&0\end{bmatrix},\ BA=\begin{bmatrix}0&1\\0&1\end{bmatrix}$ □

정의 6 전치행렬

체 F 위의 $m\times n$ 행렬 $A=[a_{ij}]_{m\times n}$에 대하여, 각 (i, j) 성분이 a_{ji}인 $n\times m$ 행렬을 A의 전치행렬(transposed matrix)이라 하고, A^T로 나타낸다. 즉

$$A=\begin{bmatrix} a_{11} & a_{12} & \cdots & a_{1n} \\ a_{21} & a_{22} & \cdots & a_{2n} \\ \vdots & \vdots & \ddots & \vdots \\ a_{m1} & a_{m2} & \cdots & a_{mn} \end{bmatrix}, \quad A^T=\begin{bmatrix} a_{11} & a_{21} & \cdots & a_{m1} \\ a_{12} & a_{22} & \cdots & a_{m2} \\ \vdots & \vdots & \ddots & \vdots \\ a_{1n} & a_{2n} & \cdots & a_{mn} \end{bmatrix}$$

예 다음 좌변에 주어진 행렬에 대하여, 우변은 그 전치행렬이다.

(1) $A=\begin{bmatrix} 1 & 2 \\ 3 & 4 \\ 5 & 6 \end{bmatrix}, \quad A^T=\begin{bmatrix} 1 & 3 & 5 \\ 2 & 4 & 6 \end{bmatrix}$

(2) $B=\begin{bmatrix} 1 & 2 & 5 \\ 3 & 4 & 6 \end{bmatrix}, \quad B^T=\begin{bmatrix} 1 & 3 \\ 2 & 4 \\ 5 & 6 \end{bmatrix}$ □

정의 7 대칭행렬

n차의 정사각행렬 $A=[a_{ij}]_{n\times n}$에 대하여

$$A^T=A, \text{ 즉 } a_{ij}=a_{ji} (\text{단, } 1\le i,\ j\le n)$$

일 때, A를 대칭행렬(symmetric matrix)이라고 한다.

예 다음 행렬은 모두 대칭행렬이다.

$$A=\begin{bmatrix} 1 & 2 \\ 2 & 6 \end{bmatrix}, \quad B=\begin{bmatrix} 1 & 1 \\ 1 & 0 \end{bmatrix}, \quad C=\begin{bmatrix} 2 & 0 & 3 \\ 0 & 0 & 1 \\ 3 & 1 & 1 \end{bmatrix}$$ □

정의 8 항등행렬

주대각선 위의 성분이 모두 1이고 그 밖의 성분은 모두 0인 n차의 정사각행렬을 n차의 항등행렬(identity matrix) 또는 단위행렬이라 하고, I_n 또는 I로 표시한다. 한편 모든 성분이 0인 n차의 정사각행렬을 영행렬이라 하고, O_n 또는 O로 나타낸다.

예 $I_2=\begin{bmatrix} 1 & 0 \\ 0 & 1 \end{bmatrix}, \quad I_3=\begin{bmatrix} 1 & 0 & 0 \\ 0 & 1 & 0 \\ 0 & 0 & 1 \end{bmatrix}, \quad O_3=\begin{bmatrix} 0 & 0 & 0 \\ 0 & 0 & 0 \\ 0 & 0 & 0 \end{bmatrix}$ □

정리 9

체 F 위의 n차의 정사각행렬 A, B, C와 임의의 $a, b \in F$에 대하여

(1) $A+B=B+A$, $(A+B)+C=A+(B+C)$

(2) $A+O=O+A=A$, $A+(-A)=(-A)+A=O$

(3) $a(A+B)=aA+aB$, $(a+b)A=aA+bA$

(4) $(ab)A=a(bA)$, $1A=A$

(5) $a(AB)=(aA)B=A(aB)$

(6) $(AB)C=A(BC)$, $AI=IA=A$

(7) $A(B+C)=AB+AC$, $(A+B)C=AC+BC$

이 성립한다.

체 F 위의 n차의 정사각행렬 A와 양의 정수 m에 대하여, 행렬 A^m을 귀납적으로

$$A^0=I,\ A^1=A,\ A^2=AA,\ \cdots,\ A^m=A^{m-1}A$$

로 정의한다. 이때 정사각행렬 A와 두 양의 정수 m, k에 대하여

$$A^m A^k = A^{m+k},\ (A^m)^k = A^{mk}$$

이 성립한다.

예제 실수체 $\mathbb{R}$ 위의 행렬

$$A=\begin{bmatrix} 1 & 0 & 1 \\ 1 & 0 & 0 \\ 0 & 1 & 1 \end{bmatrix}$$

에 대하여, A^2과 A^3을 구하시오.

풀이 $A^2=\begin{bmatrix} 1 & 0 & 1 \\ 1 & 0 & 0 \\ 0 & 1 & 1 \end{bmatrix}\begin{bmatrix} 1 & 0 & 1 \\ 1 & 0 & 0 \\ 0 & 1 & 1 \end{bmatrix}=\begin{bmatrix} 1 & 1 & 2 \\ 1 & 0 & 1 \\ 1 & 1 & 1 \end{bmatrix}$, $A^3=A^2A=\begin{bmatrix} 1 & 1 & 2 \\ 1 & 0 & 1 \\ 1 & 1 & 1 \end{bmatrix}\begin{bmatrix} 1 & 0 & 1 \\ 1 & 0 & 0 \\ 0 & 1 & 1 \end{bmatrix}=\begin{bmatrix} 2 & 2 & 3 \\ 1 & 1 & 2 \\ 2 & 1 & 2 \end{bmatrix}$ ■

3.2 연립일차방정식

$a_1, a_2, \cdots, a_n$과 b가 체 F의 원소이고, $a_1, a_2, \cdots, a_n$ 중에서 적어도 하나는 0이 아닐 때

$$a_1x_1 + a_2x_2 + \cdots + a_nx_n = b$$

와 같은 형태의 방정식을 F에서의 $x_1, x_2, \cdots, x_n$에 관한 일차방정식 (linear equation)이라고 한다.

한편 n개의 미지수 $x_1, x_2, \cdots, x_n$에 관한 m개의 일차방정식으로 이루어진 다음과 같은 형태의 연립방정식

$$\begin{cases} a_{11}x_1 + \cdots + a_{1n}x_n = b_1 \\ a_{21}x_1 + \cdots + a_{2n}x_n = b_2 \\ \qquad\vdots \\ a_{m1}x_1 + \cdots + a_{mn}x_n = b_m \end{cases}$$

을 F에서의 연립일차방정식 (system of linear equations)이라고 한다. 이때

$$A = \begin{bmatrix} a_{11} & a_{12} & \cdots & a_{1n} \\ a_{21} & a_{22} & \cdots & a_{2n} \\ \vdots & \vdots & \ddots & \vdots \\ a_{m1} & a_{m2} & \cdots & a_{mn} \end{bmatrix}, \quad X = \begin{bmatrix} x_1 \\ x_2 \\ \vdots \\ x_n \end{bmatrix}, \quad B = \begin{bmatrix} b_1 \\ b_2 \\ \vdots \\ b_m \end{bmatrix}$$

으로 놓으면

$$AX = B$$

로 나타낼 수 있고, 다음 행렬이 대응한다.

$$[A \mid B] = \left[\begin{array}{cccc|c} a_{11} & a_{12} & \cdots & a_{1n} & b_1 \\ a_{21} & a_{22} & \cdots & a_{2n} & b_2 \\ \vdots & \vdots & \ddots & \vdots & \vdots \\ a_{m1} & a_{m2} & \cdots & a_{mn} & b_m \end{array}\right]$$

여기서 두 행렬 A와 $[A \mid B]$를 각각 주어진 연립일차방정식의 **계수행렬** (coefficient matrix)과 **첨가행렬** (augmented matrix)이라고 한다.

$x_1 = c_1, \cdots, x_n = c_n$이 연립일차방정식의 모든 일차방정식을 동시에 만족시킬 때, 연립일차방정식의 해 (solution)라 하고

$$\begin{bmatrix} x_1 \\ \vdots \\ x_n \end{bmatrix} = \begin{bmatrix} c_1 \\ \vdots \\ c_n \end{bmatrix}$$

으로 표현하기도 한다. 또한 해 전체의 집합을 연립일차방정식의 해집합(solution set)이라고 한다.

예 실수체 $\mathbb{R}$에서, 다음 연립일차방정식

$$\begin{cases} \quad\quad\ \ 4y-3z=1 \\ \ \ x+\ \ y+2z=9 \\ -3x+6y-6z=0 \end{cases}$$

의 해를 구해보자. 먼저 연립방정식에서의 연산과 행렬에서의 연산을 비교하기 위해 주어진 연립방정식과 이에 대응하는 첨가행렬

$$\begin{cases} \quad\quad\ \ 4y-3z=1 \\ \ \ x+\ \ y+2z=9 \\ -3x+6y-6z=0 \end{cases} \qquad \left[\begin{array}{ccc|c} 0 & 4 & -3 & 1 \\ 1 & 1 & 2 & 9 \\ -3 & 6 & -6 & 0 \end{array}\right]$$

에 대한 두 연산을 동시에 생각하여 해를 구한다.

첫째 식과 둘째 식을 서로 교환한다. $(R_1 \leftrightarrow R_2)$

$$\begin{cases} \ \ x+\ \ y+2z=9 \\ \quad\quad\ \ 4y-3z=1 \\ -3x+6y-6z=0 \end{cases} \qquad \left[\begin{array}{ccc|c} 1 & 1 & 2 & 9 \\ 0 & 4 & -3 & 1 \\ -3 & 6 & -6 & 0 \end{array}\right]$$

첫째 식에 3배하여 셋째 식에 더하고 $(3R_1+R_3)$, 첫째 식에 -3배하여 넷째 식에 더한다. $(-3R_1+R_4)$

$$\begin{cases} x+\ \ y+2z= \ \ 9 \\ \quad\ \ 4y-3z= \ \ 1 \\ \quad\ \ 9y \quad\quad\ = 27 \end{cases} \qquad \left[\begin{array}{ccc|c} 1 & 1 & 2 & 9 \\ 0 & 4 & -3 & 1 \\ 0 & 9 & 0 & 27 \end{array}\right]$$

둘째 식과 셋째 식을 서로 교환한다. $(R_2 \leftrightarrow R_3)$

$$\begin{cases} x+\ \ y+2z= \ \ 9 \\ \quad\ \ 9y \quad\quad\ = 27 \\ \quad\ \ 4y-3z= \ \ 1 \end{cases} \qquad \left[\begin{array}{ccc|c} 1 & 1 & 2 & 9 \\ 0 & 9 & 0 & 27 \\ 0 & 4 & -3 & 1 \end{array}\right]$$

둘째 식에 $\dfrac{1}{9}$배한다. $\left(\dfrac{1}{9}R_2\right)$

$$\begin{cases} x+\ \ y+2z= 9 \\ \quad\quad\ \ y \quad\quad = 3 \\ \quad\ \ 4y-3z= 1 \end{cases} \qquad \left[\begin{array}{ccc|c} 1 & 1 & 2 & 9 \\ 0 & 1 & 0 & 3 \\ 0 & 4 & -3 & 1 \end{array}\right]$$

둘째 식에 -4배하여 셋째 식에 더하고 $(-4R_2+R_3)$, 둘째 식에 5배하여 넷째 식에 더한다. $(5R_2+R_4)$

$$\begin{cases} x+y+2z=9 \\ y=3 \\ -3z=-11 \\ -3z=-11 \end{cases} \qquad \left[\begin{array}{ccc|c} 1 & 1 & 2 & 9 \\ 0 & 1 & 0 & 3 \\ 0 & 0 & -3 & -11 \\ 0 & 0 & -3 & -11 \end{array}\right]$$

셋째 식에 -1배하여 넷째 식에 더한다. $(-R_3+R_4)$

$$\begin{cases} x+y+2z=9 \\ y=3 \\ -3z=-11 \end{cases} \qquad \left[\begin{array}{ccc|c} 1 & 1 & 2 & 9 \\ 0 & 1 & 0 & 3 \\ 0 & 0 & -3 & -11 \\ 0 & 0 & 0 & 0 \end{array}\right]$$

셋째 식에 $-\frac{1}{3}$배한다. $\left(-\frac{1}{3}R_3\right)$

$$\begin{cases} x+y+2z=9 \\ y=3 \\ z=\dfrac{11}{3} \end{cases} \qquad \left[\begin{array}{ccc|c} 1 & 1 & 2 & 9 \\ 0 & 1 & 0 & 3 \\ 0 & 0 & 1 & \dfrac{11}{3} \end{array}\right]$$

셋째 식에 -2배하여 첫째 식에 더하고$(-2R_3+R_1)$, 새로 생긴 연립방정식의 둘째 식에 -1배하여 첫째 식에 더한다. $(-R_2+R_1)$

$$\begin{cases} x=-\dfrac{4}{3} \\ y=3 \\ z=\dfrac{11}{3} \end{cases} \qquad \left[\begin{array}{ccc|c} 1 & 0 & 0 & -\dfrac{4}{3} \\ 0 & 1 & 0 & 3 \\ 0 & 0 & 1 & \dfrac{11}{3} \end{array}\right]$$

따라서 주어진 연립방정식의 해는

$$\begin{bmatrix} x \\ y \\ z \end{bmatrix} = \begin{bmatrix} -4/3 \\ 3 \\ 11/3 \end{bmatrix}$$

로 주어진다. □

두 연립일차방정식의 해집합이 일치할 때, 연립일차방정식은 서로 동치(equivalent)라고 한다. 체 F에서의 연립일차방정식의 해를 구할 때는, 다음과 같은 변형

(1) 서로 다른 두 방정식을 교환한다.

(2) 한 방정식을 $k \in F$ (단, $k \neq 0$)배 한다.

(3) 한 방정식에 다른 방정식의 $k \in F$ (단, $k \neq 0$)배를 더한다.

을 유한 번 시행하여 동치인 연립일차방정식으로 고친다. 그런데 체 F에서의 연립일차방정식에 위의 세 변형을 시행하는 것은 주어진 연립일차방정식의 첨가행렬에 다음과 같은 **기본행연산** (elementary row operation)

(1) 서로 다른 두 행을 교환한다.
(2) 한 행을 $k \in F$ (단, $k \neq 0$)배 한다.
(3) 한 행에 다른 행의 $k \in F$ (단, $k \neq 0$)배를 더한다.

을 시행하는 것과 같다.

연립일차방정식의 첨가행렬에 기본행연산을 유한 번 시행하면 첨가행렬은 다음과 같은 형태

(1) 행 중에서 0만으로 이루어진 행은 제일 아래쪽에 놓여 있다.
(2) 각 행에서 선두 성분 (leading component), 즉 처음으로 0이 아닌 성분은 행의 번호가 커질수록 오른쪽에 더 치우쳐 놓여 있다.
(3) 각 행의 선두 성분은 1이다.
(4) 각 행에서 선두 성분이 들어 있는 열의 나머지 성분은 모두 0이다.

로 변형된다. 이때 네 조건을 모두 만족시키는 행렬을 **기약행사다리꼴행렬** (matrix in reduced row-echelon form), 간단히 **기약행사다리꼴**이라고 한다.

예 다음 행렬은 모두 기약행사다리꼴이다.

$$\begin{bmatrix} 1 & 0 & 0 \\ 0 & 1 & 0 \\ 0 & 0 & 1 \end{bmatrix}, \begin{bmatrix} 1 & 0 & 0 & 3 \\ 0 & 1 & 0 & 5 \\ 0 & 0 & 1 & 2 \end{bmatrix}, \begin{bmatrix} 1 & 2 & 0 & 0 \\ 0 & 0 & 1 & 0 \\ 0 & 0 & 0 & 0 \end{bmatrix}, \begin{bmatrix} 0 & 0 & 0 \\ 0 & 0 & 0 \\ 0 & 0 & 0 \end{bmatrix}$$ □

참고 첨가행렬에 기본행연산을 유한 번 시행하면 첨가행렬은 다음과 같은 형태

(1) 행 중에서 0만으로 이루어진 행은 제일 아래쪽에 놓여 있다.
(2) 각 행에서 선두 성분, 즉 처음으로 0이 아닌 성분은 행의 번호가 커질수록 오른쪽에 더 치우쳐 놓여 있다.
(3) 각 행의 선두 성분은 1이다.

으로 변형될 때, 세 조건을 모두 만족시키는 행렬을 **행사다리꼴행렬** (matrix in reduced row-echelon form), 간단히 **행사다리꼴**이라고 한다. ✠

예 다음 행렬은 모두 행사다리꼴이다.

$$\begin{bmatrix} 1 & 4 & -3 & -5 \\ 0 & 1 & 0 & 4 \\ 0 & 0 & 1 & 2 \end{bmatrix}, \quad \begin{bmatrix} 1 & 5 & 0 & 2 \\ 0 & 1 & 0 & -1 \\ 0 & 0 & 0 & 0 \end{bmatrix}, \quad \begin{bmatrix} 1 & 4 & 5 \\ 0 & 1 & 2 \\ 0 & 0 & 1 \end{bmatrix}, \quad \begin{bmatrix} 0 & 0 \\ 0 & 0 \\ 0 & 0 \end{bmatrix}$$ □

기본행연산을 이용하여 첨가행렬이 처음 행사다리꼴이 되었을 때 감소를 멈춘다면 이러한 해를 구하는 방법을 **가우스 소거법** (Gauss elimination)이라 한다. 특히 행감소가 가능한 한 첨가행렬이 기약행사다리꼴이 되도록 실행되었다면, 이러한 해를 구하는 방법을 **가우스-조르당 소거법** (Gauss-Jordan elimination)이라 한다.

예 실수체 $\mathbb{R}$에서, 다음 연립일차방정식

$$\begin{cases} 3x - 7y + 2z = 4 \\ 2x - 4y + z = 1 \end{cases}$$

의 해를 구해보자. 먼저 연립방정식에서의 연산과 행렬에서의 연산을 비교하기 위해 주어진 연립방정식과 이에 대응하는 첨가행렬

$$\begin{cases} 3x - 7y + 2z = 4 \\ 2x - 4y + z = 1 \end{cases} \qquad \left[\begin{array}{ccc|c} 3 & -7 & 2 & 4 \\ 2 & -4 & 1 & 1 \end{array}\right]$$

에 대한 두 연산을 동시에 생각하여 해를 구한다.

2행에 -1배하여 1행에 더한다.

$$\begin{cases} x - 3y + z = 3 \\ 2x - 4y + z = 1 \end{cases} \qquad \left[\begin{array}{ccc|c} 1 & -3 & 1 & 3 \\ 2 & -4 & 1 & 1 \end{array}\right]$$

1행에 -2배하여 2행에 더한다.

$$\begin{cases} x - 3y + z = 3 \\ \quad\;\; 2y - z = -5 \end{cases} \qquad \left[\begin{array}{ccc|c} 1 & -3 & 1 & 3 \\ 0 & 2 & -1 & -5 \end{array}\right]$$

2행에 $\frac{3}{2}$배하여 1행에 더하고, 다시 2행에 $\frac{1}{2}$배한다.

$$\begin{cases} x \qquad - \frac{1}{2}z = -\frac{9}{2} \\ \qquad y - \frac{1}{2}z = -\frac{5}{2} \end{cases} \qquad \left[\begin{array}{ccc|c} 1 & 0 & -\frac{1}{2} & -\frac{9}{2} \\ 0 & 1 & -\frac{1}{2} & -\frac{5}{2} \end{array}\right]$$

이다. 이때 연립일차방정식은

$$\begin{cases} x = -\dfrac{9}{2} + \dfrac{1}{2}z \\ y = -\dfrac{5}{2} + \dfrac{1}{2}z \end{cases}$$

으로 변형된다. 그런데 이 연립일차방정식에서 z가 어떠한 실숫값을 택하더라도 이에 따라 결정되는 x, y, z의 값은 모두 이 연립일차방정식의 해가 된다. 따라서 매개변수 t를 도입하여

$$z = t(\text{단, } t \in \mathbb{R})$$

라고 놓으면, 주어진 연립방정식의 해 전체는

$$\begin{cases} x = -\dfrac{9}{2} + \dfrac{1}{2}t \\ y = -\dfrac{5}{2} + \dfrac{1}{2}t \\ z = \quad t \end{cases}$$

로 주어진다. □

예 실수체 $\mathbb{R}$에서, 가우스-조르당 소거법을 이용하여 다음 연립일차방정식

$$\begin{cases} x + 2y - z = 4 \\ 2x + 4y + 3z = 5 \\ -x - 2y + 6z = -7 \end{cases}$$

의 해를 구해보자. 첨가행렬

$$\left[\begin{array}{ccc|c} 1 & 2 & -1 & 4 \\ 2 & 4 & 3 & 5 \\ -1 & -2 & 6 & -7 \end{array}\right]$$

을 기약행사다리꼴로 변형하여 해를 구한다.

1행에 -2배하여 2행에 더하고, 다시 1행에 1배하여 3행에 더한다.

$$\left[\begin{array}{ccc|c} 1 & 2 & -1 & 4 \\ 0 & 0 & 5 & -3 \\ 0 & 0 & 5 & -3 \end{array}\right]$$

2행에 -1배하여 3행에 더하고, 다시 2행에 $-\dfrac{1}{5}$배하여 1행에 더한다.

$$\left[\begin{array}{ccc|c} 1 & 2 & 0 & \dfrac{17}{5} \\ 0 & 0 & 5 & -3 \\ 0 & 0 & 0 & 0 \end{array}\right]$$

2행에 $\frac{1}{5}$ 배한다.

$$\left[\begin{array}{ccc|c} 1 & 2 & 0 & \frac{17}{5} \\ 0 & 0 & 1 & -\frac{3}{5} \\ 0 & 0 & 0 & 0 \end{array}\right]$$

이것이 기약행사다리꼴이다. 따라서 이 첨가행렬에 대응하는 연립일차방정식은

$$\begin{cases} x+2y \qquad = \frac{17}{5} \\ \qquad\qquad z = -\frac{3}{5} \end{cases}$$

이다. 이때 임의로 $y=t$로 놓으면 연립방정식의 일반해는

$$x=\frac{17}{5}-2t,\ y=t,\ z=-\frac{3}{5}$$

으로 주어진다. 기하학적으로 공통직선을 가지고 있는 세 평면의 예이다. 교선은 평면 $z=-\frac{3}{5}$에 놓여 있다. □

예 실수체 $\mathbb{R}$에서, 다음 연립일차방정식

$$\begin{cases} 3x+4y-2z=4 \\ 2x+3y+2z=1 \\ 4x+5y-6z=8 \end{cases}$$

의 해를 구해보자. 첨가행렬은 기본행연산에 의해 다음과 같이 변형된다.

$$\left[\begin{array}{ccc|c} 3 & 4 & -2 & 4 \\ 2 & 3 & 2 & 1 \\ 4 & 5 & -6 & 8 \end{array}\right] \to \left[\begin{array}{ccc|c} 1 & 1 & -4 & 3 \\ 2 & 3 & 2 & 1 \\ 4 & 5 & -6 & 8 \end{array}\right] \to \left[\begin{array}{ccc|c} 1 & 1 & -4 & 3 \\ 0 & 1 & 10 & -5 \\ 0 & 1 & 10 & -4 \end{array}\right]$$

$$\to \left[\begin{array}{ccc|c} 1 & 0 & -14 & 8 \\ 0 & 1 & 10 & -5 \\ 0 & 0 & 0 & 1 \end{array}\right] \to \left[\begin{array}{ccc|c} 1 & 0 & -14 & 0 \\ 0 & 1 & 10 & 0 \\ 0 & 0 & 0 & 1 \end{array}\right]$$

로 변형된다. 그런데 기약행사다리꼴행렬의 마지막 행은 $0=1$임을 나타낸다. 이것은 모순이다. 따라서 주어진 연립일차방정식의 해는 존재하지 않는다. □

예제 실수체 $\mathbb{R}$에서, 가우스-조르당 소거법을 이용하여 다음 연립일차방정식의 해를 구하시오.

$$(1)\ \begin{cases} x+\ \ y+\ \ z=3 \\ 2x+3y+2z=7 \\ 3x+\ \ y+\ \ z=2 \end{cases} \qquad\qquad (2)\ \begin{cases} x+\ \ y+\ \ z+\ \ u=0 \\ 2x+3y+2z+\ \ u=0 \\ 3x+\ \ y+\ \ z+2u=0 \end{cases}$$

풀이 (1) $\left[\begin{array}{ccc|c} 1 & 1 & 1 & 3 \\ 2 & 3 & 2 & 7 \\ 3 & -1 & 1 & 2 \end{array}\right] \to \left[\begin{array}{ccc|c} 1 & 1 & 1 & 3 \\ 0 & 1 & 0 & 1 \\ 0 & -4 & -2 & -7 \end{array}\right] \to \left[\begin{array}{ccc|c} 1 & 0 & 1 & 2 \\ 0 & 1 & 0 & 1 \\ 0 & 0 & -2 & -3 \end{array}\right]$

$$\to \left[\begin{array}{ccc|c} 1 & 0 & 1 & 2 \\ 0 & 1 & 0 & 1 \\ 0 & 0 & 1 & 3/2 \end{array}\right] \to \left[\begin{array}{ccc|c} 1 & 0 & 0 & 1/2 \\ 0 & 1 & 0 & 1 \\ 0 & 0 & 1 & 3/2 \end{array}\right]$$

이므로, 구하는 해는

$$x=1/2,\ \ y=1,\ \ z=3/2$$

(2) $\left[\begin{array}{cccc|c} 1 & 1 & 1 & 1 & 0 \\ 2 & 3 & 2 & 1 & 0 \\ 3 & 4 & 3 & 2 & 0 \end{array}\right] \to \left[\begin{array}{cccc|c} 1 & 1 & 1 & 1 & 0 \\ 0 & 1 & 0 & -1 & 0 \\ 0 & 1 & 0 & -1 & 0 \end{array}\right] \to \left[\begin{array}{cccc|c} 1 & 0 & 1 & 2 & 0 \\ 0 & 1 & 0 & -1 & 0 \\ 0 & 0 & 0 & -2 & 0 \end{array}\right]$

$$\to \left[\begin{array}{cccc|c} 1 & 0 & 1 & 2 & 0 \\ 0 & 1 & 0 & -1 & 0 \\ 0 & 0 & 0 & 1 & 0 \end{array}\right] \to \left[\begin{array}{cccc|c} 1 & 0 & 1 & 0 & 0 \\ 0 & 1 & 0 & 0 & 0 \\ 0 & 0 & 0 & 1 & 0 \end{array}\right]$$

이므로

$$\begin{cases} x+\ \ z\ \ \ \ \ =0 \\ \ \ \ \ y\ \ \ \ \ \ \ \ \ \ =0 \\ \ \ \ \ \ \ \ \ \ \ \ \ u\ =0 \end{cases},\ 즉\ \begin{cases} x=-z \\ y=\ \ 0 \\ u=\ \ 0 \end{cases}$$

이다. 따라서 구하는 해는

$$x=-t,\ \ y=0,\ \ z=t,\ \ u=0\ (단,\ t\in\mathbb{R})$$

■

3.3 정칙행렬과 역행렬

정의 1 정칙행렬과 역행렬

체 F 위의 n차의 정사각행렬 A(단, $A \neq O$)에 대하여

$$AB = BA = I_n$$

을 만족하는 n차의 정사각행렬 B가 존재할 때, A를 **정칙행렬**(nonsingular matrix)이라고 한다. 이때 B를 A의 **역행렬**(inverse)이라 하고, A^{-1}로 나타낸다. 즉

$$AA^{-1} = A^{-1}A = I_n$$

이다.

참고 체 F 위의 행렬

$$A = \begin{bmatrix} a & b \\ c & d \end{bmatrix} \neq O$$

에 대하여, $ad - bc \neq 0$일 때 A는 정칙행렬이다. 이때 A^{-1}

$$A^{-1} = \begin{bmatrix} \dfrac{d}{ad-bc} & \dfrac{-b}{ad-bc} \\ \dfrac{-c}{ad-bc} & \dfrac{a}{ad-bc} \end{bmatrix}$$

로 주어진다. ✠

예 다음 좌변에 주어진 행렬에 대하여, 우변은 그 역행렬이다.

(1) $A = \begin{bmatrix} 7 & -3 \\ -2 & 1 \end{bmatrix}$, $A^{-1} = \begin{bmatrix} 1 & 3 \\ 2 & 7 \end{bmatrix}$

(2) $A = \begin{bmatrix} \dfrac{2}{11} & \dfrac{-3}{11} \\ \dfrac{1}{11} & \dfrac{4}{11} \end{bmatrix}$, $A^{-1} = \begin{bmatrix} 4 & 3 \\ -1 & 2 \end{bmatrix}$ □

예제 실수체 $\mathbb{R}$ 위의 두 행렬

$$A=\begin{bmatrix}1&2\\1&3\end{bmatrix},\ B=\begin{bmatrix}1&2\\0&1\end{bmatrix}$$

에 대하여, 다음 물음에 답하시오.

(1) A^{-1}, B^{-1}, $(AB)^{-1}$를 구하시오.

(2) $B^{-1}A^{-1}$를 구하여 $(AB)^{-1}=B^{-1}A^{-1}$임을 확인하시오.

풀이 (1) $A^{-1}=\begin{bmatrix}3&-2\\-1&1\end{bmatrix},\ B^{-1}=\begin{bmatrix}1&-2\\0&1\end{bmatrix}$

$AB=\begin{bmatrix}1&2\\1&3\end{bmatrix}\begin{bmatrix}1&2\\0&1\end{bmatrix}=\begin{bmatrix}1&4\\1&5\end{bmatrix},\ (AB)^{-1}=\begin{bmatrix}5&-4\\-1&1\end{bmatrix}$

(2) $B^{-1}A^{-1}=\begin{bmatrix}1&-2\\0&1\end{bmatrix}\begin{bmatrix}3&-2\\-1&1\end{bmatrix}=\begin{bmatrix}5&-4\\-1&1\end{bmatrix}=(AB)^{-1}$ ■

정리 2

체 F 위의 n차의 정사각행렬 A에 항등행렬 I_n을 덧붙인 첨가행렬 $[A\,|\,I_n]$에 기본행 연산을 유한 번 시행하면 $[A\,|\,I_n]$은 기약행사다리꼴 $[A'\,|\,P]$로 변형된다. 이 경우 행렬 A가 정칙행렬일 때, 그때에 한하여 $A'=I_n$이다. 이때

$$P=A^{-1}$$

로 주어진다.

예 실수체 $\mathbb{R}$에서, 다음 행렬

$$A=\begin{bmatrix}1&0&1\\1&1&3\\2&5&13\end{bmatrix}$$

의 역행렬을 구해보자. 행렬 A에 항등행렬 I_3를 덧붙인 첨가행렬 $[A\,|\,I_3]$는 기본행 연산에 의해 다음과 같이 기약행사다리꼴로 변형된다.

$$[A\,|\,I_3]=\left[\begin{array}{ccc|ccc}1&0&1&1&0&0\\1&1&3&0&1&0\\2&5&13&0&0&1\end{array}\right]\to\left[\begin{array}{ccc|ccc}1&0&1&1&0&0\\0&1&2&-1&1&0\\0&5&11&-2&0&1\end{array}\right]$$

$$\to\left[\begin{array}{ccc|ccc}1&0&1&1&0&0\\0&1&2&-1&1&0\\0&0&1&3&-5&1\end{array}\right]\to\left[\begin{array}{ccc|ccc}1&0&0&-2&5&-1\\0&1&0&-7&11&-2\\0&0&1&3&-5&1\end{array}\right]$$

따라서 A는 정칙행렬이고 A의 역행렬 A^{-1}

$$A^{-1}=\begin{bmatrix}-2 & 5 & -1\\ -7 & 11 & -2\\ 3 & -5 & 1\end{bmatrix}$$

로 주어진다. □

참고 실수체 $\mathbb{R}$에서, 다음 행렬

$$A=\begin{bmatrix}1 & 4 & 6\\ 2 & -1 & 4\\ 1 & 4 & 6\end{bmatrix}$$

을 생각해보자. 이때 행렬 A에 항등행렬 I_3를 덧붙인 첨가행렬 $[A \mid I_3]$는 기본행연산에 의해 다음과 같은 행렬

$$[A \mid I_3]=\left[\begin{array}{ccc|ccc}1 & 4 & 6 & 1 & 0 & 0\\ 2 & -1 & 4 & 0 & 1 & 0\\ 1 & 4 & 6 & 0 & 0 & 1\end{array}\right]\to\left[\begin{array}{ccc|ccc}1 & 4 & 6 & 1 & 0 & 0\\ 0 & -9 & -2 & -2 & 1 & 0\\ 0 & 0 & 0 & -1 & 0 & 1\end{array}\right]$$

로 변형된다. 그런데 이 행렬은 $[I_3 \mid P]$의 형태로 변형될 수 없으므로, A는 정칙행렬이 아니다. ✠

예제 실수체 $\mathbb{R}$에서, 기본행연산을 이용하여 다음 행렬의 역행렬을 구하시오.

(1) $A=\begin{bmatrix}0 & 2 & 0\\ 0 & 1 & 0\\ 1 & 0 & 0\end{bmatrix}$ (2) $A=\begin{bmatrix}0 & 1 & 0\\ 0 & 0 & 2\\ 3 & 0 & 0\end{bmatrix}$

풀이 (1) $$[A \mid I_3]=\left[\begin{array}{ccc|ccc}0 & 2 & 0 & 1 & 0 & 0\\ 0 & 1 & 0 & 0 & 1 & 0\\ 1 & 0 & 0 & 0 & 0 & 1\end{array}\right]\to\left[\begin{array}{ccc|ccc}1 & 0 & 0 & 0 & 0 & 1\\ 0 & 1 & 0 & 0 & 1 & 0\\ 0 & 2 & 0 & 1 & 0 & 0\end{array}\right]$$

$$\to\left[\begin{array}{ccc|ccc}1 & 0 & 0 & 0 & 0 & 1\\ 0 & 1 & 0 & 0 & 1 & 0\\ 0 & 0 & 0 & 1 & -2 & 0\end{array}\right]$$

이다. 따라서 A의 역행렬은 존재하지 않는다.

(2) $$[A \mid I_3]=\left[\begin{array}{ccc|ccc}0 & 1 & 0 & 1 & 0 & 0\\ 0 & 0 & 2 & 0 & 1 & 0\\ 3 & 0 & 0 & 0 & 0 & 1\end{array}\right]\to\left[\begin{array}{ccc|ccc}3 & 0 & 0 & 0 & 0 & 1\\ 0 & 1 & 0 & 1 & 0 & 0\\ 0 & 0 & 2 & 0 & 1 & 0\end{array}\right]$$

$$\to\left[\begin{array}{ccc|ccc}1 & 0 & 0 & 0 & 0 & 1/3\\ 0 & 1 & 0 & 1 & 0 & 0\\ 0 & 0 & 1 & 0 & 1/2 & 0\end{array}\right]$$

이다. 따라서 A의 역행렬은

$$A^{-1} = \begin{bmatrix} 0 & 0 & 1/3 \\ 1 & 0 & 0 \\ 0 & 1/2 & 0 \end{bmatrix}$$

으로 주어진다. ∎

A가 정사각행렬일 때, $\det(A)$ 또는 $|A|$를 A의 **행렬식** (determinant)이라 한다. n차의 정사각행렬 $A = [a_{ij}]$에서 i행과 j열을 없앤 $n-1$차 정사각행렬의 행렬식을 성분 a_{ij}의 **소행렬식** (minor determinant)이라 하고, M_{ij}로 표시한다. 이때 $C_{ij} = (-1)^{i+j} M_{ij}$를 a_{ij}의 **여인자** (cofactor) 또는 여인수라 한다. n차의 정사각행렬 $A = [a_{ij}]$의 성분 a_{ij}의 여인자를 C_{ij}라 할 때 행렬 $[C_{ij}]$를 A의 **여인자 행렬** (matrix of cofactor)이라고 한다. 또한 n차의 정사각행렬 $A = [a_{ij}]$의 여인자 행렬의 전치행렬 $[C_{ij}]^T$을 A의 **수반행렬** (adjoint matrix)이라 하고, $\text{adj}(A)$로 표시한다. 이때 n차의 정사각행렬 A가 가역이면, A의 역행렬 A^{-1}는 다음으로 주어진다.

$$A^{-1} = \frac{1}{\det(A)} \cdot \text{adj}(A)$$

예제 행렬 $A = \begin{bmatrix} 3 & -2 & -4 \\ 5 & 0 & 2 \\ 1 & 0 & 1 \end{bmatrix}$의 역행렬 A^{-1}를 구하시오.

풀이 $\det(A) = 6$이고 $\text{adj}(A) = \begin{bmatrix} 0 & 2 & -4 \\ -3 & 7 & -26 \\ 0 & -2 & 10 \end{bmatrix}$이므로, 역행렬 A^{-1}는

$$A^{-1} = \frac{1}{\det(A)} \cdot \text{adj}(A) = \frac{1}{6} \begin{bmatrix} 0 & 2 & -4 \\ -3 & 7 & -26 \\ 0 & -2 & 10 \end{bmatrix}$$

으로 주어진다. ∎

제 4 장 경우의 수와 확률

4.1 유한집합
4.2 비둘기집 원리
4.3 순열과 조합
4.4 분배
4.5 확률

4.1 유한집합

1. 유한집합

정의 1 원소수

유한집합 A에 속해 있는 원소의 개수를 원소수(cardinality), 기수 또는 농도라 하고 $|A|$로 나타낸다.

참고 공집합 $\varnothing$에 대하여, $|\varnothing| = 0$로 정의한다. ✠

정리 2

두 유한집합 A, B에 대하여, 다음이 성립한다.

(1) $|A \cup B| = |A| + |B| - |A \cap B|$이다.

특히 $A \cap B = \varnothing$일 때, 그때에 한하여 $|A \cup B| = |A| + |B|$이다.

(2) $|A - B| = |A| - |A \cap B|$이다.

특히 $B \subset A$이면, $|B| \leq |A|$이고 $|A - B| = |A| - |B|$이다.

예 세 유한집합 A, B, C에 대하여

$$\begin{aligned}
|A \cup B \cup C| &= |(A \cup B) \cup C| \\
&= |A \cup B| + |C| - |(A \cup B) \cap C| \\
&= |A \cup B| + |C| - |(A \cap C) \cup (B \cap C)| \\
&= |A| + |B| - |A \cap B| + |C| - |A \cap C| - |B \cap C| \\
&\qquad + |(A \cap C) \cap (B \cap C)| \\
&= |A| + |B| + |C| - |A \cap B| - |A \cap C| - |B \cap C| \\
&\qquad + |A \cap B \cap C|
\end{aligned}$$

이므로, $|A \cup B \cup C| = |A| + |B| + |C|$

$$- |A \cap B| - |A \cap C| - |B \cap C| + |A \cap B \cap C|$$

이 성립한다. □

예제 두 유한집합 A, B에 대하여, 다음이 성립한다. 여기서 max와 min은 각각 최댓값, 최솟값을 나타낸다.

(1) $|A \cup B| \geq \max\{|A|, |B|\}$, $|A \cap B| \leq \min\{|A|, |B|\}$

(2) $|A \oplus B| = |A| + |B| - 2|A \cap B| = |A - B| + |B - A|$

증명 (1) $A \cup B \supset A$이고 $A \cup B \supset B$이므로, $|A \cup B| \geq |A|$이고 $|A \cup B| \geq |B|$이다. 따라서 $|A \cup B| \geq \max\{|A|, |B|\}$이다. 또한 $A \cap B \subset A$이고 $A \cap B \subset B$이므로 $|A \cap B| \leq |A|$이고 $|A \cap B| \leq |B|$이다. 그러므로 $|A \cap B| \leq \min\{|A|, |B|\}$이다.

(2) $A \oplus B = (A \cup B) - (A \cap B)$이고 $(A \cap B) \subset (A \cup B)$이므로

$$\begin{aligned}|A \oplus B| &= |A \cup B| - |A \cap B| = |A| + |B| - |A \cap B| - |A \cap B| \\ &= |A| + |B| - 2|A \cap B|\end{aligned}$$

이다. 또한

$$A \oplus B = (A - B) \cup (B - A),\ (A - B) \cap (B - A) = \varnothing$$

이므로, $A \oplus B = |A - B| + |B - A|$이다. ■

예제 유한집합 U의 세 부분집합 A, B, C에 대하여, 다음이 성립한다.

(1) $|A \cap (B \cup C)^c| = |A| - |A \cap B| - |A \cap C| + |A \cap B \cap C|$

(2) $|(A \oplus B) \cap C| = |A \cap C| + |B \cap C| - 2|A \cap B \cap C|$

증명 (1) $A \cap (B \cup C)^c = A - (B \cup C)$이므로

$$\begin{aligned}|A \cap (B \cup C)^c| &= |A - (B \cap C)| = |A| - |A \cap (B \cup C)| \\ &= |A| - |(A \cap B) \cup (A \cap C)| \\ &= |A| - \{|A \cap B| + |A \cap C| - |(A \cap B) \cap (A \cap C)|\} \\ &= |A| - \{|A \cap B| + |A \cap C| - |A \cap B \cap C|\} \\ &= |A| - |A \cap B| - |A \cap C| + |A \cap B \cap C|\end{aligned}$$

(2) $A \oplus B = (A - B) \cup (B - A)$이고 $(A - B) \cap (B - A) = \varnothing$이므로

$$\begin{aligned}|(A \oplus B) \cap C| &= |\{(A - B) \cup (B - A)\} \cap C| \\ &= |\{(A - B) \cap C\} \cup \{(B - A) \cap C\}| \\ &= |(A - B) \cap C| + |(B - A) \cap C| \\ &= \{(A \cap C) - B\} \cup \{(B \cap C) - A\}\end{aligned}$$

가 성립한다. 따라서

$$\begin{aligned}|(A \oplus B) \cap C| &= |A \cap C| - |A \cap C \cap B| + |B \cap C| - |B \cap C \cap A| \\ &= |A \cap C| + |B \cap C| - 2|A \cap B \cap C|\end{aligned}$$ ■

다음 정리는 수학적 귀납법을 이용하여 증명한다.

정리 3

유한집합 $A_1, A_2, \cdots, A_n$(단, $n \geq 2$)이 쌍마다 서로소일 때, 다음이 성립한다.

$$|A_1 \cup A_2 \cup \cdots \cup A_n| = |A_1| + |A_2| + \cdots + |A_n|$$

공집합이 아닌 집합 $A_1, \cdots, A_n$에서 $a_1 \in A_1, \cdots, a_n \in A_n$을 택하여 이 순서대로 묶어 놓은 $\langle a_1, \cdots, a_n \rangle$ 전체로 이루어진 집합을 $A_1 \times \cdots \times A_n$, 즉

$$A_1 \times \cdots \times A_n = \{\langle a_1, \cdots, a_n \rangle \mid a_1 \in A_1, \cdots, a_n \in A_n\}$$

으로 나타내고, 이 집합을 $A_1, \cdots, A_n$의 **곱집합** 또는 **데카르트 곱**이라고 한다(2.2절 정의 1 참조). 이때 $\langle a_1, \cdots, a_n \rangle$을 순서 n-조(ordered n-tuple)라고 한다.

특히 $A_1 = \cdots = A_n = A$일 때, $A_1 \times \cdots \times A_n$을 A^n으로 나타낸다.

정리 4

공집합이 아닌 유한집합 A, B에 대하여, 곱집합 $A \times B$는 유한집합이다. 이때

$$|A \times B| = |A||B|$$

이 성립한다.

참고 $A_1, \cdots, A_n$(단, $n \geq 2$)이 공집합이 아닌 유한집합일 때, $A_1 \times \cdots \times A_n$은 유한집합이고 $|A_1 \times \cdots \times A_n| = |A_1| \cdots |A_n|$이 성립한다. ✠

2. 경우의 수 세기

(1) 기본법칙

실험을 통하여 직접 결과를 눈으로 확인할 수 있는 과정에서 나올 수 있는 결과의 수, 또는 어떤 사건이 발생할 가능성의 수를 경우의 수라고 한다. 여러 가지 실험에서 경우의 수를 구할 때는 다음 두 기본법칙이 적용된다.

① 덧셈의 법칙

일반적으로 사건 E_1이 발생할 경우가 n_1가지, 사건 E_2가 발생할 경우가 n_2가지, 사건 E_3이 발생할 경우가 n_3가지가 있으며, 이어서 사건 E_4는 n_4, E_5는 n_5, …와 같이 계속되고 어떤 두 사건도 동시에 발생하지 않는다면, 모든 사건 중에 하나가 발생할 경우의 수는 $n_1 + n_2 + n_3 + \cdots$이다.

참고 하나의 실험이나 관찰에서 발생하는 여러 가지 사건에 대하여 각각 유한집합 $A_1, A_2, \cdots, A_n$이 대응될 때, 이들 집합이 쌍마다 서로소이면 어느 두 사건도 동시에 일어나지 않는다. 이 경우에 사건은 **서로 배반적**(mutually exclusive)이라 하고, 이들 사건을 **배반사건**이라고 한다. ✠

정리 5 덧셈의 법칙

여러 사건이 서로 배반적일 때, 이들 사건이 발생할 가짓수가 각각 $m_1, m_2, \cdots, m_n$이면, 이들 사건 중에서 하나의 사건이 발생할 가짓수는

$$m_1 + m_2 + \cdots + m_n$$

으로 주어진다.

예제 서로 다른 두 개의 주사위를 동시에 던져서 두 주사위에서 나오는 눈이 각각 i, j일 때, 이것을 (i, j)로 나타내기로 한다. 이때 나오는 눈의 합이 5인 사건을 A라고 하면, 나오는 눈의 합이 5일 경우는 모두 몇 가지인가?

풀이 A_1, A_2, A_3를 각각

A_1 : 두 주사위에서 나오는 눈이 $(2, 3), (3, 2)$인 사건
A_2 : 두 주사위에서 나오는 눈이 $(1, 4), (4, 1)$인 사건

이라고 하자. 이때 $A = A_1 \cup A_2$이고

$$|A| = |A_1| + |A_2| = 2 + 2 = 4$$

이므로, 나오는 눈의 합이 5일 경우는 모두 4가지이다. ■

② 곱셈의 법칙

일반적으로 사건 E_1이 발생할 경우가 n_1가지, 사건 E_2가 발생할 경우가 n_2가지, 사건 E_3가 발생할 경우가 n_3가지가 있으며, 이어서 사건 E_4는 n_4, E_5는 n_5, $\cdots$와 같이 계속될 때, 모든 사건이 발생할 경우의 수는 $n_1 n_2 n_3 \cdots$이다.

참고 여러 가지 사건에 대하여 각각 유한집합 $A_1, A_2, \cdots, A_n$이 대응될 때, 이들 사건 중에서 어느 한 사건의 발생 여부가 다른 사건에 영향을 끼치지 아니할 때, 서로 독립적(independent)이라 하고 이들 사건을 **독립사건**이라고 한다. ✠

정리 6	곱셈의 법칙
여러 사건이 서로 독립적일 때, 한 사건이 발생할 가짓수가 m_1이고 이들 각각에 대하여 다른 한 사건이 발생할 가짓수가 m_2이다. 또한 이들 각각에 대하여 마지막 사건이 발생할 가짓수가 m_n이면 이들 n개의 사건이 연속으로 발생할 가짓수는 $m_1 m_2 \cdots m_n$으로 주어진다.	

예 34개국으로 구성된 국제회의에서 3명의 다른 이사를 선출하려고 한다. 그러나 규정에 의하면 특유한 4개국 중 적어도 한 나라는 이사국이 되어야 한다. 이때 이사를 선출할 수 있는 경우의 수를 구해보자. 특유한 4개국을 제외한 30개국에서 3개국을 선출하는 경우의 수는 $30 \times 29 \times 28$가지이다. 한편 4개국의 조건 없이 3개 이사국을 선출하는 경우의 수는 $34 \times 33 \times 32$이다. 따라서 적어도 4개국 중 1개국이 선출되는 경우의 수는

$$34 \times 33 \times 32 - 30 \times 29 \times 28 = 11{,}544$$

가지이다. □

예제 5개의 서로 다른 동전을 던져서 나오는 경우의 수를 구하시오.

풀이 우선 하나의 동전에 대하여 생각하면, 나머지 동전 4개에 상관없이 첫 번째 동전은

앞과 뒤가 나오는 두 가지 경우가 있다. 한편 첫 번째에 상관없이 나머지 4개의 동전이 나오는 경우의 수는 같으므로, 곱셈의 법칙에 의해

5개 동전을 던져 나오는 경우의 수
= (1개 동전을 던져 나오는 경우의 수) × (4개 동전을 던져 나오는 경우의 수)
= 2 × (4개 동전을 던져 나오는 경우의 수)

가 된다. 또한 4개의 동전을 던져 나오는 경우의 수를 세기 위해 4개 중에 하나의 동전은 나머지 3개의 동전에 상관없이 앞과 뒤 두 가지가 나올 경우의 수가 있으며, 이것은 나머지 4개의 동전을 던져 나오는 경우의 수에 영향을 주지 않는다. 따라서 곱셈의 법칙에 의해

5개 동전을 던져 나오는 경우의 수
= 2 × (1개 동전을 던져 나오는 경우의 수) × (3개 동전을 던져 나오는 경우의 수)
= 2 × 2 × (3개 동전을 던져 나오는 경우의 수)

이다. 이와 같이 5개 동전에 대하여 각각 반복하여 생각하면, 5개의 서로 다른 동전을 던져 나오는 경우의 수는 $2 \times 2 \times 2 \times 2 \times 2 = 2^5 = 32$가지이다. ■

곱셈의 법칙이 적용되는 응용문제는 정수를 다루는 문제에서 찾을 수 있다. 주어진 정수 n에 대하여 n의 인수는 n을 나눌 수 있는 정수를 말한다.

예 양의 정수 n이 $n = p^a q^b r^c$(단, p, q, r은 서로 다른 소수)과 같이 소인수분해될 때 n의 약수의 개수를 구해보자. 이때 n의 약수는

$$p^i q^j r^k (\text{단}, 0 \le i \le a,\ 0 \le j \le b,\ 0 \le k \le c)$$

형태이다. 여기서 i는 $0, 1, \cdots, a$ 중 하나이므로, i를 선택할 수 있는 방법은 $a+1$가지이다. 마찬가지 방법으로 j와 k를 각각 $b+1$, $c+1$가지 방법으로 선택할 수 있으므로, n의 약수의 개수는 곱의 법칙에 의해 $(a+1)(b+1)(c+1)$로 주어진다. □

참고 곱셈의 법칙이 적용되는 실험들은 서로 독립적이어야 하며, 덧셈의 법칙이 적용되는 실험들은 결과들이 동시에 발생하지 않아야 한다. ✠

어떤 조건에 제한을 받는 사건들이 동시에 발생하는 경우는 곱셈의 법칙을 적용할 수 없다. 그러나 다음 예제와 같이 각 사건이 제한을 받으며 곱셈의 법칙이 적용되는 경우가 존재한다.

예제 4개의 서로 다른 색의 초콜릿을 네 아이들에게 나누어 주는 경우의 수를 구하시오.

풀이 이 문제에서는 초콜릿이 제한되어 있어서 독립성이 유지되지 않는다. 따라서 첫 아이에게는 4가지 방법, 두 번째의 아이에게는 3가지 방법, 세 번째의 아이에게는 2가지 방법, 네 번째의 아이에게는 1가지 방법이 있다. 따라서 모두 $4\times3\times2\times1=24$가지가 된다. ■

(2) 포함 배제 원리

포함 배제 원리는 두 개 이상의 집합들의 합집합의 원소의 개수를 세기 위해 덧셈의 법칙을 일반화한 원리이다.

정의 7 포함 배제 원리

두 유한집합 A, B에 대하여

$$|A\cup B|=|A|+|B|-|A\cap B|$$

의 관계가 있다. 즉 두 유한집합 A, B의 합집합 $A\cup B$의 원소의 개수를 셀 때는 $|A|, |B|$를 포함(inclusion)하고, 중복된 $|A\cap B|$를 배제(exclusion)하여야 한다. 이러한 원리를 **포함 배제 원리**(inclusion-exclusion principle)라고 한다.

포함 배제 원리는 임의의 개수의 집합들의 합집합의 원소를 세는 경우에도 적용된다.

예 문자 a, b, c, d를 일렬로 나열할 때 a와 b가 서로 이웃하지 않는 경우의 수를 구해보자. a 바로 뒤에 b가 나오는 배열은

$$(a\,b\,c\,d),\ (a\,b\,d\,c),\ (c\,a\,b\,d),\ (d\,a\,b\,c),\ (c\,d\,a\,b),\ (d\,c\,a\,b)$$

의 6가지이고, 마찬가지로 b 바로 뒤에 a가 나오는 경우의 수도 6이다. 이 두 경우 사이에는 공통부분이 없으므로 구하는 경우의 수는 a, b, c, d를 일렬로 나열한 모든 경우의 수에서 a 바로 뒤에 b가 나오는 경우의 수와 b 바로 뒤에 a가 나오는 경우의 수를 뺀 $24-6-6=12$이다. □

예 $1, 2, \cdots, 9$를 일렬로 순서 있게 나열할 때, 첫째 자리가 2보다 크고 마지막 자리가 8보다 작은 것의 개수를 구해보자. 먼저 U를 $1, 2, \cdots, 9$를 일렬로 순서 있게 나열한 것들의 집합이라 하고, A를 첫째 자리가 1 또는 2인 U의 부분집합, B를 마지막 자

리가 8 또는 9인 U의 부분집합이라 하자. 그러면 구하는 수는 $|A^C \cap B^C|$이다. 그런데 $|U|=9!$, $|A|=2\cdot 8!$, $|B|=2\cdot 8!$, $|A\cap B|=2\cdot 2\cdot 7!$이므로

$$\begin{aligned}|A^C\cap B^C| &= |(A\cup B)^C| = |U|-(|A|+|B|)+|A\cap B| \\ &= 9!-2\cdot 8!-2\cdot 8!+2\cdot 2\cdot 7!\end{aligned}$$

로 주어진다. □

예 정수 1000에서 9999 사이의 정수 중에 적어도 하나의 0, 1, 2를 갖는 수의 개수를 구해보자. 먼저 집합 $T=\{1000, 1001, \cdots, 9999\}$라 하자. 집합 T 중에서 0, 1, 2 중의 수를 하나도 갖지 않는 것은 구하기 쉬우므로 여집합을 생각한다. 이제

$$A_k=\{k\text{를 포함하지 않는 1000과 9999 사이 정수}\}\ (\text{단, } k=0, 1, 2)$$

라고 하자. 그러면 여집합 A_k^c는 k를 적어도 하나 포함하는 1000과 9999 사이의 수의 집합이다. 이때 집합 $A_0^c\cap A_1^c\cap A_2^c$는 적어도 0, 1, 2를 하나씩은 포함하는 수의 집합으로 우리가 구하고자 하는 집합이다. 드모르간 법칙에 의해

$$A_0^c\cap A_1^c\cap A_2^c=(A_0\cup A_1\cup A_2)^c = T\setminus(A_0\cup A_1\cup A_2)$$

이므로, 집합 $(A_0\cup A_1\cup A_2)$의 원소의 개수를 구하면 된다. 곱셈의 법칙에 의해 T의 원소 중 1을 포함하지 않는 원소의 개수 $|A_1|$은 처음 자리에 0과 1을 제외한 2에서 9까지 8개가 들어갈 수 있고, 나머지 자리에는 0에서 9까지 1을 제외한 9개의 수가 들어갈 수 있으므로 전부 $|A_1|=8\cdot 9\cdot 9\cdot 9$개가 된다. 같은 방법으로

$$\begin{aligned}&|A_1|=|A_2|=8\cdot 9\cdot 9\cdot 9=5832,\ |A_0|=9\cdot 9\cdot 9\cdot 9=6561\\ &|A_0\cap A_1|=|A_0\cap A_2|=8\cdot 8\cdot 8\cdot 8=4096\\ &|A_1\cap A_2|=7\cdot 8\cdot 8\cdot 8=3584\\ &|A_0\cap A_1\cap A_2|=7\cdot 7\cdot 7\cdot 7=2401\end{aligned}$$

이 되고, 포함 배제 원리에 의해

$$\begin{aligned}|A_0\cup A_1\cup A_2| &= 6561+5832+5832\\ &\quad -(4096+4096+3584)+2401=8850\end{aligned}$$

을 얻는다. 따라서

$$|A_0^c\cap A_1^c\cap A_2^c|=|T|-|A_0\cup A_1\cup A_2|=9000-8850=150$$

이다. 그러므로 1000에서 9999 사이의 정수 중에 적어도 하나의 0, 1, 2를 갖는 수의 개수는 150이다. □

예제 1에서 300까지의 정수 중에서 다음으로 주어진 정수 전체의 개수를 구하시오.

(1) 3, 5, 7 중 적어도 한 정수의 배수인 정수

(2) 105와 서로소인 정수

풀이 $U=\{1, 2, 3, \cdots, 300\}$이라고 하자. 그리고 U의 원소 중에서 3의 배수의 집합, 5의 배수의 집합, 7의 배수의 집합을 각각 A, B, C라고 하자.

(1) $|A|=\left[\frac{300}{3}\right]=100,\ |B|=\left[\frac{300}{5}\right]=60,\ |C|=\left[\frac{300}{7}\right]=42$

이고

$A\cap B$: 1에서 300까지의 정수 중에서 $3\cdot 5$의 배수의 집합

$A\cap C$: 1에서 300까지의 정수 중에서 $3\cdot 7$의 배수의 집합

$A\cap C$: 1에서 300까지의 정수 중에서 $5\cdot 7$의 배수의 집합

$A\cap B\cap C$: 1에서 300까지의 정수 중에서 $3\cdot 5\cdot 7$의 배수의 집합

이므로

$$|A\cap B|=\left[\frac{300}{15}\right]=20,\ |A\cap C|=\left[\frac{300}{21}\right]=14,$$
$$|B\cap C|=\left[\frac{300}{35}\right]=8,\ |A\cap B\cap C|=\left[\frac{300}{105}\right]=2$$

이다. 따라서 구하는 개수는

$$\begin{aligned}&|A\cup B\cup C|\\&=|A|+|B|+|C|-|A\cap B|-|A\cap C|-|B\cap C|+|A\cap B\cap C|\\&=100+60+42-20-14-8+2=162\end{aligned}$$

(2) $105=3\cdot 5\cdot 7$이므로, 정수 c에 대하여

$$\begin{aligned}(c, 105)=1 &\Leftrightarrow (c, 3)=(c, 5)=(c, 7)=1\\&\Leftrightarrow 3\nmid c,\ 5\nmid c,\ 7\nmid c\end{aligned}$$

가 성립한다. 또한 U의 원소 중에서 3, 5, 7 중 적어도 한 정수의 배수 전체의 집합은 $A\cup B\cup C$이다. 따라서 (1)에 의해 1에서 300까지의 정수 중에서 105와 서로소인 정수 전체의 개수는

$$|U-(A\cup B\cup C)|=|U|-|A\cup B\cup C|=300-162=138$$ ■

예제 어느 대학교 졸업생들의 모임에 나온 사람 중에서 문학사 학위를 가진 사람은 295명이었고, 이학사 학위를 가진 사람은 95명이며, 석사 학위를 가진 사람은 120명이었다고 한다. 이때 이들 졸업생 중에서 문학사 학위와 석사 학위를 가진 사람은 55명이었고, 이학사 학위와 석사 학위를 가진 사람은 40명이었다. 또한 문학사와 이학사 학위를 가진 사람은 25명이었다. 그리고 문학사, 이학사, 석사 학위를 모두 가진 사람은 5명이었다고 한다. 이때 다음 물음에 답하시오.

(1) 이 모임에 나온 졸업생은 모두 몇 명인가?

(2) 이들 졸업생 중에서 이학사 학위만 받은 사람은 모두 몇 명인가?

풀이 이 모임에 나온 사람 중에서 문학사 학위를 가진 사람 전체의 집합, 이학사 학위를 가진 사람 전체의 집합, 석사 학위를 가진 사람 전체의 집합을 각각 A, S, G라고 하자.

(1) 이 모임에 나온 사람 전체의 수는 $|A \cup S \cup G|$이다. 이때

$$\begin{aligned}|A \cup S \cup G| &= |A|+|S|+|G| \\ &\quad -|A \cap S|-|A \cap G|-|S \cap G|+|A \cap S \cap G| \\ &= 200+95+120-25-55-40+5 \\ &= 300\end{aligned}$$

이므로, 이 모임에 나온 사람은 모두 300명이다.

(2) 이학사 학위만 받은 사람의 수는 $|S-(A \cup G)|=|S|-|S \cap (A \cup G)|$이다. 그런데 $S \cap (A \cup G)=(S \cap A) \cup (S \cup G)$이므로

$$\begin{aligned}|S \cap (A \cup G)| &= |(S \cap A) \cup (S \cup G)| \\ &= |(S \cap A)|+|(S \cup G)|-|(S \cap A) \cap (S \cap G)| \\ &= |(S \cap A)|+|(S \cup G)|-|S \cap A \cap G| \\ &= 25+40-5= 60\end{aligned}$$

이다. 따라서 이학사 학위만 받은 사람은 모두 35명이다. ∎

연습문제 4.1

EXERCISES

1. 교양과정부에서 오전에 서로 다른 5과목, 오후에 서로 다른 3과목을 각각 개설하여 강의를 하고 있다. 이때 다음 물음에 답하시오.
   (1) 학생들이 오전과 오후에 오직 1과목만 수강할 수 있는 경우의 수를 구하시오.
   (2) 학생들이 오전과 오후에 모두 각각 1과목씩 수강할 수 있는 경우의 수를 구하시오.

2. 어느 식당에서 아침 식사로 제공되는 음식의 종류는 6가지이고, 점심으로 제공되는 음식의 종류는 8가지이다. 이 식당에서 아침과 점심을 먹는 사람이 선택할 수 있는 아침과 점심의 음식 종류는 모두 몇 가지인가? 또한 아침과 점심 중에 한 끼만 먹기를 원하는 사람이 선택할 수 있는 음식의 종류는 모두 몇 가지인가?

3. 70 이하의 자연수 중에서 70과 서로소인 자연수의 개수를 구하시오.

4. 서로 다른 3개의 빨간색 초콜릿과 서로 다른 4개의 갈색 초콜릿, 서로 다른 5개의 검정색 초콜릿이 있다. 이때 두 아이에게 서로 다른 색의 초콜릿을 1개씩 나누어 줄 수 있는 방법은 몇 가지인가?

5. 1000부터 9999 사이의 양의 정수 중에서 짝수이면서 각 자리의 수가 서로 다른 정수의 개수를 구하시오.

6. 1부터 100까지의 양의 정수 중에서 다음을 구하시오.
   (1) 짝수이거나 4로 나누어 나머지가 1인 정수의 개수
   (2) 짝수이거나 3으로 나누어 나머지가 1인 정수의 개수

7. 1에서 300까지의 양의 정수 중에서 다음을 구하시오.
   (1) 3의 배수인 동시에 5의 배수이지만 7의 배수는 아닌 정수의 개수
   (2) 5의 배수이지만 3의 배수도 아니고 7의 배수도 아닌 정수의 개수

4.2 비둘기집 원리

일상생활에서 흔히 쓰이는 단순한 원리들이 수학의 여러 가지 흥미로운 문제를 해결하는 데 자주 쓰이는 것들이 있다. 이들 중의 하나가 비둘기집 원리이다. 이 원리는 비둘기집의 수보다 비둘기 수가 더 많다면 어떤 비둘기집에는 두 마리 이상의 비둘기가 있어야 한다는 것이다.

정리 1 **비둘기집 원리 1** (Pigeon-Hole Principle 1)

m마리의 비둘기가 m보다 적은 n개의 비둘기집에 들어갔다면, 적어도 한 비둘기집에는 두 마리 이상의 비둘기가 있다.

증명 각각의 비둘기집에 많아야 한 마리의 비둘기가 있다고 하자. 그러면 비둘기집에 들어간 비둘기 수는 많아야 n마리이다. 그런데 비둘기는 n보다 많은 m마리이므로 모순이다. 그러므로 적어도 한 비둘기집에는 두 마리 이상의 비둘기가 있다. ■

예 U는 서로 다른 10개의 100 이하의 양의 정수로 이루어진 집합이다. 이때 U의 공집합이 아닌 부분집합에 속하는 정수의 합을 생각하는 경우, U의 부분집합 중에 그 합이 동일한 두 부분집합 A, B가 존재한다. 왜냐하면 집합 U의 부분집합 전체의 개수는 $2^{10}=1024$이고, 또한 U의 각 부분집합에 속하는 원소 전체의 합은 0부터 1000 사이의 정수이므로, 비둘기집 원리에 의해 문제의 두 부분집합 A, B가 존재한다. □

예제 서로 다른 52개의 정수를 포함하고 있는 집합을 A라 하자. 이때 집합 A에는 두 수의 합이나 차가 100의 배수인 두 수가 존재한다.

증명 $A=\{a_1, a_2, \cdots, a_{52}\}$라고 하자. 그러면 $i=1, 2, \cdots, 52$에 대하여

$$a_i = 100q_i + b_i \text{(단, } q_i\text{와 } b_i\text{는 정수, } 0 \le b_i \le 99\text{)}$$

로 나타낼 수 있다. 이때

(1) 어떤 b_i와 b_j가 $b_i = b_j$(단, $i \neq j$)이면

$$a_i - a_j = (100q_i + b_i) - (100q_j + b_j) = 100(q_i - q_j)$$

이므로, 두 수 a_i와 a_j의 차는 100의 배수이다.

(2) 모든 b_i가 서로 다르면 $b_1, b_2, \cdots, b_{52}$는 다음 51개 집합

$$\{0\}, \{1, 99\}, \{2, 98\}, \{3, 97\}, \cdots, \{49, 51\}, \{50\}$$

중 하나에 속해야 한다. 그런데 52개의 수가 51개의 집합에 속하므로, 비둘기집 원리에 의해 어떤 두 수 b_i, b_j(단, $i \neq j$)는 같은 집합에 속한다. 따라서 $b_i \neq b_j$이므로, b_i, b_j는 $\{1, 99\}, \{2, 98\}, \{3, 97\}, \cdots, \{49, 51\}$ 중 하나의 집합에 속한다. 곧 $b_i + b_j = 100$이다. 그러므로

$$\begin{aligned} a_i + a_j &= (100q_i + b_i) + (100q_j + b_j) \\ &= 100(q_i + q_j) + (b_i + b_j) = 100(q_i + q_j + 1) \end{aligned}$$

이다. 즉 두 수 a_i와 a_j의 합은 100의 배수이다. ■

예제 어떤 운동선수가 11주간, 즉 77일 동안 매일 한 번 이상, 일주일에 12번 이하로 연습한다면, 이 선수가 연속으로 며칠 동안 연습한 횟수의 합이 21이 되는 경우가 있다.

증명 첫날부터 i째 날까지 연습한 횟수의 합을 a_i라 하면, 매일 한 번 이상 연습하고 일주일에 12번 이하만 연습하므로

$$1 \leq a_1 < a_2 < \cdots < a_{76} < a_{77} \leq 12 \times 11 = 132$$

이다. 이제 다음과 같은 154개의 양의 정수

$$a_1, a_2, \cdots, a_{77}, a_1 + 21, a_2 + 21, \cdots, a_{77} + 21 \tag{1}$$

을 생각하자. 그러면 $a_1 + 21 < a_2 + 21 < \cdots < a_{77} + 21 \leq 153$이므로, (1)에 있는 154개의 수는 모두 153 이하인 자연수이다. 따라서 비둘기집 원리에 의해 이들 중 적어도 두 수는 같다. 그런데 $a_1, a_2, \cdots, a_{77}$는 서로 다르고, $a_1 + 21, a_2 + 21, \cdots, a_{77} + 21$도 서로 다르다. 결국 $a_1, a_2, \cdots, a_{77}$ 중의 한 수 $a_p + 21$과 같아야 한다. 따라서 $a_p - a_q = 21$이고, $p+1$째 날부터 q째 날까지 연습한 횟수는 꼭 21회이다. ■

두 비둘기집에 다섯 마리의 비둘기가 들어가면, 어느 한 집에는 반드시 세 마리 이상의 비둘기가 있게 된다. 이 사실을 보여주는 일반화된 비둘기집의 원리를 알아보자.

정리 2 비둘기집 원리 2 (Pigeon-Hole Principle 2)

n개의 비둘기집에 m마리의 비둘기가 들어갔다면, 적어도 한 비둘기집에는 $\left\lceil \frac{m}{n} \right\rceil$마리 이상의 비둘기가 있다.

증명 만약 모든 n개의 집에 $\left[\frac{m}{n}\right]$마리 미만이 들어갔다면, 비둘기의 수 m은

$$m \leq n\left(\left[\frac{m}{n}\right]-1\right) < n\left(\left(\frac{m}{n}+1\right)-1\right) = m$$

이 되어 모순이다. 따라서 적어도 한 비둘기집에는 $\left[\frac{m}{n}\right]$마리 이상의 비둘기가 있다. ■

비둘기집 원리 2는 다음으로 표현된다.

정리 3

서로 구별할 필요가 없는 n개의 물건을 서로 구별할 필요가 없는 m개의 상자에 분배할 때, 이들 m개의 상자 중에서 적어도 한 상자에는 $\left\lceil \frac{n}{m} \right\rceil$개 이상의 물건이 들어있다.

예 57명의 수학자가 세미나 기간 동안 16개의 방에 머문다면, 16개의 방 중에서 적어도 한 방에는 4명이 머물러야 한다. 왜냐하면 $57 = 3\cdot 16 + 9$이므로

$$\left\lceil \frac{57}{16} \right\rceil = 3 + 1 = 4$$

이기 때문이다. □

예제 남녀 6명이 모여 있을 때, 이들 중 적어도 세 사람은 서로 친한 친구이거나 또는 서로 낯선 사람이다.

증명 특정한 사람 A를 제외하고 나머지 5명을 A와 친한 친구인 경우와 A와 낯선 경우로 분류한다. 이때

$$\left\lceil \frac{5}{2} \right\rceil = 2 + 1 = 3$$

이므로 적어도 한 부류에는 3명 이상이 속한다. 먼저 이들 3명이 A와 친한 친구인 경우를 생각해 보자. 이 경우에 이들 3명이 모두 서로 낯선 사람이면, 이들 세 사람은 서로 낯선 학생이다. 한편 이들 3명 중에서 어느 두 사람이 서로 친한 친구이면, 이들 두 사람과 A를 합한 세 사람은 서로 친한 친구이다. 다음에 이들 3명이 A와 서로 낯선 사람인 경우를 생각해 보자. 이 경우에 이들 3명이 모두 친한 친구이면, 이들 세

사람은 서로 친한 친구이다. 한편 이들 3명 중에서 어느 두 사람이 서로 낯선 사람이면, 이들 두 사람과 A를 합한 세 사람은 서로 낯선 사람이다. ■

참고 비둘기집 원리 2는 유한집합 S의 원소를 k개의 부분집합으로 나누면, 이 부분집합들 중 적어도 하나는 $\left\lceil \frac{|S|}{k} \right\rceil$개 이상의 원소를 가짐을 의미한다. 즉 k개의 부분집합(비둘기집) 중에 반드시 $\frac{|S|}{k}+1$개 이상의 원소(비둘기)가 담긴 부분집합이 있도록 하기 위해서는 적어도 $|S|+1$개 이상의 원소가 있어야 한다는 의미이다. ✠

예 100명 가운데 적어도 15명은 같은 요일에 태어났다. 왜냐하면 7개의 요일에 100명의 생일이 있어야 하므로, 적어도 한 요일에는 $\left\lceil \frac{100}{7} \right\rceil = 15$명 이상의 생일이 있다. □

다음은 비둘기집 원리를 공통부분이 존재하는 비둘기집, 즉 부분집합 $A_1, A_2, \cdots, A_k$ 사이에 공통부분이 존재할 때 적용할 수 있도록 일반화한 정리이다.

정리 4	**비둘기집 원리 3** (Pigeon-Hole Principle 3)
유한집합 S의 k개의 부분집합 $A_1, A_2, \cdots, A_k$에 대하여 S의 각 원소가 적어도 t개의 부분집합에 포함되어 있다면, $\lvert A_i \rvert$의 평균은 적어도 $t \cdot \frac{\lvert S \rvert}{k}$ 이상이다.	

참고 정리 4에서 S의 각 원소가 정확히 t개의 부분집합 $A_1, A_2, \cdots, A_k$에 포함되어 있다면, $|A_i|$의 평균은 정확히 $t \cdot \frac{|S|}{k}$가 된다. 또한 $t=1$인 경우는 비둘기집 원리 2와 같다. ✠

예 전교생이 300명인 A 고등학교에는 12개의 동아리가 등록되어 있다. 학교의 방침은 모든 학생이 적어도 두 개 이상의 동아리에 반드시 가입하도록 하는 것이다. 이때 비둘기집 원리 3에 의해 각 동아리의 평균 학생 수는 적어도 $2 \cdot 360/12 = 60$명 이상이므로, 학생수가 60명 이상 되는 동아리가 반드시 존재한다. □

집합 A와 B를 각각 비둘기와 비둘기집으로 이루어진 집합이라고 생각하자. 이때 함수 $f: A \to B$를 각 비둘기를 비둘기집으로 보내는 함수라고 생각하면 비둘기집 원리 1은 다음 정리로 표현된다.

정리 5

두 유한집합 A, B에 대하여 $|A|>|B|$이면, 모든 함수 $f: A \to B$는 일대일 함수가 아니다. 따라서

$$f(a)=f(a')\,(\text{단, } a \neq a')$$

을 만족하는 원소 $a, a' \in A$이 존재한다.

예제 양의 정수 $a_1, a_2, a_3, \cdots, a_{10}$ 중에서 한 개 이상의 연속된 정수를 택하여 만든 합

$$a_j + a_{j+1} + \cdots + a_k\,(\text{단, } 1 \le j \le k \le 10)$$

중에는 10의 배수인 것이 적어도 하나 존재한다.

증명 a_1으로부터 시작하여 연속된 정수로 만든 10개의 합

$$s_1 = a_1,\ s_2 = a_1 + a_2,\ \cdots,\ s_{10} = a_1 + a_2 + \cdots + a_{10}$$

을 생각하자. 이때 이들 정수는 모두 서로 다르므로, $S=\{s_1, s_2, \cdots, s_{10}\}$이라고 하면 $|S|=10$이다. 그리고 $s_1, s_2, \cdots, s_{10}$을 10으로 나누었을 때 나머지를 각각 $r_1, r_2, \cdots, r_{10}$이라고 하면, $r_1, r_2, \cdots, r_{10}$은 0, 1, 2, $\cdots$, 9 중의 어느 하나이다.

먼저 적당한 $k\,(\text{단, } 1 \le k \le 10)$에 대하여 $r_k = 0$라고 하자. 그러면

$$s_k \equiv r_k \equiv 0 \pmod{10}$$

이므로, $s_k = a_1 + a_2 + \cdots + a_k$는 10의 배수이다.

다음에 $r_i \neq 0\,(\text{단, } 1 \le i \le 10)$라고 하자. 이때 $B=\{1, 2, \cdots, 9\}$라고 하면

$$f(s_i) = r_i\,(\text{단, } 1 \le i \le 10)$$

를 만족하는 함수 $f: S \to B$가 존재한다. 그런데 $|S| = 10 > 9 = |B|$이므로, f는 일대일 함수가 아니다. 그러므로 서로 다른 두 원소 $s_j, s_k \in S$에 대하여

$$f(s_j) = f(s_k),\ \text{즉 } r_j = r_k$$

가 된다. 이때 $s_j \equiv r_j \pmod{10}$, $s_k \equiv r_k \pmod{10}$이므로

$$s_j \equiv r_j \equiv r_k \equiv s_k \pmod{10}$$

이고, 따라서 $s_k - s_j$는 10의 배수이다. 그런데

$$\begin{aligned} s_k - s_j &= (a_1 + a_2 + \cdots + a_k) - (a_1 + a_2 + \cdots + a_j) \\ &= a_{j+1} + a_{j+2} + \cdots + a_k \end{aligned}$$

이므로, $a_{j+1} + a_{j+2} + \cdots + a_k$는 10의 배수이다. 그러므로 $a_1, a_2, \cdots, a_{10}$에서 한 개 이상의 연속된 정수를 택하여 만든 합

$$a_j + a_{j+1} + \cdots + a_k \,(\text{단, } 1 \le j \le k \le 10)$$

중에는 10의 배수인 것이 적어도 하나 존재한다. ■

예제 양의 정수 $a_1, a_2, \cdots, a_{21}$에 대하여

$$a_1 + a_2 + a_3 + \cdots + a_{21} \le 41$$

일 때, 이들 21개의 정수 $a_1, a_2, \cdots, a_{21}$ 중에서 한 개 이상의 연속된 정수를 택하여 만든 합

$$a_j + a_{j+1} + \cdots + a_k \,(\text{단, } 1 \le j \le k \le 21)$$

중에는 21인 것이 적어도 하나 존재한다.

증명 a_1으로부터 시작하여 연속된 정수로 만든 21개의 합

$$s_1 = a_1, \ s_2 = a_1 + a_2, \ \cdots, \ s_{21} = a_1 + a_2 + \cdots + a_{21}$$

을 생각하자. 이때 이들 정수는 모두 서로 다르므로, $S = \{s_1, s_2, \cdots, s_{21}\}$이라고 하면 $|S| = 21$이고

$$1 \le s_i \le 41 \,(\text{단, } 1 \le i \le 21)$$

이다. 그런데 1부터 41까지의 정수 중에서 21의 배수는 21뿐이다. 한편 $s_1, s_2, \cdots, s_{21}$을 21로 나누었을 때 나머지를 각각 $r_1, r_2, \cdots, r_{21}$이라고 하면, $r_1, r_2, \cdots, r_{21}$은 0, 1, 2, $\cdots$, 20 중의 어느 하나와 같다.

먼저 적당한 k (단, $1 \le k \le 10$)에 대하여 $r_k = 0$이면, s_k는 21의 배수이므로

$$s_k = a_1 + a_2 + \cdots + a_k = 21$$

이 성립한다. 다음에 $r_i \ne 0$ (단, $1 \le i \le 21$)이라고 하자. 이때 $B = \{1, 2, 3, \cdots,$

20}이라고 하면

$$f(s_i) = r_i (\text{단}, 1 \le i \le 20)$$

로 주어진 함수 $f: S \to B$가 정의된다. 그런데 $|S| = 21 > 20 = |B|$이므로, f는 일대일 함수가 아니다. 따라서 서로 다른 원소 $s_j, s_k \in S$에 대하여 $f(s_j) = f(s_k)$, 즉 $r_j = r_k$이다. 이때 $s_j \equiv r_j \pmod{21}$, $s_k \equiv r_k \pmod{21}$이므로

$$s_j \equiv r_j \equiv r_k \equiv s_k \pmod{21}$$

이다. 그러므로 $s_k - s_j$는 21이다. 그런데

$$s_k - s_j = (a_1 + a_2 + \cdots + a_k) - (a_1 + a_2 + \cdots + a_j) = a_{j+1} + a_{j+2} + \cdots + a_k$$

이므로 $a_{j+1} + a_{j+2} + \cdots + a_k = 21$이다. 따라서 양의 정수 $a_1, a_2, a_3, \cdots, a_{21}$에서 한 개 이상의 연속된 정수를 택하여 만든 합

$$a_j + a_{j+1} + \cdots + a_k (\text{단}, 1 \le j \le k \le 21)$$

중에는 21인 것이 적어도 하나 존재한다. ■

연습문제 4.2 EXERCISES

1. 한 변의 길이가 2인 정사각형 안에 5개의 점이 들어 있다. 이때 이들 5개의 점 중에서 적어도 두 개의 점은 이들 사이의 거리가 $\sqrt{2}$ 이하임을 보이시오.

2. n (단, $n \ge 2$)명의 남녀가 서로 악수를 하고 파티에 참가하였다. 이 중에는 같은 수의 악수를 한 사람이 적어도 2명 이상이 있음을 보이시오.

3. T 대학의 신입생은 세 영역 중에 반드시 5과목을 수강해야 한다. 각 영역에 많은 과목이 개설되어 있지만 학생은 어떤 영역에서도 두 과목보다 많이는 수강할 수가 없다. 이때 다음 물음에 답하시오.
   (1) 학생들은 한 영역에는 적어도 두 과목은 수강해야 함을 보이시오.
   (2) 학생들은 각 영역에 적어도 한 과목은 수강해야 함을 보이시오.

4. 집합 $\{1, 2, 3, \cdots, 9\}$로부터 n개를 선택하여 그 중에 2개의 합이 짝수가 되는 최소의 n을 구하시오.

5. 1학년에서 6학년까지 있는 초등학교의 전체 학생 중에 20명의 학생이 같은 학년이 되도록 하는 최소의 전체 학생 수를 구하시오.

6. 양의 정수 $a_1, a_2, a_3, \cdots, a_{77}$에 대하여 $a_1 + a_2 + a_3 + \cdots + a_{77} \leq 132$일 때, 이들 77개의 정수 $a_1, a_2, a_3, \cdots, a_{77}$ 중에서 한 개 이상의 연속된 정수를 뽑아 만든 합

$$a_j + a_{j+1} + \cdots + a_k (\text{단, } 1 \leq j \leq k \leq 77)$$

중에는 21인 것이 존재함을 보이시오.

7. 어느 회사에서 12일 동안에 고객에게 청구서를 195장 발송했다고 한다. 이때 이 회사는 어느 한 연속된 사흘 동안에 청구서를 적어도 49장을 발송했음을 보이시오.

4.3 순열과 조합

1. 순열

(1) 순열

일반적으로 공이 한 개까지만 들어갈 수 있는 n개의 번호가 적힌 상자에 r개의 서로 다른 색깔의 공을 넣을 수 있는 방법의 수를 구할 수 있다. 이때 첫 번째 공을 n개의 상자 중의 하나에 넣을 수 있는 방법은 n가지이고, 두 번째 공은 첫 번째 공을 넣은 상자를 제외한 $n-1$개 상자 중의 하나에 넣을 수 있으므로 그 방법은 $n-1$가지이다. 이렇게 하여 마지막 r번째의 공은 $r-1$개의 공을 넣은 상자를 제외한 상자 $n-r+1$개 중의 하나에 넣을 수 있으므로 그 방법은 $n-r+1$가지이다. 따라서 공이 한 개까지만 들어갈 수 있는 n개의 번호가 적힌 상자에 r개의 서로 다른 색깔의 공을 넣을 수 있는 모든 방법의 수는

$$n(n-1)(n-2)\cdots(n-r+1)$$

로 주어진다.

예 n명의 사람이 일렬로 나열된 n개의 의자에 앉을 수 있는 방법을 구해보자. 처음 자리에 앉을 사람을 선택하는 방법은 n가지이며, 그 후 두 번째 자리에 앉을 사람을 선택하는 방법은 $n-1$가지, 세 번째 자리에 앉을 사람을 선택하는 방법은 $n-2$가지이다. 이와 같이 반복하면 마지막 n번째 자리에 앉을 사람은 1사람밖에 없으므로 1가지의 방법밖에 없다. 따라서 방법의 수는 $n!$로 주어진다. □

정의 1 순열

서로 다른 n개 중에서 서로 다른 r개 (단, $1 \le r \le n$)를 뽑아 일렬로 순서 있게 나열한 것을 r-순열(r-permutation), 간단히 **순열**(permutation)이라고 한다.

예 서로 다른 4개의 문자 a, b, c, d 중에서 서로 다른 2개의 문자를 택하여 일렬로 늘어놓은 순열 전체는

$$(a\ b),\ (a\ c),\ (a\ d),\ (b\ a),\ (b\ c),\ (b\ d),$$
$$(c\ a),\ (c\ b),\ (c\ d),\ (d\ a),\ (d\ b),\ (d\ c)$$

이다 (문자 사이의 쉼표는 생략). 따라서 서로 다른 4개의 문자 a, b, c, d 중에서 서로 다른 2개의 문자를 택하여 일렬로 늘어 놓은 순열 전체의 개수는 12 이다. 실제로 첫째 위치에 놓을 수 있는 문자는 4가지가 있고 둘째 위치에 놓을 수 있는 문자는 이미 첫째 위치에 들어간 문자를 제외한 3가지가 있으므로 $4 \times 3 = 12$이다. □

서로 다른 n개의 원소에서 서로 다른 r개 (단, $1 \le r \le n$)의 원소를 택하여 일렬로 늘어 놓은 순열 전체의 개수는 $n(n-1)\cdots(n-r+1)$이다. 이것을 ${}_n\mathrm{P}_r$ 또는 $P(n, r)$로 정의한다.

예 학생 13명에게 서로 다른 책 8권을 분배한다. 이때 한 학생에게 한 권 이상은 분배하지 않는다고 하면, 분배하는 방법은

$${}_{13}\mathrm{P}_8 = 13 \times 12 \times \cdots \times 7 \times 6 = 51{,}891{,}840$$

가지이다. □

예제 대학원생 8명을 세 팀으로 나누어 첫째 날에 3명, 둘째 날에 3명, 셋째 날에 2명이 각각 순서를 정하여 논문을 발표한다고 한다. 이때 이와 같이 발표하는 방법은 모두 몇 가지가 있는가?

풀이 이와 같이 발표하는 방법은 8명을 일렬로 세워 놓은 다음에 차례로 3명, 3명, 2명씩 나누어 놓는 방법과 일치하므로, 구하는 방법의 가짓수는 $8! = 40{,}320$이다. ■

참고 번호가 적힌 상자 (n)들에 서로 다른 색깔의 공 (r)들을 넣는 방법의 수 ${}_n\mathrm{P}_r$을 구하는 문제는 서로 다른 물건 (번호가 적힌 상자)이나 사람들을 순서 있게 배정 (다른 색깔의 공을 배정)하거나 배열하는 문제와 같다. ✠

예 서로 다른 7개 중에 4개를 뽑아 순서 있게 나열하는 순열의 수는 ${}_7\mathrm{P}_4 = 840$이고, 이 수는 7개의 번호가 적힌 상자에 4개의 서로 다른 색깔의 공을 1개 이하씩 담는 방법의 수와 같다. □

정리 2

서로 다른 n개의 원소에서 서로 다른 r(단, $1 \le r \le n$)개의 원소를 택하여 일렬로 늘어 놓은 순열 전체의 개수는

$$
\begin{aligned}
{}_nP_r &= n(n-1)\cdots(n-r+1) \\
&= \frac{n!}{(n-r)!}
\end{aligned}
$$

로 주어진다. 특히 ${}_nP_1 = n$, ${}_nP_n = n!$이다.

${}_nP_r$에서 $n \geq r$일 때 0이 아닌 의미 있는 값이 되므로, n을 r보다 먼저 표기한다.

참고 $r > n$이면 한 개씩만 들어갈 수 있는 n개의 상자에 r개의 서로 다른 색깔의 공을 넣을 수 있는 방법은 없으므로 ${}_nP_r = 0$이다. 또한 특수한 경우로 ${}_nP_0 = 1$이다. ✠

예 6개의 사무실 중에 3개의 사무실은 컴퓨터 프로그램 작업을 하는 3사람의 사무실로 사용하고, 나머지 3개의 사무실은 컴퓨터를 설치하는 방으로 꾸미기 위해 남겨 놓으려고 한다. 이때 3사람의 사무실을 배치하는 방법의 수는 컴퓨터 프로그램 작업을 하는 3사람을 4개의 서로 다른 색깔의 공이라고 생각하고, 6개의 사무실을 6개의 수가 적혀 있는 상자라고 생각하면, $6 \times 5 \times 4 = 120$가지 경우가 있다. 즉

$$
{}_6P_3 = \frac{6!}{(6-3)!} = \frac{6!}{3!} = 6 \times 5 \times 4 = 120
$$

가지 방법의 수가 있다. 이것은 사무실 6개 중에 3개를 3사람의 프로그래머에게 순서 있게 배정하는 문제, 즉 6개 중에 3개를 선택하여 순서 있게 나열하는 문제와 같다. □

예제 남자 6명과 여자 3명을 어느 두 여자도 서로 이웃하지 않도록 한 줄로 세우는 방법의 가짓수를 구하시오.

풀이 이와 같이 세우려면, 먼저 남자 6명을 한 줄로 세운 다음 이때 생기는 7개의 자리에 여자 3명을 한 줄로 세우면 된다. 그런데 남자 6명을 한 줄로 세우는 방법의 가짓수는 ${}_6P_6$이고, 7개의 자리에 여자 3명을 한 줄로 세우는 방법의 가짓수는 ${}_7P_3$이다. 따라서 구하는 가짓수는 ${}_6P_6 \times {}_7P_3$, 즉

$$
{}_6P_6 \times {}_7P_3 = 6! \times 7 \times 6 \times 5 = 151,200
$$

이다. ■

예제 $n > r$인 양의 정수 n과 r에 대하여

$$ {}_{n}\mathrm{P}_{r} = {}_{n-1}\mathrm{P}_{r} + r \cdot {}_{n-1}\mathrm{P}_{r-1} $$

이 성립한다.

증명 ${}_{n}\mathrm{P}_{r}$은 $1, 2, \cdots, n$에서 서로 다른 r개를 뽑아 일렬로 배열하는 방법의 수와 같으므로, 다음 두 가지 경우로 나누어 생각할 수 있다.

① n이 뽑히지 않을 경우: n을 제외한 나머지 $n-1$개의 수 $1, 2, \cdots, n-1$에서 서로 다른 r개를 뽑아 만든 순열이고, 이런 순열의 수는 ${}_{n-1}\mathrm{P}_{r}$이다.

② n이 뽑힐 경우: n은 r자리 중에서 하나이므로, n이 위치할 수 있는 방법의 수는 r이다. 이제 n을 제외한 나머지 $n-1$개의 수 $1, 2, \cdots, n-1$에서 서로 다른 $r-1$개를 뽑아 만든 순열이고, 이런 순열의 수는 ${}_{n-1}\mathrm{P}_{r-1}$이다. 따라서 n을 포함하는 순열의 수는 곱의 법칙에 의해 $r \cdot {}_{n-1}\mathrm{P}_{r-1}$이다.

그런데 ①과 ②의 경우는 동시에 일어나지 않는다. 그러므로 덧셈의 법칙에 의해

$$ {}_{n}\mathrm{P}_{r} = {}_{n-1}\mathrm{P}_{r} + r \cdot {}_{n-1}\mathrm{P}_{r-1} $$

이 성립한다. ■

정리 3

유한집합 $A = \{a_1, \cdots, a_n\}$에 대하여, A에서 A 자신으로의 일대일 대응 전체의 개수는 $n!$이다.

예 유한집합 $U = \{x_1, x_2, \cdots, x_n\}$을 생각해보자. 이때 A를 U의 부분집합이라고 하면, 각 i(단, $1 \le i \le n$)에 대하여 x_i는 A의 원소이거나 또는 원소가 아니므로 U의 부분집합 전체의 개수는 $2 \times 2 \times \cdots \times 2 = 2^n$이다. □

(2) 원순열

때로는 원의 모양으로 나열된 의자에 앉는 경우의 수를 구할 때가 있다. 이때는 의자가 나열된 원의 모양이 회전된 경우는 모두 같은 경우로 취급한다.

예 다음 그림

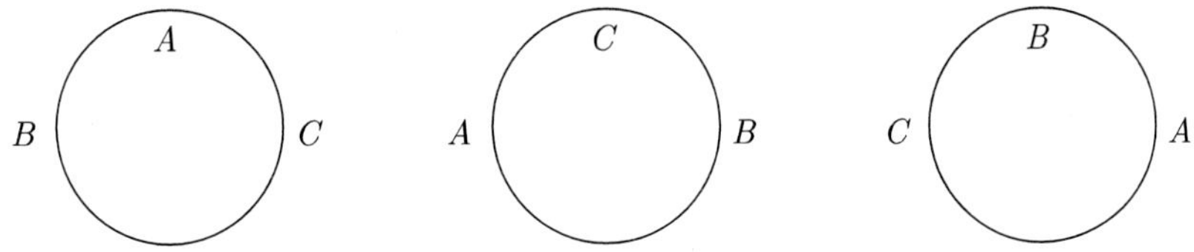

❙ 그림 4.3.1 ❙

에서 3개의 물건 A, B, C를 원의 모양으로 나열한 3가지 경우는 모두 같은 나열 방법이다. 한편 아래 그림에서와 같이 A를 기준으로의 **반영**(거울에 비친 모습)

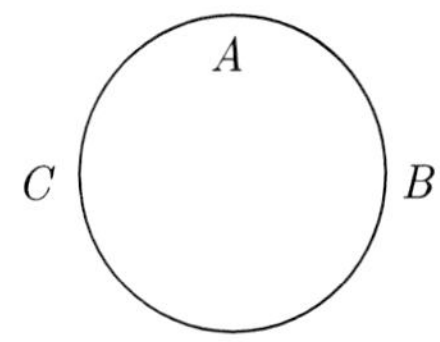

❙ 그림 4.3.2 ❙

은 앞의 3가지의 경우와 다르다. 따라서 3개의 물건 A, B, C를 원의 모양으로 나열하는 방법은 두 가지뿐이다. □

일반적으로 n개의 물건을 원의 모양으로 나열된 n개의 자리에 구별되게 나열하는 방법을 **원순열**(circular permutation)이라고 한다. 이 방법의 수를 구하기 위해서는 먼저 앞에서 설명한 바와 같이 일렬로 나열하는 $n!$가지의 방법 중에는 원으로 나열된 방법 하나를 n번 회전시킨 나열을 모두 같게 취급하고 있으므로, $n!$을 n으로 나누어 주면 된다. 즉 n개의 물건을 원의 모양으로 나열된 n개의 자리에 나열하는 방법의 수는

$$\frac{n!}{n} = (n-1)!$$

로 주어진다.

예 6명의 학생이 원탁에 앉으려면, 먼저 한 사람이 앉은 다음에 이 사람의 오른쪽에 나머지 5명이 차례로 앉으면 된다. 그러므로 6명의 학생이 원탁에 앉는 가짓수는 $5!$ 이다. □

참고 서로 다른 n개의 물건 중에서 r개를 뽑아서 원의 모양으로 나열하는 방법은

$$\frac{{}_n\mathrm{P}_r}{r}$$

가지이다. ✠

서로 다른 n개의 열쇠를 하나의 열쇠고리에 나열하는 방법의 수를 생각한다. 이때 n개의 물건을 원의 모양의 위치에 나열한 방법 중에서 열쇠고리가 회전하거나 뒤집히면 같은 경우가 된다. 따라서 원의 모양에 나열된 방법 중에서 서로 반영의 관계가 있는 모든 두 쌍의 경우는 열쇠고리에 나열하게 되면 같은 나열이 된다. 그러므로 서로 다른 나열의 수를 구하기 위해서는 원의 모양에 나열되는 방법의 수를 2로 나누어 주어야 한다. 따라서 n개의 물건을 열쇠고리의 모양에 꿰어 나열하는 방법의 수는

$$\frac{(n-1)!}{2}$$

로 주어진다.

예 6개의 서로 다른 열쇠를 하나의 열쇠고리에 끼울 수 있는 방법의 수는 $\frac{5!}{2}=120$가지이다. □

(3) 특수한 순열

일반적으로 포함 배제 원리에 의한 유한집합의 합집합의 원소의 개수는 다음으로 주어진다.

정리 4

유한집합 $A_1, A_2, \cdots, A_n$ (단, $n \geq 2$)에 대하여

$$\begin{aligned}|A_1 \cup A_2 \cup \cdots \cup A_n| = &\sum_{i=1}^{n} |A_i| - \sum_{1 \leq i < j \leq n} |A_i \cap A_j| \\ &+ \sum_{1 \leq i < j \leq n} |A_i \cap A_j \cap A_k| \\ &- \cdots + (-1)^{n+1} |A_1 \cap A_2 \cap \cdots \cap A_n|\end{aligned}$$

이 성립한다.

증명 수학적 귀납법을 이용하여 증명한다. $n=2$일 때 정리가 성립한다. 이제 $k \geq 2$개의 유한집합에 대하여 정리가 성립한다고 가정하고

$$A_1, A_2, \cdots, A_k, A_{k+1}$$

을 유한집합이라고 하자. 이때

$$\begin{aligned}&|A_1 \cup \cdots \cup A_k \cup A_{k+1}| \\ &\quad = |(A_1 \cup \cdots \cup A_k) \cup A_{k+1}|\end{aligned}$$

$$
\begin{aligned}
&= |A_1 \cup \cdots \cup A_k| + |A_{k+1}| - |(A_1 \cup \cdots \cup A_k) \cap A_{k+1}| \\
&= |A_1 \cup \cdots \cup A_k| + |A_{k+1}| - |(A_1 \cap A_{k+1}) \cup \cdots \cup (A_k \cap A_{k+1})| \\
&= \sum_{i=1}^{k} |A_i| - \sum_{1 \le i < j \le k} |A_i \cap A_j| + \sum_{1 \le i < j < l \le k} |A_i \cap A_j \cap A_l| \\
&\qquad - \sum_{1 \le i < j < l < m \le k} |A_i \cap A_j \cap A_l \cap A_m| \\
&\qquad + \cdots + (-1)^{k+1} |A_1 \cap A_2 \cap \cdots \cap A_k| + |A_{k+1}| \\
&\qquad - \sum_{i=1}^{k} |A_i \cap A_{k+1}| + \sum_{1 \le i < j \le k} |A_i \cap A_j \cap A_{k+1}| \\
&\qquad - \sum_{1 \le i < j < l \le k} |A_i \cap A_j \cap A_l \cap A_{k+1}| \\
&\qquad + \cdots - (-1)^{k+1} |A_1 \cap A_2 \cap \cdots \cap A_k \cap A_{k+1}| \\
&= \sum_{i=1}^{k+1} |A_i| - \sum_{1 \le i < j \le k+1} |A_i \cap A_j| \\
&\qquad + \sum_{1 \le i < j < l \le k+1} |A_i \cap A_j \cap A_l| \\
&\qquad - \sum_{1 \le i < j < l < m \le k+1} |A_i \cap A_j \cap A_l \cap A_m| \\
&\qquad - \cdots + (-1)^{k+2} |A_1 \cap A_2 \cap \cdots \cap A_{k+1}|
\end{aligned}
$$

이 성립한다. 따라서 정리의 등식은 $n = k+1$일 때도 성립한다. 그러므로 $n \geq 2$인 모든 정수 n에 대하여 정리가 성립한다. ■

정의 5 교란

양의 정수 $1, 2, \cdots, n$의 순열 $(i_1\ i_2\ \cdots\ i_n)$에서

$$i_1 \neq 1,\ i_2 \neq 2,\ \cdots,\ i_n \neq n$$

일 때, 이 순열을 $1, 2, \cdots, n$의 **교란** (derangement)이라고 한다.

참고 세 사람에게 온 편지가 각각 1, 2, 3일 때, 우체부가 이 세 편지를 세 사람에게 전달하는 방법은 다음 6가지가 있다.

$$(1\ 2\ 3),\ (1\ 3\ 2),\ (2\ 1\ 3),\ (2\ 3\ 1),\ (3\ 1\ 2),\ (3\ 2\ 1)$$

여기서 $(1\ 2\ 3)$은 편지가 세 사람 모두에게 제대로 전달되는 경우를 나타내고, $(1\ 3\ 2)$는 편지가 첫째 사람에게는 제대로 전달되지만 둘째 사람과 셋째 사람에

게는 뒤바뀌어 전달되는 경우를 뜻한다. 또한 세 사람 모두에게 편지가 잘못 전달되는 경우는 (2 3 1)과 (3 1 2) 두 가지이다. 따라서 1, 2, 3의 교란 전체의 개수는 2이다. ✠

양의 정수 n에 대하여 $1, 2, \cdots, n$의 순열 전체의 집합을 S_n으로 표시하면

$$|S_n| = n!$$

이 성립한다. 한편 $1, 2, \cdots, n$의 교란 전체의 집합을 D_n으로 표시한다. 이때 $|D_n|$은 교란 전체의 개수를 나타낸다.

예 $|S_1| = 1$, $|D_1| = 0$이다. 또한 양의 정수 1, 2의 순열은 2개 있고 이 중에서 교란은 (2 1)뿐이다. 따라서 $|S_2| = 2! = 2$, $|D_2| = 1$이다. 또한 양의 정수 1, 2, 3의 순열은 모두 6개 있고, 이 중에서 교란은

$$(2\ 3\ 1),\ (3\ 2\ 1)$$

두 개뿐이다. 따라서 $|S_3| = 3! = 6$, $|D_3| = 2$이다. 한편 양의 정수 1, 2, 3, 4의 순열은 모두 24개 있고, 이들 순열 중에서 교란은 다음과 같은 9개가 있다.

$$\begin{aligned}&(2\ 3\ 4\ 1),\ (2\ 4\ 1\ 3),\ (2\ 1\ 4\ 3),\\&(3\ 1\ 4\ 2),\ (3\ 4\ 1\ 2),\ (3\ 4\ 2\ 1),\\&(4\ 1\ 2\ 3),\ (4\ 3\ 1\ 2),\ (4\ 3\ 2\ 1)\end{aligned}$$

따라서 $|S_4| = 4! = 24$, $|D_4| = 9$이다. □

예 책장 선반 위에 8권의 책이 제목의 가나다순으로 정돈되어 있을 때, 이 책들을 본래의 위치와 다르게 배열하는 방법은 $|D_8| = 14{,}833$가지이다. □

정리 6

양의 정수 n에 대하여 $1, 2, \cdots, n$의 교란 전체의 개수는

$$|D_n| = n!\left(1 - \frac{1}{1!} + \frac{1}{2!} - \frac{1}{3!} + \cdots + (-1)^n \frac{1}{n!}\right)$$

로 주어진다.

예 $|D_5| = 5!\left(1 - \frac{1}{1!} + \frac{1}{2!} - \frac{1}{3!} + \frac{1}{4!} - \frac{1}{5!}\right)$

$$= \frac{5!}{2!} - \frac{5!}{3!} + \frac{5!}{4!} - \frac{5!}{5!} = 60 - 20 + 5 - 1 = 44$$

이고, 이때

$$\frac{|D_5|}{|S_5|} = \frac{44}{120} = 0.366\cdots$$

가 된다. □

예제 정수 $n \geq 2$에 대하여, 다음이 성립한다.

(1) $|D_n| \equiv (-1)^n \pmod{n}$

(2) n이 홀수일 때, 그때에 한하여 $|D_n|$은 짝수이다.

(3) $|D_n| = n|D_{n-1}| + (-1)^n$

증명 (1)
$$\begin{aligned}|D_n| &= n!\left(1 - \frac{1}{1!} + \frac{1}{2!} - \frac{1}{3!} + \cdots + (-1)^n \frac{1}{n!}\right)\\ &= n! - n! + n(n-1)(n-2)\cdot \cdots \cdot 3 - n(n-1)(n-2)\cdot \cdots \cdot 4\\ &\quad + \cdots + (-1)^{n-2}n(n-1) + (-1)^{n-1}n + (-1)^n\\ &= n(n-1)(n-2)\cdot \cdots \cdot 3 - n(n-1)(n-2)\cdot \cdots \cdot 4\\ &\quad + \cdots + (-1)^{n-2}n(n-1) + (-1)^{n-1}n + (-1)^n\\ &\equiv 0 - 0 + \cdots + 0 + (-1)^n \equiv (-1)^n \pmod{n}\end{aligned}$$

(2)
$$\begin{aligned}|D_n| &= n(n-1)(n-2)\cdot \cdots \cdot 3 - n(n-1)(n-2)\cdot \cdots \cdot 4\\ &\quad + \cdots + (-1)^{n-2}n(n-1) + (-1)^{n-1}n + (-1)^n\end{aligned}$$

이다. 이때 n이 홀수이면, $n \geq 3$이고 $n-1$은 짝수이므로

$$\begin{aligned}|D_n| &= n(n-1)(n-2)\cdot \cdots \cdot 3 - n(n-1)(n-2)\cdot \cdots \cdot 4\\ &\quad + \cdots + (-1)^{n-2}n(n-1) + (-1)^{n-1}n + (-1)^n\\ &\equiv 0 - 0 + \cdots - 0 + 1 - 1 \equiv 0 \pmod{2}\end{aligned}$$

이고, 따라서 $|D_n|$은 짝수이다. 한편 n이 짝수이면, $n-1$은 홀수이므로

$$\begin{aligned}|D_n| &= n(n-1)(n-2)\cdot \cdots \cdot 3 - n(n-1)(n-2)\cdot \cdots \cdot 4\\ &\quad + \cdots + (-1)^{n-2}n(n-1) + (-1)^{n-1}n + (-1)^n\\ &\equiv 0 - 0 + \cdots + 0 - 0 + 1 \equiv 1 \pmod{2}\end{aligned}$$

이고, 따라서 $|D_n|$은 홀수이다. 그러므로 n이 홀수일 때, 그때에 한하여 $|D_n|$은 짝수이다.

(3) $n|D_{n-1}|+(-1)^n$

$$= n(n-1)!\left(-\frac{1}{1!}+\frac{1}{2!}+\cdots+(-1)^{n-1}\frac{1}{(n-1)!}\right)+(-1)^n$$

$$= n!\left(1-\frac{1}{1!}+\frac{1}{2!}+\cdots+(-1)^{n-1}\frac{1}{(n-1)!}+(-1)^n\frac{1}{n!}\right)$$

$$= |D_n|$$

■

임의의 실수 x에 대하여

$$e^x = 1+\frac{x}{1!}+\frac{x^2}{2!}+\frac{x^3}{3!}+\cdots+\frac{x^n}{n!}+\cdots$$

이므로

$$e^{-1} = 1-\frac{1}{1!}+\frac{1}{2!}-\frac{1}{3!}+\cdots+(-1)^n\frac{1}{n!}+\cdots\approx\frac{1}{2.718}\approx 0.368$$

이다. 그런데

$$|D_n| = n!\left(1-\frac{1}{1!}+\frac{1}{2!}-\frac{1}{3!}+\cdots+(-1)^n\frac{1}{n!}\right)$$

$$\approx n!\,e^{-1}$$

이므로

$$\frac{|D_n|}{|S_n|}\approx\frac{n!\,e^{-1}}{n!}=e^{-1}\approx 0.368$$

을 얻는다. 따라서 1, 2, $\cdots$, n을 일렬로 늘어 놓은 $n!$개의 순열 중에서 약 36.8%가 교란인 셈이다.

(4) 중복순열

① 중복순열

정의 7 중복순열

서로 다른 n개 중에서 중복을 허락하여 r개를 뽑아 일렬로 순서 있게 나열하는 것을 r-중복순열, 간단히 **중복순열**(permutation with repetition)이라고 하며, 이런 모든 중복순열 전체의 개수를 ${}_n\Pi_r$로 나타낸다.

일반적으로 n개의 번호가 적혀 있고, 한 개 이상의 공을 담을 수 있는 상자에 r개의 서로 다른 색깔의 공을 넣는 방법의 수는 n을 r번 곱한 n^r이 된다. 이 수는 n개의 서로 다른 개체 중에 중복을 허락하며 r개를 뽑아 순서 있게 나열하는 방법의 수 ${}_n\Pi_r$과 같다.

예 번호가 적힌 5개의 각 상자에 빨간 공과 파란 공 가운데 한 개 이상의 공을 넣는 경우를 생각하자. 이때 먼저 빨간 공을 5개 상자 중 하나에 넣고 그 다음에 파란 공도 5개 상자 중 하나에 넣을 수 있으므로, 공을 넣을 수 있는 방법의 수는

$$5 \times 5 = 25$$

로 주어진다. □

예제 3을 하나만 포함하는 네 자리의 양의 정수의 개수를 구하시오.

풀이 다음 네 경우

① 첫째 자리에 3이 있는 경우

$$3\bigcirc\bigcirc\bigcirc: \ 9 \times 9 \times 9 = 9^3$$

② 둘째 자리에 3이 있는 경우

$$\bigcirc 3 \bigcirc\bigcirc: \ 8 \times 9 \times 9 = 8 \times 9^2 \quad \text{(첫째 자리는 0이 아님)}$$

③ 셋째 자리에 3이 있는 경우

$$\bigcirc\bigcirc 3 \bigcirc: \ 8 \times 9 \times 9 = 8 \times 9^2 \quad \text{(첫째 자리는 0이 아님)}$$

④ 넷째 자리에 3이 있는 경우

$$\bigcirc\bigcirc\bigcirc 3: \ 8 \times 9 \times 9 = 8 \times 9^2 \quad \text{(첫째 자리는 0이 아님)}$$

로 나누어 생각할 수 있다. 그런데 위의 네 가지 경우는 동시에 일어나지 않으므로, 덧셈의 법칙에 의해

$$9^3 + 8 \times 9^2 + 8 \times 9^2 + 8 \times 9^2 = 9^2 + 24 \times 9^2$$

가지로 주어진다. ■

정리 8

서로 다른 n개의 원소 중에서 중복을 허락하여 r개의 원소를 택하여 일렬로 늘어 놓은 중복순열의 개수는

$${}_n\Pi_r = n^r$$

이다.

예 3명의 학생이 5가지 영화를 동시에 상영하는 영화관에서 각각 한 가지 영화를 관람하는 방법의 가짓수는 ${}_5\Pi_3 = 5^3$이다. 실제로 5가지 중에서 중복을 허락하여 3가지를 택하는 방법과 같다. □

예 4자리 이하의 수의 개수는 모두 ${}_{10}\Pi_4 = 10^4$이다. 이 중 모든 자릿수가 서로 다른 수의 개수는 ${}_{10}P_4$이고, 자릿수가 1번 이상 반복되는 4자릿수의 개수는

$$10^4 - {}_{10}P_4 = 4960$$

이다. □

② 부분중복순열

이제 서로 다른 각 상자에 한 개의 공을 넣는다고 하자. 이때 빨간색의 공이 2개, 파란색의 공이 1개, 노란색의 공이 1개가 있다. 2개의 빨간색 중에 하나는 옅은 빨간색이고 하나는 진한 빨간색으로 구별이 가능하다고 하자. 이 4개의 공을 1번에서 10번까지 적힌 상자에 넣을 수 있는 방법의 수는 $5,040$이다. 이러한 5,040가지 경우 중에 옅은 빨간색과 진한 빨간색을 서로 구별할 수 없는 같은 빨간색이라면, 빨간 공 2개, 파란 공 1개, 노란 공 1개를 10개의 번호가 적힌 상자에 각각 넣을 수 있는 방법의 수는

$$\frac{{}_{10}\mathrm{P}_4}{2} = 2,520$$

가지가 된다. 따라서 $r_1, r_2, \cdots, r_k$개씩이 같은 색이며 모두 r개인 공을 서로 다른 n개의 상자에 1개까지만 담을 수 있는 방법의 수는

$$\frac{{}_n\mathrm{P}_r}{r_1!\,r_2!\,\cdots\,r_k!}$$

이다. 일반적으로 집합 A의 원소 중 $n_1, n_2, n_3, \cdots, n_k$개씩이 서로 같은 값을 갖는 원소일

때, 모든 원소를 일렬로 나열하는 중복순열의 수는

$$\frac{(n_1+n_2+\cdots+n_k)!}{n_1!\,n_2!\,\cdots\,n_k!}$$

로 주어진다. 이것은 서로 다른 k개의 개체를 각 개체별로 $n_1, n_2, n_3, \cdots, n_k$번씩 중복을 허용하면서 일렬로 나열하는 중복순열의 수라고 설명할 수 있다.

예 7명의 학생을 A, B, C 세 방에 각각 3명, 2명, 2명씩 투숙시킬 수 있는 방법의 수를 구해보자. 이때 조건에 맞게 투숙된 7명을 어떤 특정한 순서로 배열하고 각각 자기가 투숙한 방의 표지판을 들게 하면 A, A, A, B, B, C, C를 일렬로 순서 있게 배열한 것과 같게 된다. 따라서 구하는 방법의 수는 $\frac{7!}{3!\,2!\,2!}$로 주어진다. □

(5) 전사함수의 개수

중복순열에서는 r개의 서로 다른 색깔의 공을 n개의 번호가 적혀 있고 한 개 이상의 공을 담을 수 있는 상자에 넣을 때, 비어 있는 상자도 허용하고 있다. 하지만 모든 상자가 반드시 1개 이상의 공을 포함하도록 한다면 경우의 수는 달라진다.

정의 9

서로 다른 r개의 공을 서로 다른 n개의 상자에 1개 이상 담는 방법의 수를 $O(r, n)$으로 나타낸다.

참고 $O(r, n)$은 "r개의 원소를 갖는 집합을 n개의 부분집합으로 나누어 나열하는 방법의 수"와 같다. 또한 "r개 원소의 집합과 n개 원소의 집합이 이루는 전사함수의 개수"와도 같다. ✠

1개 이상의 공을 담으려면 상자의 수 n보다 공의 수 r이 커야 $O(r, n)$이 의미가 있다. 따라서 n보다 큰 수 r을 먼저 표기하였다. 그러나 서로 다른 n(단, $r < n$)개의 상자에 서로 다른 r개의 공을 각 1개 이상 담을 수 있는 방법은 없으므로 $r < n$일 때는 $O(r, n) = 0$으로 정의한다. $r \geq n$일 때, $O(r, n)$의 값은 다음에 설명하기로 한다.

2. 조합

(1) 조합

일반적으로 n개의 번호가 적힌 상자에 r개의 같은 공을 1개까지만 담을 수 있는 방법의 수는

$$\frac{{}_nP_r}{r!}$$

이다. 이 문제는 n개의 번호가 적힌 상자에서 r개를 선택하기만 하면 그 안에 공을 1개씩 넣으면 되므로, 서로 다른 n개의 개체 중에서 순서에 상관없이 (색깔의 구분이 없으므로) r개를 선택하는 방법의 수를 구하는 문제와 같다.

정의 10 조합

서로 다른 n개의 원소 중에서 서로 다른 r개 (단, $1 \le r \le n$)의 원소를 택하여 모아 놓은 것, 즉 부분집합을 r-조합 (r-combinations), 간단히 **조합** (combination)이라고 한다.

예 4개의 문자 a, b, c, d 중에서 서로 다른 2개의 문자를 택하여 만든 조합 전체의 개수는 6이다. 실제로 $\frac{{}_4P_2}{2!}$ 이다. □

서로 다른 n개의 원소에서 서로 다른 r개의 원소를 택하여 모아 놓은 조합 전체의 개수는 $\frac{{}_nP_r}{r!}$ 이다. 이것을 ${}_nC_r$ 또는 $C(n, r)$이라 정의하고

$${}_nC_r = \frac{{}_nP_r}{r!}$$

로 나타낸다. 이때

$${}_nC_r = \frac{{}_nP_r}{r!} = \frac{n!}{r!(n-r)!}$$

로 주어지고, ${}_nC_r$은 이항계수 $\binom{n}{r}$과 같다. 따라서 이 책을 서술함에 있어 ${}_nC_r$을 주로 $\binom{n}{r}$로 표기하기로 한다.

정리 11

서로 다른 n개의 원소에서 서로 다른 r개(단, $1 \le r \le n$)의 원소를 택하여 모아 놓은 조합 전체의 개수는

$$\binom{n}{r} = {}_n\mathrm{C}_r = \frac{{}_n\mathrm{P}_r}{r!} = \frac{n!}{r!(n-r)!}$$

로 주어진다. 특히 $\binom{n}{1} = n$, $\binom{n}{n} = 1$이다.

참고 양의 정수 n에 대하여

$${}_n\mathrm{P}_0 = 1,\ \binom{n}{0} = {}_n\mathrm{C}_0 = 1$$

으로 정의하면, $0! = 1$이므로

$${}_n\mathrm{P}_r = \frac{n!}{(n-r)!},\ \binom{n}{r} = \frac{n!}{r!(n-r)!}\ (\text{단, } 0 \le r \le n)$$

로 주어진다. ✠

예 여자 7명과 남자 4명 중에서 다섯 명의 대의원을 뽑을 때, 적어도 남자가 1명 이상 뽑히는 방법의 수를 구해보자. 이때 다음 네 경우

① 대의원이 여자 4명, 남자 1명인 경우 : $\binom{7}{4}\binom{4}{1} = 35 \times 4 = 140$

② 대의원이 여자 3명, 남자 2명인 경우 : $\binom{7}{3}\binom{4}{2} = 35 \times 6 = 210$

③ 대의원이 여자 2명, 남자 3명인 경우 : $\binom{7}{2}\binom{4}{3} = 21 \times 4 = 84$

④ 대의원이 여자 1명, 남자 4명인 경우 : $\binom{7}{1}\binom{4}{4} = 7 \times 1 = 7$

로 나누어 생각할 수 있다. 그런데 위의 네 경우 중 어느 두 경우도 동시에 일어나지 않으므로, 합의 법칙에 의해

$$140 + 210 + 84 + 7 = 441$$

가지로 주어진다. □

예 흰 공 5개, 빨간 공 5개, 파란 공 5개 모두 25개의 공을 서로 다른 30개의 상자에 넣

을 때, 각 상자에 많아야 1개가 들어가도록 넣는 방법의 가짓수는

$$\binom{30}{5}\binom{25}{5}\binom{20}{5} = \frac{30!}{5!\,25!}\,\frac{25!}{5!\,20!}\,\frac{20!}{5!\,15!} = \frac{30!}{5!\,5!\,5!\,15!}$$

로 주어진다. □

예제 남자 20명과 여자 12명 중에서 5명을 택하여 위원회를 구성하려 한다고 하자. 이때

(1) 남자 3명이 반드시 참여하도록 위원회를 구성하는 방법의 가짓수
(2) 남자가 적어도 3명이 참여하도록 위원회를 구성하는 방법의 가짓수

를 각각 구하시오.

풀이 (1) 남자 20명 중에서 3명을 택하고, 여자 12명 중에서 2명을 택해야 한다. 따라서 남자 3명이 반드시 참여하도록 위원회를 구성하는 방법의 가짓수는

$$\binom{20}{3}\binom{12}{2} = 75,240$$

(2) 남자가 적어도 3명이 참여하도록 위원회를 구성하는 방법의 가짓수는

$$\binom{20}{3}\binom{12}{2} + \binom{20}{4}\binom{12}{1} + \binom{20}{5}\binom{12}{0} = 148,884$$ ■

예제 연속된 n개의 양의 정수의 곱은 $n!$의 배수이다.

증명 연속된 n개의 양의 정수에서 처음 정수를 m이라고 하자. 이때 이들 정수의 곱을 P라고 하면

$$P = m(m+1)(m+2)\cdots(m+n-1) = \frac{(m+n-1)!}{(m-1)!} = \frac{(m+n-1)!\,n!}{(m-1)!\,n!}$$
$$= n!\binom{m+n-1}{n}$$

이 된다. 그런데 $\binom{m+n-1}{n}$는 양의 정수이다. 따라서 곱 P는 $n!$의 배수이다. ■

정리 12

$n \geq 3$인 정수 n에 대하여, $1 \leq i < j < k \leq n$을 만족하는 정수 i, j, k 전체의 개수는 $\binom{n}{3}$으로 주어진다.

증명 구하는 개수는 서로 다른 n개의 숫자 $1, 2, 3, \cdots, n$ 중에서 서로 다른 3개의 숫자를 택하여 만든 조합의 개수와 일치하므로, 구하는 개수는 $\binom{n}{3}$이다. ■

참고 $n \geq 3$인 정수 n에 대하여, $1 \leq i \leq j \leq k \leq n$을 만족하는 정수 i, j, k 전체의 개수는 $\binom{n+2}{3}$으로 주어진다. ✠

예 $1 \leq i \leq j \leq k \leq 4$를 만족하는 정수 i, j, k를 택하여 만든 순서 3-조 (i, j, k)의 개수는 $\binom{6}{3} = 20$이다. 이때

$(1, 2, 3)$, $(1, 2, 4)$, $(1, 3, 4)$, $(2, 3, 4)$, $(1, 1, 2)$, $(1, 1, 3)$, $(1, 1, 4)$,
$(2, 2, 3)$, $(2, 2, 4)$, $(3, 3, 4)$, $(1, 2, 2)$, $(1, 3, 3)$, $(1, 4, 4)$, $(2, 3, 3)$,
$(2, 4, 4)$, $(3, 4, 4)$, $(1, 1, 1)$, $(2, 2, 2)$, $(3, 3, 3)$, $(4, 4, 4)$

로 주어진다. □

참고 (이항정리) : $0 \leq r \leq n$인 정수 r에 대하여

$$(a+b)^n = (a+b)(a+b)\cdots(a+b)$$

를 생각하자. 이때 n개의 인수 $(a+b)$ 중에서 r개의 인수에서는 a를 택하고 나머지 $n-r$개의 인수에서는 b를 택하여 곱하면 $a^r b^{n-r}$를 얻는다. 그런데 이와 같이 택하는 방법은 $\binom{n}{r}$가지 있으므로

$$(a+b)^n = \sum_{r=0}^{n} \binom{n}{r} a^r b^{n-r}$$

이 성립한다. 마찬가지 방법으로

$$(a+b)^n = \sum_{r=0}^{n} \binom{n}{r} a^{n-r} b^r$$

이 성립한다. (2.1절 정리 16 참조) ✠

예 $\left(2x - \dfrac{x^2}{2}\right)^{12}$을 전개했을 때, x^{16}의 계수는

$$\binom{12}{4} 2^8 \left(\frac{-1}{2}\right)^4 = \binom{12}{4} 2^4 = \frac{12 \times 11 \times 10 \times 9}{24} 2^4 = 7,920$$

으로 주어진다. □

예 이항정리에 의해 다음 등식

$$(1+x)^n = \sum_{r=0}^{n}\binom{n}{r}x^r = \binom{n}{0}+\binom{n}{1}x+\cdots+\binom{n}{r}x^n$$

이 성립한다. 이때 $x=1$과 $x=-1$을 각각 대입하면, 다음을 얻는다.

(1) $\displaystyle\sum_{r=0}^{n}\binom{n}{r}=\binom{n}{0}+\binom{n}{1}+\cdots+\binom{n}{n-1}+\binom{n}{n}=2^n$

(2) $\displaystyle\sum_{r=0}^{n}(-1)^r\binom{n}{r}=\binom{n}{0}-\binom{n}{1}+\cdots+(-1)^n\binom{n}{n}=0$ □

예제 양의 정수 n에 대하여, 다음 등식이 성립한다.

(1) $\displaystyle\sum_{i=n+1}^{2n+1}\binom{2n+1}{i}=\sum_{r=0}^{n}\binom{2n+1}{r}$ (2) $\displaystyle\sum_{r=0}^{n}\binom{n}{r}^2=\binom{2n}{n}$

증명 (1) $$\sum_{i=n+1}^{2n+1}\binom{2n+1}{i}=\binom{2n+1}{n+1}+\binom{2n+1}{n+2}+\cdots+\binom{2n+1}{2n}+\binom{2n+1}{2n+1}$$
$$=\binom{2n+1}{2n+1}+\binom{2n+1}{2n}+\cdots+\binom{2n+1}{n+2}+\binom{2n+1}{n+1}$$
$$=\sum_{r=0}^{n}\binom{2n+1}{(2n+1)-r}=\sum_{r=0}^{n}\binom{2n+1}{r}$$

(2) $\displaystyle\sum_{r=0}^{n}\binom{n}{r}^2=\sum_{i=0}^{n}\binom{n}{r}\binom{n}{r}=\sum_{i=0}^{n}\binom{n}{r}\binom{n}{n-r}=\binom{n+n}{n}=\binom{2n}{n}$ ■

참고 유한집합 U에서 $|U|=n$일 때, $0\le r\le n$인 정수 r에 대하여 r개의 원소를 가진 U의 부분집합의 개수는 $\binom{n}{r}$이다. 따라서 U의 부분집합 전체의 개수는

$$|\mathscr{P}(U)|=\sum_{r=0}^{n}\binom{n}{r}=2^n$$

으로 주어진다. ✠

(2) 중복조합

일반적으로 n개의 번호가 적혀 있고, 한 개 이상의 공을 담을 수 있는 상자에 r개의 같은 공을 넣는 방법의 수는 r개의 같은 색깔의 공과 $n-1$개의 칸막이를 일렬로 나열하는 방법과 같고, 또한 n개의 서로 다른 물건의 중복을 허용하여 r개로 만들어 선택하는 방법의 수와 같다.

정의 13 중복조합

서로 다른 n개 중에서 중복을 허락하여 r개를 뽑는 방법을 **중복조합**(combination with repetition)이라 하며, 이 중복조합 전체의 개수를 $H(n, r)$ 또는 ${}_n\mathrm{H}_r$로 나타낸다.

참고 중복을 허용하며 선택하는 경우이므로, n과 r의 크고 작음에 관계없이 ${}_n\mathrm{H}_r$의 값은 0이 아니다. ✠

예 두 문자 a, b 중에서 중복을 허락하여 세 문자를 택하여 만든 중복조합은

$$(a\ a\ a),\ (a\ a\ b),\ (a\ b\ b),\ (b\ b\ b)$$

뿐이다. □

정리 14

서로 다른 n개 중에서 중복을 허락하여 r개를 택하여 만든 중복조합 전체의 개수 ${}_n\mathrm{H}_r$은

$${}_n\mathrm{H}_r = {}_{n+r-1}\mathrm{C}_r = \binom{n+r-1}{r} = \frac{(n+r-1)!}{r!(n-1)!}$$

로 주어진다.

예 5개의 서로 구별되지 않는 공을 3개의 서로 다른 상자에 담는 방법의 수와 3개의 서로 다른 물건의 중복을 허용하여 5개로 선택하는 중복조합의 수는 모두 ${}_3\mathrm{H}_5 = 21$이다. 또한 1에서 6까지 적힌 3개의 주사위를 던져 나오는 서로 다른 결과는 ${}_6\mathrm{H}_3$가지 있다. □

예제 5명의 남학생이 12개의 의자에 일렬로 앉는다. 이때 어떤 두 남학생도 서로 옆에 앉지 않는 방법의 수를 구하시오.

풀이 5명의 남학생을 먼저 나열하고 남은 7개의 의자 중 4개를 각 남학생 사이에 놓은 다음 나머지 3개를 6곳에 넣는 방법의 수를 구하면 된다. 이때

$$5! \times {}_6\mathrm{H}_3 = 8!/3!$$

로 주어진다. ■

참고 다음 경우의 수는 모두 ${}_3\mathrm{H}_7$이다.

(1) 세 숫자 1, 2, 3 중에서 중복을 허락하여 7개의 숫자를 뽑는 조합의 수
(2) 서로 구별되지 않는 공 7개를 3개의 서로 다른 상자에 넣는 방법의 수
(3) 방정식 $r+s+t=7$을 만족하는 음이 아닌 정수해 (r, s, t)의 개수
(4) $1, 2, 3, 4, 5, 6, 7, 8, 9$ 중에서 서로 다른 7개의 숫자를 뽑는 방법의 수 ✠

예 서로 구별되지 않는 20개의 공을 서로 다른 4개의 상자에 넣되 빈 상자가 없도록 넣는 방법의 수를 구해보자. 우선 빈 상자가 없도록 각 상자에 공을 하나씩 넣고 남은 16개의 똑같은 공을 서로 다른 4개의 상자에 넣는다. 이런 방법의 수는

$${}_4\mathrm{H}_{16} = {}_{19}\mathrm{C}_{16} = {}_{19}\mathrm{C}_3$$

으로 주어진다. □

(3) 전사함수의 개수

이제 앞에서 언급한 전사함수의 개수 $O(r, n)$을 계산하는 방법을 알아보자.

정리 15

$r \geq n$일 때, 집합 $A = \{1, 2, 3, \cdots, r\}$이 정의역이고 집합 $B = \{1, 2, 3, \cdots, n\}$이 치역인 전사함수의 개수를 $O(r, n)$이라 하면

$$O(r, n) = \sum_{i=0}^{n} (-1)^i \binom{n}{i} (n-i)^r$$

으로 주어진다.

증명 먼저 함수 $f: A \to B$의 개수는 $|A| = r$개의 서로 다른 공을 $|B| = n$개의 서로 다른 상자에 중복을 허용하며 넣는 중복순열의 수와 같으므로 n^r개가 된다. 하지만 전사함수가 되기 위해서는 이 중에서 $f(A) \subsetneq B$인 경우는 제외해야 한다. 이제 원소 $i \in B$가 $f(A)$에 속하지 않는 함수 $f: A \to B$들의 집합을 B_i라 하자. 즉

$$B_i = \{f \mid f: A \to B,\ i \in B \setminus f(A)\}$$

라고 하면, 구하고자 하는 전사함수의 개수는

$$O(n, r) = n^r - \left| \cup_{i=1}^{n} B_i \right|$$

이 된다. 한편 $\left| \cup_{i=1}^{n} B_i \right|$은 포함 배제 원리로부터

$$\left|\cup_{i=1}^{n} B_i\right| = \sum_{i=1}^{n} |B_i| - \sum_{1 \le i < j \le r} |B_i \cap B_j|$$
$$+ \sum_{1<j<k}^{n} |B_i \cap B_j \cap B_k| - \cdots + (-1)^{n-1} \left|\cap_{i=1}^{n} B_i\right|$$

이며

$$|B_i| = (n-1)^r \text{ (단, } i = 1, 2, \cdots, n)$$
$$|B_i \cap B_j| = (n-2)^r \text{ (단, } i, j = 1, 2, \cdots, n, \ i < j)$$
$$|B_i \cap B_j \cap B_k| = (n-3)^r \text{ (단, } i, j, k = 1, 2, \cdots, n, \ i < j < k)$$
$$\vdots$$
$$\left|\cap_{i=1}^{n} B_i\right| = (n-n)^r = 0$$

이고, 원소가 n개인 집합에서 i개의 원소를 갖는 부분집합의 수는 $\binom{n}{i}$이므로

$$O(r, n) = n^r - \sum_{i=1}^{n} (-1)^{i-1} \binom{n}{i} (n-i)^r$$
$$= \sum_{i=0}^{n} (-1)^i \binom{n}{i} (n-i)^r$$

으로 주어진다. ■

예 세 종류의 과자를 2명의 어린이에게 1가지 이상씩 나누어 주는 방법의 수는

$$O(3, 2) = \sum_{i=0}^{2} (-1)^i \binom{2}{i} (2-i)^3$$
$$= (-1)^0 \times \binom{2}{0} \times 2^3 + (-1)^1 \times \binom{2}{1} \times 1^3 + (-1)^2 \times \binom{2}{2} \times 0^3$$
$$= 8 - 2 + 0 = 6$$

이다. □

3. 분배

정리 16

서로 다른 n개의 상자에 k개의 물건을 분배하는 방법의 가짓수는

(1) 물건이 서로 다른 경우

① 상자 안에 1개 이하의 물건이 들어가는 경우 : ${}_n\mathrm{P}_k$

② 상자 안에 들어가는 물건의 개수에 제한이 없는 경우 : ${}_n\Pi_k$

(2) 물건이 서로 구별되지 않는 경우

① 상자 안에 1개 이하의 물건이 들어가는 경우 : $\binom{n}{k}$

② 상자 안에 들어가는 물건의 개수에 제한이 없는 경우 : ${}_n\mathrm{H}_k$

로 주어진다.

예 번호를 적어 넣은 10개의 상자에 공을 넣되 각 상자에 1개 이하의 공이 들어가도록 분배하는 방법을 생각해보자. 이때

(1) 빨간 공 2개, 파란 공 1개를 넣는 경우에 분배 방법의 가짓수는

$$\binom{10}{2}\binom{8}{1} = \frac{10!}{2!8!}\cdot\frac{8!}{1!7!} = \frac{10!}{2!1!7!}$$

(2) 빨간 공 2개, 파란 공 5개, 노란 공 3개를 넣는 경우에 분배 방법의 가짓수는

$$\binom{10}{2}\binom{8}{5}\binom{3}{3} = \frac{10!}{2!8!}\cdot\frac{8!}{5!3!}\cdot\frac{3!}{3!} = \frac{10!}{2!5!3!}$$

이다. □

정리 17

n개의 원소 중에서 n_1개, n_2개, $\cdots$, n_k개의 원소가 각각 서로 같고

$$n = n_1 + n_2 + \cdots + n_k$$

일 때, 이들 n개의 원소를 일렬로 늘어 놓는 방법의 가짓수는

$$\frac{n!}{n_1!\,n_2!\cdots n_k!}$$

로 주어진다.

증명 일렬로 늘어 놓은 n개의 자리 중에서 n_1개의 자리를 택하여 이 자리에 서로 같은 n_1개의 원소를 늘어 놓는 방법은 $\binom{n}{n_1}$가지 있다. 또한 나머지 $n-n_1$개의 자리 중에서 n_2개의 자리를 택하여 이 자리에 서로 같은 n_2개의 원소를 늘어 놓는 방법은 $\binom{n-n_1}{n_2}$가지 있다. 마지막으로 n_k개의 자리에 서로 같은 n_k개의 원소를 늘어 놓는

방법은 1가지이다. 따라서 이들 n개의 원소를 일렬로 늘어 놓는 방법의 가짓수는

$$\binom{n}{n_1}\binom{n-n_1}{n_2}\cdots\binom{n-n_1-\cdots-n_{k-1}}{n_k}$$
$$=\frac{n!}{n_1!\,(n-n_1)!}\;\frac{(n-n_1)!}{n_2!\,(n-n_1-n_2)!}\cdots\frac{n_k!}{n_k!}$$
$$=\frac{n!}{n_1!\,n_2!\cdots n_k!}$$

로 주어진다. ■

참고 서로 다른 n개의 원소를 서로 다른 k개의 상자에 각각 n_1개, n_2개, …, n_k개씩 분배하는 방법의 가짓수는

$$\frac{n!}{n_1!\,n_2!\cdots n_k!}$$

이다. ✠

예 남학생 5명 중에서 2명은 문예반, 1명은 과학반, 나머지 2명은 체육반으로 배치하는 방법의 가짓수는

$$\frac{5!}{2!\,1!\,2!}=30$$

이다. □

위 정리 17을 이용하여 다음 정리를 증명할 수 있다.

정리 18 다항정리 (multinomial theorem)

양의 정수 n과 서로 다른 k개의 문자 $x_1, x_2, \cdots, x_k$에 대하여

$$(x_1+x_2+\cdots+x_k)^n = \sum_{\substack{0\le n_1,\, n_2,\, \cdots,\, n_k\le n\\ n_1+n_2+\cdots+n_k=n}} \frac{n!}{n_1!\,n_2!\cdots n_k!}\,x_1^{n_1}\,x_2^{n_2}\cdots x_k^{n_k}$$

이 성립한다. 이때

$$\frac{n!}{n_1!\,n_2!\cdots n_k!}$$

을 다항계수 (multinomial coefficient)라고 한다.

예제 $(1+x+x^2+\cdots+x^n)^3$의 전개식에서 x^{2n}의 계수를 구하시오.

풀이 $(1+x+x^2+\cdots+x^n)(1+x+x^2+\cdots+x^n)(1+x+x^2+\cdots+x^n)$을 전개할 때 첫 번째, 두 번째, 세 번째, $1+x+x^2+\cdots+x^n$에서 각각 x^a, x^b, x^c를 택하여 그 곱이 x^{2n}이 되었다고 하자. 그러면

$$a+b+c=2n\,(\text{단, } 0 \le a,\, b,\, c \le n) \qquad (*)$$

이고, 방정식 (*)를 만족하는 정수해 (a, b, c)의 개수는 방정식 $a+b+c=2n$의 음이 아닌 정수해 (a, b, c)의 개수에서

$$a \ge (n+1) \text{ 또는 } b \ge (n+1) \text{ 또는 } c \ge (n+1)$$

인 정수해 (a, b, c)의 개수를 빼면 된다. 우선 방정식 $a+b+c=2n$의 음이 아닌 정수해 (a, b, c)의 개수는

$$_3\mathrm{H}_{2n} = \binom{3+2n-1}{2n} = \binom{2n+2}{2n} = \binom{2n+2}{2}$$

이다. 이제 $a \ge (n+1)$인 방정식 $a+b+c=2n$의 음이 아닌 정수해 (a, b, c)의 개수를 구해보자. $a_1 = a-(n+1)$라 하면

$$a+b+c=n-1\,(\text{단, } a_1,\, b,\, c \ge 0)$$

이고, 이 방정식을 만족하는 음이 아닌 정수해 (a_1, b, c)의 개수는

$$_3\mathrm{H}_{n-1} = \binom{3+n-1-1}{n-1} = \binom{n+1}{n-1} = \binom{n+1}{2}$$

이다. 마찬가지로 $b \ge (n+1)$ 또는 $c \ge (n+1)$인 방정식 $a+b+c=2n$의 정수해도 각각 $\binom{n+1}{2}$이다. 이 세 경우 중 어느 두 경우도 동시에 일어나지 않으므로, 방정식 (1)의 해의 개수는 $\binom{2n+2}{2} - 3\binom{n+1}{2}$이다. 따라서 $(1+x+x^2+\cdots+x^n)^3$의 전개식에서 x^{2n}의 계수는

$$\binom{2n+2}{2} - 3\binom{n+1}{2}$$

로 주어진다. ■

참고 다항식 $(x_1+x_2+x_3)^3$을 전개했을 때 x_1, x_2, x_3에 관한 3차 동차식은

$$x_1^3,\ x_2^3,\ x_3^2,\ x_1^2x_2,\ x_1^2x_3,\ x_2^2x_1,\ x_2^2x_3,\ x_3^2x_1,\ x_3^2x_2,\ x_1x_2x_3$$

뿐이다. 실제로 이들은 세 문자 x_1, x_2, x_3에서 중복을 허락하여 3개를 택하여 곱한 것이므로, 3차 동차식의 개수는

$$_3\mathrm{H}_3 = \binom{5}{3} = 10$$

이다. 이것은 $(x_1+x_2+x_3)^3$을 전개했을 때의 항의 개수와 일치한다. ✠

정리 19

서로 다른 n개의 문자 $x_1, x_2, \cdots, x_n$ 중에서 중복을 허락하여 r개를 택하여 만든 r차 동차식 전체의 개수는

$$_n\mathrm{H}_r = \binom{n+r-1}{r}$$

로 주어진다.

예 n과 r이 양의 정수일 때, 방정식 $x_1+x_2+\cdots+x_n=r$을 만족하는 양의 정수해의 개수를 구해보자. 우선 $y_i=x_i-1$라 하면, y_i는 음의 아닌 정수이고 주어진 방정식은 $y_1+y_2+\cdots+y_n=r-n$으로 변형된다. 따라서 주어진 방정식을 만족하는 양의 정수해의 개수는

$$_n\mathrm{H}_{r-n} = {}_{r-1}\mathrm{C}_{r-n} = {}_{r-1}\mathrm{C}_{n-1}$$

로 주어진다. □

예제 세 미지수 x, y, z에 관한 1차 방정식 $x+y+z=10$에 대하여, 다음 물음에 답하시오.

(1) 1차 방정식의 해 중에서 x, y, z가 모두 음이 아닌 정수해의 개수를 구하시오.

(2) 1차 방정식의 해 중에서 x, y, z가 모두 양인 정수해의 개수를 구하시오.

풀이 (1) $_3\mathrm{H}_{10} = \binom{3+10-1}{10} = \binom{12}{10} = \binom{12}{2} = 66$

(2) 1차 방정식 $x+y+x=10$을

$$(x-1)+(y-1)+(z-1)=7$$

로 변형한다. 이때 $x'+y'+z'=7$의 해 중에서 x', y', z'이 모두 음이 아닌 정

수해의 개수를 구하면 된다. 따라서 구하는 개수는

$$ {}_3\mathrm{H}_7 = \binom{3+7-1}{7} = \binom{9}{7} = \binom{9}{2} = 36 $$ ■

4. 순열과 조합의 생성

(1) 순열의 생성

n개의 원소로 구성된 임의의 집합을 $\{1, 2, \cdots, n\}$으로 표현하고, 이 원소들을 일렬로 나열한 어떤 순열을 $(v_1\, v_2\, v_3 \cdots v_n)$으로 표현한다.

예 순열 $(2\ 5\ 3\ 6\ 1\ 4)$는 집합 $\{1, 2, 3, 4, 5, 6\}$의 원소들을 일렬로 나열한 하나의 순열이다. □

때로는 순열 $(2\ 5\ 3\ 6\ 1\ 4)$를 나타낼 때, 양의 정수의 집합 $\{1, 2, 3, 4, 5, 6\}$을 정의역으로 하고

$$ \sigma(1) = 2,\ \sigma(2) = 5,\ \sigma(3) = 3,\ \sigma(4) = 6,\ \sigma(5) = 1,\ \sigma(6) = 4 $$

로 대응하는 함수 σ를

$$ \sigma = \begin{pmatrix} 1 & 2 & 3 & 4 & 5 & 6 \\ 2 & 5 & 3 & 6 & 1 & 4 \end{pmatrix} $$

로 표현하기도 한다. 이때 σ의 대응관계를

$$ \{\sigma(1) = 2,\ \sigma(2) = 5,\ \sigma(5) = 1\},\ \{\sigma(3) = 3\},\ \{\sigma(4) = 6,\ \sigma(6) = 4\} $$

로 구분하여 각 집합을 사이클 $(1\,2\,5), (3), (4\,6)$으로 나타낸 후 함께 모아

$$ \sigma = (1\,2\,5)(3)(4\,6) $$

으로 표현하기도 한다.

만약 n개의 서로 다른 물건을 일렬로 나열하는 $n!$가지 경우의 순열의 방법을 구할 때, n이 크면 반복이나 빠짐없이 모두 나열하는 것은 매우 어렵다.

모든 순열을 반복이나 빠짐없이 확실하게 생성하는 방법으로는 순열에 어떤 순서를 부여하고, 이 순서의 규칙에 따라 모든 순열을 생성하는 것이다. 여기에서 부여할 수 있는 순서의 하나로 사전편집 순서가 있다.

정의 20 사전편집 순서

n개로 구성된 집합의 원소를 일렬로 나열한 $n!$개의 모든 순열을 생각한다. 이때 임의의 두 순열 $T_1 = (v_1\, v_2\, v_3\, \cdots\, v_n)$과 $T_2 = (w_1\, w_2\, w_3\, \cdots\, w_n)$에 대하여

$$v_1 = w_1,\ v_2 = w_2,\ \cdots,\ v_{m-1} = w_{m-1}\,(\text{단, } v_m < w_m,\ 1 \le m \le n)$$

을 만족하는 m이 존재하면, T_1이 T_2보다 앞서는 **사전편집 순서**(lexicographic order)라 하고, $T_1 < T_2$로 표시한다.

위의 정의에서 $T_1 < T_2$의 의미는 두 순열에서 처음으로 숫자가 다른 자리에 있는 T_1의 수가 T_2의 수보다 작음을 의미한다.

예 서로 다른 6개의 원소를 갖는 집합 $\{1, 2, 3, 4, 5, 6\}$의 순열들의 사전편집 순서에서는 순열 $(1\ 3\ 2\ 4\ 5\ 6)$의 4번째의 수인 4가 $(1\ 3\ 2\ 6\ 4\ 5)$의 4번째의 수인 6보다 작고, $1 \sim 3$번째 수들은 같으므로 $(1\ 3\ 2\ 4\ 5\ 6) < (1\ 3\ 2\ 6\ 4\ 5)$가 된다. □

일반적으로 n개로 구성된 집합은 $\{1, 2, 3, \cdots, n\}$으로 나타낼 수 있고, 이 원소들을 나열한 모든 순열들을 반복이나 빠짐없이 모두 기록하기 위해서는 사전편집 순서에서 주어진 순열 $T_1 = (v_1\, v_2\, v_3\, \cdots\, v_n)$의 다음 차례의 순열 $T_2 = (w_1\, w_2\, w_3\, \cdots\, w_n)$을 구하는 방법이 필요하다. 이때 다음 알고리즘을 사용할 수 있다.

1. $v_m < v_{m+1}$을 만족하는 가장 큰 m을 구한다.
2. v_m은 $v_{m+1}, v_{m+2}, \cdots, v_n$ 중에서 v_m보다 크면서 제일 작은 수 v_p로 잡는다.
3. $w_i = v_i\,(\text{단, } 1 \le i \le m-1)$로 잡고, 나머지 수들은 $w_{m+1} < w_{m+2} < \cdots < w_n$이 되도록 나열한다.

예 사전편집 순서에서 $T_1 = (1\ 3\ 4\ 6\ 5\ 2)$의 다음 순서를 구하기 위해 위의 알고리즘을 사용해보자. 이때 알고리즘의 제1단계에서

$$1 < 3,\ 3 < 4,\ 4 < 6,\ 6 > 5$$

이므로, $m = 3$이다. 그리고 알고리즘의 제2단계로부터 6, 5, 2에서 $v_3 = 4$보다 크면서 가장 작은 수가 5이므로 $w_3 = 5$이다. 또한 알고리즘의 제3단계로부터

$$w_1 = v_1 = 1,\ w_2 = v_2 = 3$$

이고, 나머지 수 2, 4, 6을 순서대로 나열한다. 따라서 T_1의 다음 순서는

$$T_2 = (1\ 3\ 5\ 2\ 4\ 6)$$

으로 주어진다. □

위의 방법의 제2단계와 제3단계를 조금 변형한 다음 순열의 생성 알고리즘은 모든 순열을 나열하는 하나의 알고리즘이다.

순열의 생성(generation of permutation) 알고리즘 :

입력 : $T_1 = (1\ 2\ 3\ \cdots\ n)$

출력 : 사전편집 순서로 나열된 $n!$개의 순열

1. $k=1$; $T_k = (v_1\ v_2\ v_3\ \cdots\ v_n) = (1\ 2\ 3\ \cdots\ n)$ 출력
2. $v_m < v_{m+1}$(단, $m=1, \cdots, n-1$)이 되는 가장 큰 m을 찾는다.
3. $j=n, n-1, \cdots, m+1$에서 $v_m < v_j$가 되는 처음 v_j를 v_p라 한다.
4. $v_m \leftrightarrow v_p$ (서로 교환한다.)
5. $v_{m+i} \leftrightarrow v_{n-i+1}$(단, $i=1, 2, \cdots, h$, h는 $\dfrac{n-m}{2}$보다 작은 가장 큰 정수)
6. $k=k+1$; $T_k = (v_1\ v_2\ v_3\ \cdots\ v_n)$을 출력하고 k가 $n!$이면 종료하고, 아니면 제2단계로 돌아간다.

예 위의 알고리즘을 이용하여 집합 $\{1, 2, 3, 4\}$의 원소들을 일렬로 나열하는 모든 순열을 사전편집 순서로 구하면 다음과 같다.

$$(1\ 2\ 3\ 4) \to (1\ 2\ 4\ 3) \to (1\ 3\ 2\ 4) \to (1\ 3\ 4\ 2) \to (1\ 4\ 2\ 3) \to (1\ 4\ 3\ 2) \to$$
$$(2\ 1\ 3\ 4) \to (2\ 1\ 4\ 3) \to (2\ 3\ 1\ 4) \to (2\ 3\ 4\ 1) \to (2\ 4\ 1\ 3) \to (2\ 4\ 3\ 1) \to$$
$$(3\ 1\ 2\ 4) \to (3\ 1\ 4\ 2) \to (3\ 2\ 1\ 4) \to (3\ 2\ 4\ 1) \to (3\ 4\ 1\ 2) \to (3\ 4\ 2\ 1) \to$$
$$(4\ 1\ 2\ 3) \to (4\ 1\ 3\ 2) \to (4\ 2\ 1\ 3) \to (4\ 2\ 3\ 1) \to (4\ 3\ 1\ 2) \to (4\ 3\ 2\ 1)$$

□

(2) 조합의 생성

집합 $\{1, 2, \cdots, n\}$의 모든 k-조합, 즉 k개의 원소를 갖는 모든 부분집합을 생성하는 방법을 생각하자. 이때 각 부분집합은 원소들을 증가하는 순서로 표현하고, 모든 부분집합들은 사전편집 순서로 나열하기로 한다.

예 두 부분집합

$$T_1 = (v_1\, v_2\, v_3\, \cdots\, v_n),\ T_2 = (w_1\, w_2\, w_3\, \cdots\, w_n)(\text{단}, v_i < v_j,\ w_i < w_j,\ i < j)$$

이 사전편집 순서에서 $T_1 < T_2$이면, 정의 20에 의해

$$v_1 = w_1,\ v_2 = w_2,\ \cdots,\ v_{m-1} = w_{m-1},\ v_m < w_m$$

을 만족하는 m(단, $1 \leq m \leq k$)이 존재한다. □

일반적으로 n개로 구성된 집합 $\{1, 2, 3, \cdots, n\}$의 k-조합들을 반복이나 빠짐없이 모두 생성하기 위해서는 사전편집 순서에서 주어진 임의의 k-조합 다음에 나타나는 k-조합을 찾는 방법이 필요하다. 이때 다음 알고리즘을 이용하여 구할 수 있다.

k-조합의 생성(generation of k-combination) 알고리즘 :

입력 : 집합 $\{1, 2, 3, \cdots, n\}$과 초기의 k-조합 $(1\ 2\ 3\ \cdots\ k)$

출력 : 사전편집 순서로 나열된 $\binom{n}{k}$개의 k-조합

1. $j = 1$; $T_j = (v_1\, v_2\, v_3\, \cdots\, v_k) = (1\ 2\ 3\ \cdots\ k)$ 출력
2. $v_m + 1 \neq v_{m+1}$, $m = 1, 2, \cdots, k$를 만족하는 가장 큰 m을 찾는다. 이때 $v_{k+1} = n + 1$이라 한다.
3. $i = n, n-1, \cdots, 2, 1$에 대하여, 다음을 실행한다.
   (1) $i = m$이면, $v_i = v_i + 1$
   (2) $i > m$이면, $v_i = v_m + (i - m) + 1$
4. $j = j + 1$; $T_j = (v_1\ v_2\ v_3\ \cdots\ v_k)$를 출력하고 j가 $\binom{n}{k}$이면 종료하고, 아니면 제2 단계로 돌아간다.

k-조합의 생성 알고리즘을 요약하면 k-조합 내의 수를 다른 수와 중복되지 않게 1만큼 증가시킬 수 있는 자리 중에 가장 뒷자리를 선택하여 1만큼 증가하고, 그 다음 자리는 순서대로 1씩 증가하여 구성하는 방법이다.

예 6개의 원소로 된 집합의 4-조합을 사전편집 순서로 나열해보자. 이때 초기의 4-조합이 (1 2 5 6)이라면, 이 조합의 두 번째 자리의 수 2는 다른 원소 1, 5, 6과 중복없는 3으로 증가할 수 있는 가장 뒷자리이다. 따라서 2는 3으로 증가하고, 나머지 3, 4번째 자리는 3에서 하나씩 증가한 4, 5가 되어 사전편집 순서에서 다음 차례의 조합은 (1 3 4 5)가 된다. □

참고 k-조합의 생성 알고리즘을 이용하여 6개의 물건 중 4개를 선택하는 모든 조합, 즉 집합 $\{1, 2, 3, 4, 5, 6\}$의 4개의 원소로 구성된 모든 부분집합들을 사전편집 순서로 나열하면 다음과 같다.

$$(1\,2\,3\,4) \to (1\,2\,3\,5) \to (1\,2\,3\,6) \to (1\,2\,4\,5) \to (1\,2\,4\,6) \to (1\,2\,5\,6) \to$$
$$(1\,3\,4\,5) \to (1\,3\,4\,6) \to (1\,3\,5\,6) \to (1\,4\,5\,6) \to (2\,3\,4\,5) \to (2\,3\,4\,6) \to$$
$$(2\,3\,5\,6) \to (2\,4\,5\,6) \to (3\,4\,5\,6)$$

✠

연습문제 4.3

EXERCISES

1. 하루에 한 과목만 실시하는 시험이 있다. 3과목을 5일에 걸쳐 시험을 실시하도록 배정하는 방법의 수를 구하시오.

2. 일주일에 세 번, 점심 식사로 스파게티를 요리하려고 할 때, 방법의 가짓수를 구하시오.

3. 편지 7장을 7사람에게 전달해야 하는 우체부가 무심코 편지를 전할 때, 적어도 한 사람에게 제대로 전달하는 방법은 모두 몇 가지가 있는가?

4. 정수 $n \geq 3$에 대하여, 다음 등식이 성립함을 보이시오.

$$|D_n| = (n-1)(|D_{n-1}| + |D_{n-2}|)$$

5. 정수 $1, 2, 3, \cdots, 10$을 일렬로 늘어 놓은 순열 중에서 모든 홀수가 본래의 위치에 있지 않은 순열 전체의 개수를 구하시오.

6. 다음 물음에 답하시오.

(1) 7명의 남자와 5명의 여자로 구성된 그룹에서 3명의 남자와 2명의 여자로 구성된 위원회를 만드는 방법의 수를 구하시오.

(2) 12명의 회원 중에서 회장 1명과 위원 4명을 선출하는 방법의 수를 구하시오.

7. 양의 정수 n, m, k에 대하여 $m+k \leq n$일 때, 다음 등식이 성립함을 보이시오.

$$\binom{n}{m}\binom{n-m}{k} = \binom{n}{k}\binom{n-k}{m}$$

8. $n \geq 4$인 정수 n에 대하여, 다음을 구하시오.

(1) $1 \leq i < j < k < l \leq n$인 정수 i, j, k, l 전체의 개수

(2) $1 \leq i \leq j \leq k \leq l \leq n$인 정수 i, j, k, l 전체의 개수

9. 어느 모임의 구성원이 경기도 출신 6명, 강원도 출신 7명, 충청도 출신 8명으로 이루어져 있다고 한다. 이때 다음 방법의 가짓수를 구하시오.

(1) 각 도에서 2명씩 뽑아 6명으로 이루어진 위원회를 만드는 방법

(2) 각 도에서 적어도 2명씩 뽑아 7명으로 이루어진 위원회를 만드는 방법

10. 동전을 10번 던져 나오는 앞면과 뒷면의 횟수를 관찰한다. 이때 일어날 수 있는 경우는 모두 몇 가지가 있는가? 또한 이 중에서 앞면이 반드시 4번 나오는 경우는 모두 몇 가지가 있는가?

11. 구별되지 않는 공 3개를 서로 다른 10개의 상자에 넣는다고 한다. 이때 다음과 같은 경우에 방법은 모두 몇 가지 있는가?

(1) 세 공을 서로 다른 상자에 넣는 경우

(2) 두 공은 한 상자에 넣고 나머지 공은 다른 상자에 넣는 경우

(3) 세 공 모두 한 상자에 넣는 경우

(4) 각 상자에 들어가는 공의 개수에 제한이 없는 경우

12. 다음 물음에 답하시오.

(1) 미지수 x_1, x_2, x_3, x_4에 관한 1차 방정식 $x_1 + x_2 + x_3 + x_4 = 19$의 해 중에서 x_1, x_2, x_3, x_4가 모두 음이 아닌 정수이면서 $x_1 \geq 7$인 해의 개수를 구하시오.

(2) 미지수 x_1, x_2, x_3, x_4에 관한 1차 방정식 $x_1 + x_2 + x_3 + x_4 = 19$의 해 중에서 x_1, x_2가 각각 $x_1 \geq 7$, $x_2 \geq 6$인 정수이고, 또 x_3, x_4가 모두 음이 아닌 정수해의 개수를 구하시오.

13. 집합 $A = \{1, 2, \cdots, n\}$의 서로소인 두 부분집합의 순서쌍 (A_1, A_2)의 개수를 구하시오.

14. 집합 $\{1, 2, 3, 4, 5, 6, 7\}$의 원소들의 모든 순열을 사전편집 순서로 나열할 때, 순열 $T = (5\ 1\ 6\ 3\ 2\ 4\ 7)$은 몇 번째 나타나는가?

4.4 분배

1. 점유 문제

참고 유한개의 물건을 유한개의 상자에 넣는 방법의 가짓수는 이들 물건과 상자가 각각 서로 구별할 수 있는 것인지 아닌지에 따라 다르고, 또한 각 상자에 1개 이상의 물건이 들어가야 하는지 또는 빈 상자를 허용하는지에 따라 다르다. 이러한 문제를 **점유 문제**(occupancy problem)라고 한다. ✠

앞 절에서는 여러 가지 조건하에서 n개의 서로 다른 상자에 r개의 서로 다른 공 또는 같은 공을 담는 방법의 수를 구하였다. 이제 각 경우에 대한 방법의 수를 요약하여 표를 만들어 보자.

(1) n개의 번호가 적혀 있고, 1개 이상의 공을 담을 수 있는 상자에 r개의 서로 다른 공을 넣는 방법의 수는 ${}_n\Pi_r$이다. 이러한 중복순열의 조건에는 상자에 공이 1개도 담겨지지 않는 경우도 포함되어 있다.

① 모든 n개의 상자에 공이 적어도 1개 이상은 담겨져야 한다는 조건이 있다면, 담는 방법의 수는 달라진다. 즉 $r \geq n$일 때, r개의 서로 다른 공을 n개의 번호가 적혀 있고 1개 이상의 공을 담을 수 있는 상자에 1개 이상 넣는 방법의 수를 생각한다. 이 경우 r개의 원소의 집합에서 n개의 원소의 집합으로 정의되는 전사함수의 개수를 구하면 되므로, 구하는 방법의 수는 $O(r, n)$이다.

② 모든 상자에 1개까지만 담을 수 있는 경우의 수를 생각한다. 이때 $r > n$이면 0가지이고, $r \leq n$이면 ${}_n\mathrm{P}_r$ 방법의 수가 있다.

담는 방법의 수	r개의 서로 다른 공					
	상자에 담는 공의 수					
	최대 1개		0개 이상		1개 이상	
	$r \leq n$	$r > n$	$r < n$	$r \geq n$	$r < n$	$r \geq n$
n개의 서로 다른 상자	${}_n\mathrm{P}_r$	0	${}_n\Pi_r$	${}_n\Pi_r$	0	$O(r, n)$

표 4.4.1

(2) n개의 번호가 적혀 있고, 1개의 이상의 공을 담을 수 있는 상자에 r개의 구별되지 않는 공을 넣는 방법의 수는 ${}_n\mathrm{H}_r$이다. 이러한 중복조합의 조건에는 상자에 공이 1개도 담겨지지 않는 경우도 포함되어 있다.

① 모든 n개의 상자에 공이 적어도 1개 이상은 담겨져야 한다는 조건이 있다면, 담는 방법의 수는 달라진다. 즉 $r \geq n$일 때, n개의 번호가 적혀 있고, 1개 이상의 공을 담을 수 있는 상자에 r개의 구별되지 않는 공을 1개 이상 넣는 방법의 수를 생각한다. 이 경우 각 상자에 1개씩 넣은 후, $r-n$개의 구별되지 않는 공을 n개의 상자에 넣는 중복조합의 수를 구하면 되므로, 구하는 방법의 수는 ${}_n\mathrm{H}_{r-n}$이다.

② 모든 n개의 상자에 1개까지만 담는 경우의 수를 생각한다. 이때 $r > n$이면 0가지이고, $r \leq n$이면 $\binom{n}{r}$ 방법의 수가 있다.

담는 방법의 수	r개의 서로 구별되지 않는 공					
	상자에 담는 공의 수					
	최대 1개		0개 이상		1개 이상	
	$r \leq n$	$r > n$	$r < n$	$r \geq n$	$r < n$	$r \geq n$
n개의 서로 다른 상자	$\binom{n}{r}$	0	${}_n\mathrm{H}_r$	${}_n\mathrm{H}_r$	0	${}_n\mathrm{H}_{r-n}$

표 4.4.2

위의 모든 경우는 상자가 모두 서로 다른 경우이다. 이제 상자가 모두 구별되지 않는 경우를 생각해보자. 즉 서로 구별되지 않는 n개의 상자에 서로 다른 공 r개를 각 상자에 1개 이상씩 담는 방법의 수를 구하고자 한다. 이것은 r명의 사람을 n개 그룹으로 나누는 방법의 수와 같다.

이 수는 18세기 스털링(Stirling)에 의해 소개된 두 가지의 스털링 수, 즉 제1종 또는 제2종 스털링 수 가운데 제2종 스털링 수와 같다.

정의 1 제2종 스털링 수

양의 정수 n과 음이 아닌 정수 k에 대하여, 서로 다른 n개의 물건을 구별되지 않는 k개의 상자에 넣되 빈 상자가 없도록 분배하고자 한다. 이때 각 상자에 1개 이상의 물건이 들어가도록 분배하는 방법의 가짓수를 $S(n, k)$로 표기한다. 이와 같이 정의된 $S(n, k)$를 제2종 스털링 수(Stirling number of the second kind)라고 한다.

제2종 스털링 수는 n개의 서로 다른 공을 k개의 구별되지 않는 상자에 1개 이상씩 담는 방법의 수이다.

참고 4.3절 정리 16에서는 서로 다른 n개의 상자에 k개의 물건을 넣는 방법을 다루고 있어 n과 k의 역할이 바뀌어 있음에 유의한다. ✠

예제 4개의 물건에 번호 1, 2, 3, 4를 적어 넣는다. 이때 다음 물음에 답하시오.

(1) 4개의 물건을 모양이 같은 2개의 상자에 넣되 빈 상자가 없도록 넣는 방법을 구하시오.

(2) 4개의 물건을 모양이 같은 3개의 상자에 넣되 빈 상자가 없도록 넣는 방법을 구하시오.

풀이 (1) 다음 7가지로 주어진다.

$$1 \mid 2\ 3\ 4,\quad 2 \mid 1\ 3\ 4,\quad 3 \mid 1\ 2\ 4,\quad 4 \mid 1\ 2\ 3,$$
$$1\ 2 \mid 3\ 4,\quad 1\ 3 \mid 2\ 4,\quad 1\ 4 \mid 2\ 3$$

(2) 다음 6가지로 주어진다.

$$1 \mid 2 \mid 3\ 4,\quad 1 \mid 3 \mid 2\ 4,\quad 1 \mid 4 \mid 2\ 3,$$
$$2 \mid 3 \mid 1\ 4,\quad 2 \mid 4 \mid 1\ 3,\quad 3 \mid 4 \mid 1\ 2$$

■

정리 2

제2종 스털링 수 $S(n, k)$에 대하여, 다음이 성립한다.

(1) $S(n, k)k! = O(n, k)$

(2) $S(n, k) = \dfrac{1}{k!}\displaystyle\sum_{i=0}^{k}(-1)^i \binom{k}{i}(k-i)^n$

증명 (1) n개의 서로 다른 공을 k개의 서로 구별되지 않는 상자에 1개 이상 담는 방법의 수인 제2종 스털링 수 $S(n, k)$의 각 경우에 대하여 k개의 상자를 나열하여 구별되도록 하는 방법의 수, 즉 $S(n, k)k!$은 서로 다른 n개 공을 서로 다른 k개 상자에 1개 이상 담는 방법의 수 $O(n, k)$와 같다.

(2) $O(n, k) = \displaystyle\sum_{i=0}^{k}(-1)^i \binom{k}{i}(k-i)^n$이므로, (1)로부터 증명이 완료된다. ■

예 실험실에서 6가지의 실험을 4명의 조교에게 한 명의 조교가 1가지 이상 맡도록 분배하는 방법을 생각한다. 이때 분배하는 방법은 6개 원소의 집합에서 4개 원소의 집합으로 보내는 전사함수의 수와 같으므로, $O(6, 4)$로 주어진다. □

정리 3

양의 정수 n과 음이 아닌 정수 k에 대하여, 다음이 성립한다.

(1) $S(n, 0) = 0$이고, 또한 $S(n, 1) = 1$, $S(n, n) = 1$이다.

(2) $k > n$이면, $S(n, k) = 0$이다.

증명 (1) n개의 서로 다른 물건을 0개의 상자로 배분할 수 없으므로, $S(n, 0) = 0$이다. 또한 n개의 서로 다른 물건을 한 상자에 넣는 방법은 $S(n, 1) = 1$이다. 그리고 n개의 서로 다른 물건을 서로 구별되지 않는 n개의 상자에 넣으면서 각 상자에 1개 이상의 물건이 들어가도록 넣는 방법은 각 상자에 물건 한 개씩을 넣는 방법뿐이므로 $S(n, n) = 1$이다.

(2) $k > n$일 때, n개의 서로 다른 물건을 서로 구별되지 않는 k개의 상자 각각에 1개 이상의 물건이 들어가도록 넣을 수는 없으므로 $S(n, k) = 0$이다. ■

제2종 스털링 수를 계산할 때, 다음 점화식을 이용할 수 있다.

정리 4

$n \geq 2$인 정수 n과 $1 \leq k < n$인 정수 k에 대하여

$$S(n, k) = S(n-1, k-1) + k\,S(n-1, k)$$

가 성립한다.

$S(n, 1) = 1$이고, $S(n, n) = 1$이므로 정리 4에서 증명한 점화식을 이용하면 모든 $S(n, k)$를 구할 수 있는 $S(n, k)$의 삼각형, 즉 **스털링 삼각형** (Stirling's triangle)을 만들 수 있다. 즉 $S(n, k)$는 열 번호 k와 바로 위의 행의 같은 열의 원소를 곱하여, 위의 행의 앞 열의 원소와의 합을 구하면 된다.

예 공식 $S(n, k) = S(n-1, k-1) + kS(n-1, k)$로부터

$$S(5, 2) = S(4, 1) + 2\,S(4, 2) = 1 + 2 \cdot 7 = 15$$
$$S(5, 3) = S(4, 2) + 3\,S(4, 3) = 7 + 3 \cdot 6 = 25$$
$$S(5, 4) = S(4, 3) + 4\,S(4, 4) = 6 + 4 \cdot 1 = 10$$

$$S(6,2) = S(5,1) + 2\,S(5,2) = 1 + 2 \cdot 15 = 31$$
$$S(6,3) = S(5,2) + 3\,S(5,3) = 15 + 3 \cdot 25 = 90$$
$$S(6,4) = S(5,3) + 4\,S(5,4) = 25 + 4 \cdot 10 = 65$$
$$S(6,5) = S(5,4) + 5\,S(5,5) = 10 + 4 \cdot 1 = 14$$

를 얻는다. □

참고 $1 \le n \le 6$, $1 \le k \le 6$일 때, $S(n, k)$는 다음으로 주어진다.

n \ k	1	2	3	4	5	6
1	1	0	0	0	0	0
2	1	1	0	0	0	0
3	1	3	1	0	0	0
4	1	7	6	1	0	0
5	1	15	25	10	1	0
6	1	31	90	65	14	1

▌표 4.4.3▐ 스털링 삼각형 ✠

제2종 스털링 수 $S(n, k)$를 이용하면 n개의 서로 다른 공을 k개의 구별되지 않는 상자에 0개 이상 담는 방법의 수는 $\sum_{i=1}^{k} S(n, i)$임을 알 수 있다. 또한 각 상자에 최대 1개까지 담을 수 있는 방법의 수는 $n > k$이면 0가지이고, 그렇지 않으면 1가지이다. 따라서 상자가 구별되지 않는 각 경우를 표로 나타내면 다음과 같다.

<table>
<tr><th rowspan="4">담는 방법의 수</th><th colspan="6">n개의 서로 다른 공</th></tr>
<tr><th colspan="6">상자에 담는 공의 수</th></tr>
<tr><th colspan="2">최대 1개</th><th colspan="2">0개 이상</th><th colspan="2">1개 이상</th></tr>
<tr><th>$n \le k$</th><th>$n > k$</th><th>$n < k$</th><th>$n \ge k$</th><th>$n < k$</th><th>$n \ge k$</th></tr>
<tr><td>k개의 서로 구별되지 않는 상자</td><td>1</td><td>0</td><td colspan="2">$\sum_{i=1}^{k} S(n, i)$</td><td>0</td><td>$S(n, k)$</td></tr>
</table>

▌표 4.4.4▐

예 $n \le k$일 때, n개의 서로 다른 공을 k개의 구별되지 않는 상자에 0개 이상 담는 방법의 수는 $\sum_{i=1}^{k} S(n, i)$이다. 또한 $n < i$이면 $S(n, i) = 0$이므로

$$\sum_{i=1}^{k} S(n, i) = \sum_{i=1}^{n} S(n, i)$$

가 성립한다. □

n개의 서로 다른 공을 빈 상자 없이 상자의 수에 제한받지 않고 여러 개의 상자에 담는 경우는 상자 1개에서 n개까지 사용할 수 있으므로 그 방법의 수는 $\sum_{i=1}^{n} S(n, i)$가 된다. 이 수는 n명을 여러 개의 그룹으로 나누는 방법의 수와 같고, 또한 n개 원소의 집합을 n개 이하의 서로소인 부분집합으로 나누는 방법의 수와 같다. 이러한 방법의 수를 벨 수(Bell numbers)라 하고, B_n으로 표시한다. 이때

$$B_n = S(n, 0) + S(n, 1) + S(n, 2) + \cdots + S(n, n)$$

으로 주어진다.

정리 5

유한집합 A의 원소의 개수가 n일 때, A를 공집합이 아닌 k개의 부분집합 $A_1, A_2, \cdots, A_k$의 합집합으로 분할하는 방법의 가짓수는 $S(n, k)$이다.

증명 집합 A의 원소 $a_1, a_2, \cdots, a_n$을 n개의 물건으로 생각하고 A의 분할을 이루는 부분집합 $A_1, A_2, \cdots, A_k$를 상자로 생각하자. 이때 n개의 물건 $a_1, a_2, \cdots, a_n$은 서로 구별되고, 분할을 이루는 부분집합 $A_1, A_2, \cdots, A_k$는 순서를 정할 필요가 없다. 따라서 k개의 상자는 구별되지 않고 각 부분집합은 공집합이 아니므로, 각 상자에는 1개 이상의 물건이 들어있다. 그러므로 정의 1에 의해 주어진 정리가 성립한다. ■

2. 양의 정수의 분배

(1) 양의 정수의 분배

서로 구별되지 않는 n개의 공을 서로 구별되지 않는 r개의 상자에 빈 상자가 없도록 넣는 방법을 생각해보자. 공과 상자가 각각 서로 구별되지 않으므로 양의 정수 n을 r개의 양의 정수로 분할하여 그 수만큼의 공을 각 상자에 넣으면 된다. 이처럼 양의 정수를 몇 개의 양의 정수로 분배하는 방법에 대하여 알아보자. 이러한 분배는 이산수학과 정수론에서 많이 다뤄지고 있다. 이때 합의 순서만 다른 것은 모두 같은 것으로 간주한다.

예 더하는 순서를 무시하면

$$1=1,\ 2=2,\ 2=1+1,\ 3=3,\ 3=1+2,\ 3=1+1+1,$$
$$4=4,\ 4=1+3,\ 4=2+2,\ 4=1+1+2,\ 4=1+1+1+1$$

이다. 또한 5를 양의 정수의 합으로 나타내는 방법은

$$5=5,\ 5=1+4,\ 5=2+3,\ 5=1+1+3,\ 5=1+2+2,$$
$$5=1+1+1+2,\ 5=1+1+1+1+1$$

로 주어진다. □

정의 6 분배

양의 정수 n에 대하여, 다음 두 조건

(1) $n=a_1+a_2+\cdots+a_k$

(2) $a_1\le a_2\le\cdots\le a_k$(단, $a_1, a_2, \cdots, a_k$는 양의 정수)

를 만족하는 $\lambda=(a_1, a_2, \cdots, a_k)$를 n의 **분배 (partition)**라 하고, n을 양의 정수들의 합으로 나타내는 분배의 개수를 $p(n)$으로 나타낸다.

특히 양의 정수 n, k에 대하여 n을 꼭 k개의 양의 정수의 합으로 나타내는 분배의 개수를 $p(n, k)$로 나타낸다. 이때 $p(n, 0)=0$로 정의한다.

예 $p(5)=7$이다. 이때

$$p(5,1)=1,\ p(5,2)=2,\ p(5,3)=2,\ p(5,4)=1,\ p(5,5)=1$$

을 얻는다. 참고로 $p(1)=1$, $p(2)=2$, $p(3)=3$, $p(4)=5$, $p(50)=204,226$이며, $p(100)=190,569,292$이다. □

정리 7

양의 정수 n, k에 대하여, 다음이 성립한다.

(1) $p(n, 1)=1$, $p(n, n)=1$

(2) $k>n$이면, $p(n, k)=0$이다.

(3) $p(n, 1)+p(n, 2)+\cdots+p(n, n)=p(n)$

증명 (1) n을 1개의 양의 정수의 합으로 나타내는 방법은 $n=n$뿐이고, 또한 n을 n개의 양의 정수의 합으로 나타내는 방법은

$$n = 1 + 1 + \cdots + 1$$

뿐이므로, $p(n, 1) = 1$, $p(n, n) = 1$이다.

(2) $k > n$일 때, k개의 양의 정수들의 합은 n보다 크므로 n을 k개의 양의 정수의 합으로 나타낼 수 없다. 따라서 $p(n, k) = 0$이다.

(3) 양의 정수 n의 분배의 정의, 즉 정의 6으로부터 (3)이 성립한다. ■

일반적으로 $p(n, k)$는 다음 점화식을 만족한다.

정리 8

$1 \le k < n$인 양의 정수 n과 k에 대하여, 다음이 성립한다.

(1) $p(n, k) = p(n-1, k-1) + p(n-k, k)$

(2) $p(n, k) = p(n-k, 1) + p(n-k, 2) + \cdots + p(n-k, k)$

정리 8에 의하면

$$p(n, n-1) = p(1, 1) + p(1, 2) + \cdots + p(1, n-2) + p(1, n-1)$$
$$p(n, n-2) = p(2, 1) + p(2, 2) + \cdots + p(2, n-2)$$
$$\vdots$$
$$p(n, 2) = p(n-2, 1) + p(n-2, 2)$$
$$p(n, 1) = p(n-1, 1)$$

이 된다. 그런데 $n < k$일 때 $p(n, k) = 0$이므로, 위의 관계식으로부터

$n = 2:\ p(2, 1) = p(1, 1) = 1$

$n = 3:\ p(3, 2) = p(1, 1),\ p(3, 1) = p(2, 1)$

$n = 4:\ p(4, 3) = p(1, 1),\ p(4, 2) = p(2, 1) + p(2, 2),\ p(4, 1) = p(3, 1)$

$\vdots$

$n = n:\ p(n, n-1) = p(1, 1)$

$p(n, n-2) = p(2, 1) + p(2, 2)$

$\vdots$

$p(n, 2) = p(n-2, 1) + p(n-2, 2)$

$p(n, 1) = p(n-1, 1)$

을 얻는다. 따라서 모든 $p(n, k)$의 값을 구할 수 있다.

참고 $p(1, 1)$에서 $p(7, 7)$까지 구한 표는 다음과 같다.

$n \backslash k$	1	2	3	4	5	6	7	$p(n)$
1	1	0	0	0	0	0	0	1
2	1	1	0	0	0	0	0	2
3	1	1	1	0	0	0	0	3
4	1	2	1	1	0	0	0	5
5	1	2	2	1	1	0	0	7
6	1	3	3	2	1	1	0	11
7	1	3	4	3	2	1	1	15

❙ 표 4.4.5 ❙ $p(n, k)$와 $p(n)$ ✠

지금까지 k개의 상자에 공 n개를 담는 경우 중에 아직 고려하지 못한 경우는 상자와 공이 모두 서로 구별되지 않는 경우이다. 즉 k개의 서로 구별되지 않는 상자에 서로 구별되지 않는 공 n개를 담는 방법의 수를 구하는 것이다. 이것은 양의 정수 n을 k개의 음이 아닌 정수의 합으로 표현하는 방법과 같다. 만약 빈 상자를 허용한다면 최대 k개의 항의 합으로 표현하는 방법이 된다. 이때 빈 상자를 허용할 경우는 양의 정수 n의 최대 k개의 양의 정수의 합으로 분배라고 하고, 빈 상자를 허용하지 않을 경우는 양의 정수 n의 k개의 양의 정수의 합으로 분배라고 한다.

예 양의 정수 10은 $10 = 5+3+2+0$으로 표현할 수 있으므로, 이것은 각 상자에 5개, 3개, 2개, 0개를 담는 경우를 나타낸다. □

양의 정수 n의 k개의 양의 정수의 합으로 분배하는 방법의 수 $p(n, k)$는 k개의 구별되지 않는 상자에 구별되지 않는 공 n개를 1개 이상씩 담는 방법의 수를 의미한다.

예 n개의 서로 구별되지 않는 공을 1개의 상자에 1개 이상 담는 방법은 1가지이므로 $p(n, 1) = 1$이다. 또한 n개의 서로 구별되지 않는 공을 n개의 상자에 1개 이상 담는 방법도 1가지이므로, $p(n, n) = 1$이다 그런데 $n < k$이면, n개의 서로 구별되지 않는 공을 k개의 서로 구별되지 않는 상자에 1개 이상 담을 수 없으므로 0이 된다. □

참고 $p(n, k)$는 k개의 서로 구별되지 않는 상자에 서로 구별되지 않는 공 n개를 1개 이상 담는 방법의 수와 같으므로, 우선 공을 1개씩 n개의 상자에 넣고 나머지 $n-k$개를 k개의 서로 구별되지 않는 상자에 담는 경우이다. 이 방법의 수는

$n-k$개의 같은 공을 1개의 상자에 담는 방법의 수, 2개, 3개, $\cdots$, k개의 상자에 담는 방법의 수를 모두 합한 수, 즉

$$p(n-k,1)+p(n-k,2)+\cdots+p(n-k,k)$$

와 같다. 따라서 $1 \le k < n$인 양의 정수 n과 k에 대하여

$$p(n,k)=p(n-k,1)+p(n-k,2)+\cdots+p(n-k,k)$$

가 성립한다. (정리 8 참조) ✠

예 k개의 서로 구별되지 않는 상자에 서로 구별되지 않는 공 n개를 0개 이상 담는 방법의 수를 구해보자. 이때 빈 상자를 허용하고 있으므로, n개의 서로 구별되지 않는 공을 1개의 상자에 담는 방법의 수, 2개, 3개, $\cdots$, k개의 상자에 담는 방법의 수를 모두 합한 수

$$p(n,1)+p(n,2)+\cdots+p(n,k)$$

를 구하면 된다. 이 방법은 양의 정수 n을 k개 이하, 즉 최대 k개의 양의 정수들의 합으로 분배하는 방법과 같다. 따라서 분배의 수는

$$\sum_{i=1}^{k} p(n,i)$$

로 주어진다. □

각 상자에 최대 1개까지 담을 수 있는 방법의 수는 $n > k$일 때는 담을 수 있는 방법이 없으므로 0가지이고, $n \le k$일 때는 1가지뿐이다. 따라서 공과 상자가 서로 구별되지 않는 경우에 대한 결과를 나타내면 다음 표와 같다.

담는 방법의 수	n개의 서로 구별되지 않는 공					
	상자에 담는 공의 수					
	최대 1개		0개 이상		1개 이상	
	$n \le k$	$n > k$	$n < k$	$n \ge k$	$n < k$	$n \ge k$
k개의 서로 구별되지 않는 상자	1	0	$\sum_{i=1}^{k} p(n,i)$		0	$p(n,k)$

| 표 4.4.6 |

예제 빨간 공 8개를 빈 상자를 허용하지 않고 파란 상자 4개에 담는 방법의 수를 구하시오.

풀이 빈 상자를 허용하지 않는다면, 양의 정수 8을 4개의 양의 정수의 합으로 배분하는 방법의 수와 같으므로, 구하는 방법의 수는 $p(8, 4) = 5$이다. ■

정리 9

각 경우에 따라 n개의 물건을 k개의 상자에 넣는 방법의 가짓수는 다음과 같다.

(1) 물건이 서로 다르고 상자도 서로 다른 경우

① 빈 상자 없음: $k!S(n, k)$가지 ② 빈 상자 허용: ${}_k\Pi_n$가지

(2) 물건은 서로 다르지만 상자는 서로 구별되지 않는 경우

① 빈 상자 없음: $S(n, k)$가지 ② 빈 상자 허용: $\sum_{i=1}^{k} S(n, i)$가지

(3) 물건은 서로 구별되지 않지만 상자는 서로 다른 경우

① 빈 상자 없음: ${}_kH_{n-k}$가지 ② 빈 상자 허용: ${}_kH_n$가지

(4) 물건이 서로 구별되지 않고 상자도 서로 구별되지 않는 경우

① 빈 상자 없음: $p(n, k)$가지 ② 빈 상자 허용: $\sum_{i=1}^{k} p(n, i)$가지

여기서 '빈 상자 없음'은 각 상자에 1개 이상의 물건이 들어가 있음을 뜻하고 '빈 상자 허용'은 각 상자에 들어가는 물건의 개수에 제한이 없음을 뜻한다.

증명 (1)-① 서로 다른 n개의 물건을 서로 구별되지 않는 k개의 상자에 빈 상자가 없도록 넣는 방법의 가짓수는 $S(n, k)$이다. 그런데 이들 k개의 상자를 서로 구별하기 위해 번호를 적어 넣는 방법은 모두 $k!$가지이다. 따라서 서로 다른 n개의 물건을 서로 다른 k개의 상자에 넣되 빈 상자가 없도록 넣는 방법의 가짓수는 $k!S(n, k)$이다.

(1)-② 서로 다른 n개의 물건을 서로 다른 k개의 상자에 넣되 빈 상자를 허용하는 경우에, 각 물건은 아무런 제한 없이 어느 한 상자에 들어갈 수 있고 여러 물건이 한 상자에 함께 들어갈 수도 있다. 따라서 이와 같이 넣는 방법의 가짓수는 ${}_k\Pi_n$이다.

(2)-① 정의 1에 의해, 이와 같이 넣는 방법의 가짓수는 $S(n, k)$이다.

(2)-② 서로 다른 n개의 물건을 서로 구별되지 않는 k개의 상자에 넣되 빈 상자를 허용하는 경우에, 1개 이상의 물건이 들어간 상자의 개수를 i라고 하면 $1 \le i \le k$이다. 한편 정의 1에 의해 서로 다른 n개의 물건을 서로 구별되지 않는 i개의 상자에 넣되 빈 상자가 없도록 넣는 방법은 $S(n, i)$가지이다. 따라서 서로 다른 n개의 물건을 서로 구별되지 않는 k개의 상자에 넣되 빈 상자를 허용하여 넣는 방법의 가짓수는

$$S(n, 1)+S(n, 2)+ \cdots +S(n, k)=\sum_{i=1}^{k} S(n, i)$$

이다.

(3)-② 서로 구별되지 않는 n개의 물건을 서로 다른 k개의 상자에 넣되 빈 상자를 허용하는 경우에, 서로 다른 k개의 상자에 각각 번호 $1, 2, \cdots, k$를 적어 넣고, n개의 물건 각각에 대하여 이 물건이 들어간 상자의 번호를 기록하면 $1, 2, \cdots, k$ 중에서 중복을 허락하여 n개가 기록된다. 여기서 기록되지 않은 번호에 해당하는 상자는 비어 있다.

따라서 이와 같이 넣는 방법의 개수는 서로 다른 k개의 원소 중에서 중복을 허락하여 n개를 택하는 중복조합의 개수와 같다. 그러므로 이와 같은 넣는 방법의 가짓수는 ${}_k\mathrm{H}_n$이다.

(3)-① 서로 구별되지 않는 n개의 물건을 서로 다른 k개의 상자에 넣되 빈 상자가 없도록 넣으려면, 먼저 k개의 상자 각각에 물건을 1개씩 넣은 후에 나머지 $n-k$개의 물건을 서로 다른 k개의 상자에 넣되 비어 있는 상자를 허용하여 넣으면 된다. 따라서 (3)-②에 의해 이와 같이 넣는 방법의 가짓수는 ${}_k\mathrm{H}_{n-k}$이다.

(4)-① 서로 구별되지 않는 n개의 물건을 서로 구별되지 않는 k개의 상자에 넣되 빈 상자가 없도록 넣는 경우에, k개의 상자에 들어있는 물건의 개수가 각각 $a_1, a_2, \cdots, a_k$이면

$$n=a_1+a_2+\cdots+a_k \qquad (*)$$

이므로, 이와 같이 넣는 방법에 대하여 n을 k개의 양의 정수의 합으로 나타내는 분할이 대응한다. 역으로 n을 꼭 k개의 양의 정수의 합으로 나타내는 분할 (*)에 대하여 서로 구별되지 않는 n개의 물건을 서로 구별되지 않는 k개의 상자에 각각 $a_1, a_2, \cdots, a_k$씩 물건을 넣는 방법이 대응한다. 그러므로 이와 같이 넣는 방법은 $p(n, k)$가지가 있다.

(4)-② 서로 구별되지 않는 n개의 물건을 서로 구별되지 않는 k개의 상자에 넣되 빈 상자를 허용하는 경우에, 1개 이상의 물건이 들어간 상자의 개수를 i라고 하면 $1 \le i \le k$이다. 한편 (4)-①에 의해 서로 구별되지 않는 n개의 물건을 서로 구별되지 않는 i개의 상자에 넣는 방법은 $p(n, i)$가지이므로, 이와 같은 방법의 가짓수는

$$p(n, 1)+p(n, 2)+ \cdots + p(n, k)$$

이다. ■

예 4명의 이름이 적혀 있는 서류를 A, B, C 세 봉투에 넣는다고 하자. 이때 각 봉투마다 적어도 서류 한 장이 들어가도록 넣는 방법의 가짓수는 $3!S(4,3)=36$이고, 봉투가 비어 있어도 좋은 경우에 서류를 넣는 방법의 가짓수는 $3^4=81$이다. □

예 사과 6개를 A, B, C 세 접시에 나누어놓을 때, 각 접시마다 적어도 사과 한 개가 들어있도록 나누어놓는 방법의 가짓수는

$$ {}_3\mathrm{H}_{6-3} = \binom{5}{2} = 10 $$

이고, 빈 접시를 허용하는 경우에 사과 6개를 세 접시에 나누어놓는 방법의 가짓수는

$$ {}_3\mathrm{H}_6 = \binom{3+6-1}{6} = \binom{8}{6} = \binom{8}{2} = 28 $$

이다. □

예제 번호가 적힌 10개의 상자에 서로 구별되지 않는 3개의 공을 나누어 분배하려고 한다. 다음 각 경우에 방법의 가짓수를 구하시오.

(1) 3개의 공이 각각 빨간 공, 파란 공, 노란 공일 때, 각 상자에 1개 이하의 공이 들어가는 경우

(2) 3개의 공이 각각 빨간 공, 파란 공, 노란 공일 때, 각 상자에 들어가는 공의 개수에 제한이 없는 경우

(3) 공의 색깔이 모두 같을 때, 각 상자에 1개 이하의 공이 들어가는 경우

(4) 공의 색깔이 모두 같을 때, 각 상자에 들어가는 공의 개수에 제한이 없는 경우

풀이 (1) 이 경우에 빨간 공이 들어갈 수 있는 상자는 10개, 파란 공이 들어갈 수 있는 상자는 9개, 노란 공이 들어갈 수 있는 상자는 8개 있으므로 분배하는 방법의 가짓수는 ${}_{10}\mathrm{P}_3 = 720$이다.

(2) 이 경우에 각 공이 들어갈 수 있는 상자는 10가지씩이므로, 분배하는 방법의 가짓수는 ${}_{10}\Pi_3 = 10^3$이다.

(3) 이 경우의 분배 방법은 10개의 상자 중에서 3개의 상자를 택하여 공을 한 개씩 넣는 방법과 같으므로, 분배 방법의 가짓수는 $\binom{10}{3}=120$이다.

(4) 이 경우의 분배 방법은 10개의 상자에서 중복을 허락하여 3개를 택하여 공을 넣는 방법과 같으므로, 분배 방법의 가짓수는 ${}_{10}\mathrm{H}_3 = 220$이다. ■

(2) 페러 다이어그램

양의 정수 n의 분배를 편하게 표현하는 방법이 있다. 예를 들면 15의 분배

$$1+2+2+4+6$$

을 6개, 4개, 2개, 1개, 1개의 점을 각각 행별로 나타내어 그림으로 표현할 수 있다.

$$\begin{array}{cccccc} \circ & \circ & \circ & \circ & \circ & \circ \\ \circ & \circ & \circ & \circ & & \\ \circ & \circ & & & & \\ \circ & \circ & & & & \\ \circ & & & & & \end{array}$$

❙ 그림 4.4.1 ❙

위의 그림 4.4.1과 같이 양의 정수 n의 분배 $\lambda=(a_1,\ a_2,\ \cdots,\ a_k)$에서 각 항을 점의 개수로 행별로 표현하는 방법을 페러 다이어그램(Ferrer's diagram)이라고 한다.

참고 양의 정수 15의 다른 분배 $1+1+2+2+4+5$의 페러 다이어그램은 다음 그림으로 표현된다.

$$\begin{array}{ccccc} \circ & \circ & \circ & \circ & \circ \\ \circ & \circ & \circ & \circ & \\ \circ & \circ & & & \\ \circ & \circ & & & \\ \circ & & & & \\ \circ & & & & \end{array}$$

❙ 그림 4.4.2 ❙ ✠

양의 정수 15에 관한 두 다이어그램(그림 4.4.1과 그림 4.4.2)은 행과 열을 바꾸면 서로를 얻을 수 있는 관계를 갖는다. 이러한 관계를 **공액관계**(conjugate duality)라 하고, 이런 방법으로 얻어진 분배를 **공액분배**(conjugate partition)라고 한다. λ'이 λ의 공액분배이면 λ'의 페러 다이어그램은 λ의 페러 다이어그램을 주대각선에 대하여 대칭시킨 것이다.

예 $\lambda=(6,\ 6,\ 5,\ 4,\ 2,\ 1)$일 때, λ의 공액분배는 $\lambda'=(6,\ 5,\ 4,\ 4,\ 3,\ 2)$로 주어진다. □

15를 5개의 양의 정수의 합으로 표현된 $p(15,\ 5)$개의 모든 분배는 그림 4.4.1과 같이 5개

의 행으로 된 페러 다이어그램을 만들 수 있다. 또한 이 모든 페러 다이어그램의 행과 열을 바꾼 켤레 페러 다이어그램 역시 15의 분배가 된다. 또 이러한 켤레 페러 다이어그램의 모든 분배에서는 그림 4.4.2와 같이 점을 가장 많이 포함하는 행이 5개의 점을 갖게 된다. 즉 이 켤레 페러 다이어그램의 모임은 최대 5인 양의 정수들의 합으로 표현되는 양의 정수 15의 분배의 집합이다. 따라서 다음 정리를 얻는다.

정리 10

양의 정수 n을 k개의 양의 정수의 합으로 분배하는 방법의 수는 최대 k개인 양의 정수들의 합으로 n을 분배하는 방법의 수와 같다.

예 양의 정수 8을 5개의 양의 정수의 합으로 분배하는 방법은 다음 3가지

$$(1, 1, 1, 1, 4),\ (1, 1, 1, 2, 3),\ (1, 1, 2, 2, 2)$$

경우가 있다. 즉 $p(8, 5) = 3$이다. 그런데 양의 정수 8을 최대 5인 양의 정수들의 합으로 배분하는 방법도

$$(5, 3),\ (5, 2, 1),\ (5, 1, 1, 1)$$

3가지뿐이다. 따라서 정리 10이 성립함을 알 수 있다. □

참고 n이 양의 정수일 때, 방정식 $x_1 + 2x_2 + 3x_3 + \cdots + nx_n = n$의 음이 아닌 정수해의 개수는 n의 분배의 수와 같다. ✠

예 방정식 $x_1 + 2x_2 + 3x_3 = n$의 음이 아닌 정수해의 개수는

$$p(n, 1) + p(n, 2) + p(n, 3)$$

으로 주어진다. □

3. 제1종 스털링 수

정의 11 낙하 계승

양의 정수 n에 대하여

$$(x)_0 = 1,\ (x)_n = x(x-1)(x-2)\cdots[x-(n-1)]$$

로 정의한다. 이때 $(x)_n$을 낙하 계승(falling factorial)이라고 한다. 특히 x가 양의 정수이면

$$(x)_n = \frac{x!}{(x-n)!} = \frac{x!}{n!(x-n)!}n! = n!\binom{x}{n}$$

으로 나타낼 수 있다.

낙하 계승 $(x)_n$은 x에 관한 n차의 다항식이다. 예를 들면

$$(x)_1 = x$$
$$(x)_2 = x(x-1) = -x + x^2$$
$$(x)_3 = x(x-1)(x-2) = 2 - 3x^2 + x^3$$

이다.

참고 양의 정수 k에 대하여

$$(x)_k(x-k) = x(x-1)(x-2)\cdots[x-(k-1)](x-k) = (x)_{k+1}$$

이다. 또한

$$\begin{aligned}
x &= (x)_1 \\
x^2 &= x\cdot x = x(1+x-1) = x + x(x-1) = (x)_1 + (x)_2 \\
x^3 &= x\cdot x^2 = x[x + x(x-1)] = x^2 + x^2(x-1) \\
&= x + x(x-1) + [x + x(x-1)](x-1) \\
&= x + x(x-1) + x(x-1) + x(x-1)(x-1) \\
&= x + x(x-1) + x(x-1) + x(x-1)[1 + (x-2)] \\
&= x + 3x(x-1) + x(x-1)(x-2) \\
&= (x)_1 + 3(x)_2 + (x)_3
\end{aligned}$$

으로 주어진다. ✠

x의 각 거듭제곱 x^0, x^1, $\cdots$, x^n들은 다항식 $(x)_0$, $(x)_1$, $\cdots$, $(x)_n$들의 상수배의 합으로 표현된다. 그 상수들이 바로 제2종 스털링 수이다.

정리 12

양의 정수 n에 대하여

$$\begin{aligned} x^n &= \sum_{k=1}^{n} S(n, k)(x)_k \\ &= S(n, 1)(x)_1 + S(n, 2)(x)_2 + \cdots + S(n, n)(x)_n \end{aligned}$$

이 성립한다.

증명 수학적 귀납법을 이용하여 증명한다. $x=(x)_1$이고 $S(1, 1)=1$이므로

$$x = S(1, 1)(x)_1$$

이다. 따라서 등식은 $n=1$일 때 성립한다. 이제 $n \geq 2$일 때

$$x^n = \sum_{k=1}^{n} S(n, k)(x)_k$$

라고 가정하자. 그러면

$$\begin{aligned} x^{n+1} &= x \cdot x^n \\ &= x \cdot \sum_{k=1}^{n} S(n, k)(x)_k = \sum_{k=1}^{n} S(n, k)(x)_k\, x \\ &= \sum_{k=1}^{n} S(n, k)(x)_k\, [(x-k)+k] \\ &= \sum_{k=1}^{n} S(n, k)(x)_k\, (x-k) + \sum_{k=1}^{n} S(n, k)(x)_k\, k \\ &= \sum_{k=1}^{n} S(n, k)(x)_{k+1} + \sum_{k=1}^{n} k\, S(n, k)(x)_k \end{aligned}$$

이다. 그런데

$$\sum_{k=1}^{n} S(n, k)(x)_{k+1} = \sum_{i=2}^{n+1} S(n, i-1)(x)_i$$

이고

$$kS(n, k) = S(n+1, k) - S(n, k-1) \text{ (단, } 1 \le k \le n)$$

$$S(n, n) = 1, \quad S(n, 0) = 0, \quad S(n+1, n+1) = 1$$

이므로

$$\begin{aligned}
x^{n+1} &= x \cdot x^n \\
&= \sum_{i=2}^{n+1} S(n, i-1)(x)_i + \sum_{k=1}^{n} [S(n+1, k) - S(n, k-1)](x)_k \\
&= \sum_{i=2}^{n+1} S(n, i-1)(x)_i + \sum_{k=1}^{n} S(n+1, k)(x)_k - \sum_{k=1}^{n} S(n, k-1)(x)_k \\
&= \sum_{k=1}^{n} S(n+1, k)(x)_k + \sum_{i=2}^{n+1} S(n, i-1)(x)_i - \sum_{k=1}^{n} S(n, k-1)(x)_k \\
&= \sum_{k=1}^{n} S(n+1, k)(x)_k + S(n, n)(x)_{n+1} - S(n, 0)(x)_1 \\
&= \sum_{k=1}^{n} S(n+1, k)(x)_k + (x)_{n+1} \\
&= \sum_{k=1}^{n+1} S(n+1, k)(x)_k
\end{aligned}$$

이다. 따라서 모든 양의 정수 n에 대하여, 정리의 등식이 성립한다. ■

예 $x = S(1, 1)(x)_1 = (x)_1$

$x^2 = S(2, 1)(x)_1 + S(2, 2)(x)_2 = (x)_1 + (x)_2$

$x^3 = S(3, 1)(x)_1 + S(3, 2)(x)_2 + S(3, 3)(x)_3 = (x)_1 + 3(x)_2 + (x)_3$

$x^4 = S(4, 1)(x)_1 + S(4, 2)(x)_2 + S(4, 3)(x)_3 + S(4, 4)(x)_4$

$= (x)_1 + 7(x)_2 + 6(x)_3 + (x)_4$ □

참고 $n+1$개의 다항식의 집합

$$\{(x)_n, (x)_{n-1}, (x)_{n-2}, \cdots, (x)_1, (x)_0\}$$

은 n차 이하의 모든 실수 계수 다항식들로 구성된 벡터공간의 기저를 형성한다. ✠

정의 13 제1종 스털링 수

n차 다항식 $(x)_n$을 x에 관하여 전개했을 때 각 차수의 계수, 즉

$$\begin{aligned}(x)_n &= x(x-1)(x-2)\cdots[x-(n-1)] \\ &= s(n,0)+s(n,1)x+s(n,2)x^2+\cdots+s(n,n)x^n\end{aligned}$$

의 정수 계수 $s(n,k)$(단, $k=0, 1, \cdots, n$)를 **제1종 스털링 수**(Stirling number of the first kind)라고 한다.

정의 13의 식은

$$(x)_n = \sum_{j=0}^{n} s(n,j)x^j$$

으로 표현된다. 제1종 스털링 수는 제2종 스털링 수와 구별하여 소문자 s를 사용한다.

예 제1종 스털링 수의 정의로부터, $s(n,k)$를 구해보자. $(x)_0=1$, $(x)_1=x$이므로

$$s(0,0)=1,\ s(1,1)=1,\ s(1,0)=0$$

이다. 또 $(x)_2=x(x-1)=x^2-x$에서

$$s(2,2)=1,\ s(2,1)=-1,\ s(2,0)=0$$

이고, $(x)_3=(x-2)(x^2-x)=x^3-3x^2+2x$로부터

$$s(3,3)=1,\ s(3,2)=-3,\ s(3,1)=2,\ s(3,0)=0$$

이다. 또한 $(x)_4=(x-3)(x^3-3x^2+2x)=x^4-6x^3+11x^2-6x$로부터

$$s(4,4)=1,\ s(4,3)=-6,\ s(4,2)=11,\ s(4,1)=-6,\ s(4,0)=0$$

을 얻는다. 즉

$$\begin{aligned}(x)_1 &= x \\ (x)_2 &= x^2-x \\ (x)_3 &= x^3-3x^2+2x \\ (x)_4 &= x^4-6x^3+11x^2-6x\end{aligned}$$

이므로, $1 \le n \le 4$, $1 \le k \le 4$일 때, $s(n,k)$는 다음으로 주어진다.

n \ k	1	2	3	4
1	1	0	0	0
2	-1	1	0	0
3	2	-3	1	0
4	-6	11	-6	1

| 표 4.4.7 | $s(n, k)$ □

예제 양의 정수 n과 정수 k에 대하여 $s(n, 0) = 0$, $s(n, n) = 1$이고, 또한

$$k > n \text{이면, } s(n, k) = 0$$

이 성립한다.

증명 등식

$$\sum_{k=0}^{n} s(n, k)x^k = x(x-1)(x-2) \cdots [x-(n-1)]$$

의 양변에 $x = 0$을 대입하여 비교하면 $s(n, 0) = 0$이 된다. 그리고 이 다항식의 최고차 항이 x^n이므로 $s(n, n) = 1$이고, 또한 $k > n$이면 $s(n, k) = 0$이다. ■

제1종 스털링 수 $s(n, k)$는 다음 점화식을 만족한다.

정리 14

$1 \leq k < n$인 양의 정수 n과 k에 대하여, 제1종 스털링 수 $s(n, k)$는

$$s(n, k) = s(n-1, k-1) - (n-1)s(n-1, k)$$

로 주어진다.

예 공식 $s(n, k) = s(n-1, k-1) - (n-1)s(n-1, k)$를 이용하면

$$s(5, 1) = s(4, 0) - 4s(4, 1) = (-4) \cdot (-6) = 24$$
$$s(5, 2) = s(4, 1) - 4s(4, 2) = -6 - 4 \cdot 11 = -50$$
$$s(5, 3) = s(4, 2) - 4s(4, 3) = 11 - 4 \cdot (-6) = 35$$
$$s(5, 4) = s(4, 3) - 4s(4, 4) = -6 - 4 \cdot 1 = -10$$
$$s(5, 5) = 1$$

을 얻는다. $1 \le n \le 5$, $1 \le k \le 5$일 때, 제1종 스털링 수 $s(n, k)$는 다음으로 주어진다.

n \ k	1	2	3	4	5
1	1	0	0	0	0
2	−1	1	0	0	0
3	2	−3	1	0	0
4	−6	11	−6	1	0
5	24	−50	35	−10	1

▌표 4.4.8▐ $s(n, k)$ □

모든 제1종 스털링 수 $s(n, k)$는 정의 13에 의해 구할 수도 있지만, 정리 14의 점화식을 이용하여 구할 수 있다. 즉 $s(n, k)$의 바로 위의 행의 같은 열의 원소에 그 행 번호를 곱하여, 위의 행의 앞 열에 원소와의 차를 구하면 된다.

예 5행 2열의 원소 -50은 4행을 의미하는 4와 4행 2열의 원소 11을 곱하여 4행 1열의 원소 -6에서 뺀 값이다. 즉 $s(5, 2) = -6 - 4 \times 11 = -50$이다.

n \ k	1	2	3	4	5
1	1	0	0	0	0
2	−1	1	0	0	0
3	2	−3	1	0	0
4	$\boxed{-6}$	$\triangle$11	−6	1	0
5	24	(-50)	−35	−10	1

$$(-50) = \boxed{-6} - 4\,\triangle 11$$

▌표 4.4.9▐ □

참고 $x^n = \sum_{j=0}^{n} S(n, j)(x)_j$에 $(x)_n = \sum_{m=0}^{n} s(n, m)x^m$을 대입하면

$$x^n = \sum_{j=0}^{n} S(n, j)\left(\sum_{m=0}^{j} s(j, m)x^m\right)$$

이다. 그런데 $S(k, j) = s(k, j) = 0$(단, $j > k$)이므로, 양변의 각 항의 계수를 비교하면

$$\sum_{j=0}^{n} S(n, j)\, s(j, m) = \begin{cases} 1, & n = m \\ 0, & n \neq m \end{cases}$$

이 된다. 따라서 제1종 스털링 삼각형 (행렬)과 제2종 스털링 삼각형 (행렬)은 곱셈에 관하여 서로 역행렬이다. ✠

예 제1종 스털링 삼각형 (행렬)

$$\begin{pmatrix} 1 & 0 & 0 & 0 & 0 \\ -1 & 1 & 0 & 0 & 0 \\ 2 & -3 & 1 & 0 & 0 \\ -6 & 11 & -6 & 1 & 0 \\ 24 & -50 & 35 & -10 & 1 \end{pmatrix}$$

을 구한 후, 그 역행렬을 구하면 제2종 스털링 삼각형 (행렬)을 얻는다.

$$\begin{pmatrix} 1 & 0 & 0 & 0 & 0 \\ 1 & 1 & 0 & 0 & 0 \\ 1 & 3 & 1 & 0 & 0 \\ 1 & 7 & 6 & 1 & 0 \\ 1 & 15 & 25 & 10 & 1 \end{pmatrix}$$

□

참고 서로 다른 n개 공을 서로 다른 k개 상자에 1개 이상 담는 방법의 수 $O(n, k)$는 $S(n, k)k!$과 같다. 그런데 서로 다른 n개의 공을 서로 다른 x개 상자에 담는 방법의 수는 x^n이다. 이 방법에는 빈 상자가 있는 경우도 포함된다. 따라서 이 방법의 수는 1개, 2개, $\cdots$, x개의 상자를 선택하여 그 상자에 서로 다른 n개 공을 1개 이상 담는 방법의 수를 모두 합한 값, 즉

$$x^n = \sum_{j=1}^{x} \binom{x}{j} O(n, j) = \sum_{j=1}^{x} \binom{x}{j} S(n, j)\, j!$$

과 같다. 그러므로

$$x^n = \sum_{j=1}^{x} \binom{x}{j} S(n, j)\, j! = \sum_{j=1}^{x} S(n, j)\, (x)_j$$

가 된다. 특히 $S(n, 0) = 0$이고, $(x)_j = 0$(단, $j > x$)이므로

$$x^n = \sum_{j=0}^{n} S(n, j)\, (x)_j$$

가 성립한다. ✠

연습문제 4.4 EXERCISES

1. 두 집합 $A=\{a_1, a_2, a_3, \cdots, a_6\}$와 $B=\{b_1, b_2, b_3, b_4\}$에 대하여 $f(a_6)=b_4$를 만족하는 전사함수 $f: A \to B$의 개수를 구하시오.

2. 양의 정수 n에 대하여, 벨 수는 점화식

$$B_n = \sum_{j=0}^{n-1} \binom{n-1}{j} B_j$$

를 만족함을 보이시오.

3. 학생 4명의 이름이 적혀 있는 서류를 서로 구별되지 않는 3개의 서류함에 넣는다고 할 때, 다음 물음에 답하시오.
   (1) 각 서류함마다 적어도 서류 1장이 들어가도록 넣는 방법의 가짓수를 구하시오.
   (2) 서류함이 비어 있어도 좋은 경우에, 3개의 서류함에 서류를 넣는 방법의 가짓수를 구하시오.

4. 스털링 수 $S(8, 4)$를 $S(6, 1)$, $S(6, 2)$, $S(6, 3)$, $S(6, 4)$에 관한 식으로 나타내시오.

5. 어느 가정에서 손님 6명을 집으로 초대하여 거실, 식당, 안뜰 중 어느 한 곳에 앉아 있을 수 있도록 자리를 마련하였다. 그런데 이 세 곳은 모두 6명이 함께 앉아 있어도 좋을 정도로 넓다고 한다. 이때 이들 손님이 자리를 잡는 방법은 모두 몇 가지 있는가?

6. 빨간 공 8개를 빈 상자를 허용하여 파란 상자 4개에 담는 방법의 수를 구하시오.

7. 다음 물음에 답하시오.
   (1) 6개의 서로 구별되지 않는 공을 서로 구별되지 않는 3개의 상자에 넣을 때, 빈 상자가 없도록 넣는 방법의 수를 구하시오.
   (2) 6개의 서로 구별되지 않는 공을 빈 상자를 허용하여 서로 구별되지 않는 3개의 상자에 넣는 방법의 수를 구하시오.

8. 똑같은 책 8권과 같은 모양의 종이 봉투가 4개 있을 때, 이 종이 봉투의 일부 또는 전부를 사용하여 책 8권을 담을 수 있는 방법은 모두 몇 가지 있는가?

9. 다항식 $f(x) = 5x^3 + 4x^2 + 3x$를 $(x)_1$, $(x)_2$, $(x)_3$에 관한 식으로 나타내시오.

10. 다항식 $(x)_5 = x(x-1)(x-2)(x-3)(x-4)$을 전개하고, 이 결과를 이용하여

$$s(5,\, 1),\, s(5,\, 2),\, \cdots,\, s(5,\, 5)$$

를 구하시오.

4.5 확률

어떤 현상이 발생할 가능성을 수학적으로 표현하는 이론이 확률이다. 임의의 현상은 비록 어떤 실험의 특수한 시점에서는 발생할 결과를 쉽게 알 수 없지만 많은 실험에서 발생하는 비율은 정형화된다. 이러한 정형화된 수학적 결과가 확률이론의 기초이다

동전을 던져서 나오는 앞면과 뒷면의 두 종류의 집합 $S=\{앞면, 뒷면\}$과 같이, 확률실험에서 일어날 가능성이 있는 결과의 모든 종류의 유한집합 S를 **표본공간** (sample space)이라고 한다. 이때 표본공간 S의 모든 부분집합 E를 **사건** (events)이라고 한다.

정의 1 확률

표본공간 $S=\{a_1, a_2, \cdots, a_n\}$의 각 원소 a_i에 다음 두 조건

(1) $P(a_i) \geq 0$

(2) $P(a_1)+P(a_2)+\cdots+P(a_n)=1$

를 만족하는 실숫값 $P(a_i)$를 대응할 때, $P(a_i)$를 원소 a_i의 **확률** (probability)이라고 하고, $P: S \to R$를 **확률함수** (probability function)라고 한다. 또한 표본공간 S와 확률함수 P를 함께 **확률공간** (probability space)이라고 한다. 이때 사건 E에 대한 확률을 $P(E)$로 나타내며, $P(\{a_i\})=P(a_i)$로 표시한다.

표본공간의 모든 원소의 확률이 모두 같을 때, **균등확률공간** (uniform probability space)이라고 한다. 이 절에서는 균등확률공간에 국한하여 설명하기로 한다.

예 동전을 3번 던져 앞(H)과 뒤(T)가 나오는 결과의 표본공간은

$$S=\{\mathrm{HHH, HHT, HTH, THH, HTT, THT, TTH, TTT}\}$$

로 주어진다. 이때 모두 똑같은 면이 나오는 사건 $B=\{\mathrm{HHH, TTT}\}$의 확률은 $P(B)=1/4$이다. □

$P(E)$가 표본공간 S에서 사건 E가 발생할 확률일 때

$$0 \leq P(E) \leq 1,\ P(S)=1$$

이 성립한다. 또한 표본공간 S의 두 사건 A 또는 B가 발생할 확률은 $P(A \cup B)$이고

$$P(A \cup B) = P(A) + P(B) - P(A \cap B) = \frac{|A| + |B| - |A \cap B|}{|S|}$$

으로 주어진다. 한편

$$1 = P(S) = P(E \cup E^c) = P(E) + P(E^c)$$

이므로, $P(E^c) = 1 - P(E)$가 된다.

정의 2 조건확률

표본공간 S의 두 사건을 A, B라 하자. 이때 사건 B(단, $B \neq \varnothing$)가 발생한 후 사건 A가 발생할 확률을 사건 B에 대한 사건 A의 **조건확률**(conditional probability)이라고 하고, $P(A \mid B)$로 표시한다. 이 경우

$$P(A \mid B) = \frac{P(A \cap B)}{P(B)}$$

로 정의한다.

균등확률공간에서는

$$P(A \mid B) = \frac{P(A \cap B)}{P(B)} = \frac{|A \cap B|}{|B|}$$

으로 주어진다.

예제 2개의 주사위를 던져서 나오는 두 수 중에 하나가 5이면서 합이 6이 될 확률을 구하시오.

풀이 합이 6이 되는 사건은

$$B = \{(1, 5), (2, 4), (3, 3), (4, 2), (5, 1)\}$$

이고, 그 중에 5가 하나 나오는 사건은 $A = \{(1, 5), (5, 1)\}$이다. 따라서 하나가 5이면서 합이 6이 될 확률은

$$P(A \mid B) = |A \cap B| / |B| = 2/5$$

이다. ■

정의 2로부터

$$P(A \cap B) = P(B)P(A \mid B)$$

를 얻는다. 따라서 사건 A, B가 모두 일어날 확률을 구할 수 있다. 또한 m개의 사건 $A_1, A_2, \cdots, A_m$이 모두 일어날 확률은

$$P(A_1 \cap A_2 \cap \cdots \cap A_m) = P(A_1)P(A_2 \mid A_1) \cdots P(A_m \mid A_1 \cap A_2 \cap \cdots \cap A_{m-1})$$

로 주어진다.

정의 3 독립사건

사건 B에 대한 사건 A의 조건확률 $P(A \mid B)$에서 사건 A가 발생하는 데 사건 B가 전혀 영향을 미치지 않을 때는

$$P(A \mid B) = P(A)$$

와 같다. 이러한 두 사건 A, B를 서로 **독립사건**(independent event)이라고 한다.

예 사건 $\varnothing$는 다른 모든 사건과 독립이다. 왜냐하면

$$P(A \cap \varnothing) = P(\varnothing) = 0 = P(A)P(\varnothing)$$

가 성립하기 때문이다. □

두 사건 A, B가 서로 독립사건이면

$$P(A \cap B) = P(B)P(A \mid B) = P(A)P(B)$$

로 주어진다.

예제 주사위를 한 번 던져 3의 배수인 홀수가 나올 확률을 구하시오.

풀이 홀수가 나올 사건은 $A = \{1, 3, 5\}$이고, 3의 배수가 나올 사건은 $B = \{3, 6\}$이다. 그런데 이 두 사건은 서로 독립사건이므로, 3의 배수인 홀수가 나올 확률은

$$P(A \cap B) = P(A)P(B) = \frac{1}{3} \cdot \frac{1}{2} = \frac{1}{6}$$

이다. ■

실험의 독립적인 결과가 2가지 A, B인 경우에 각 결과에 대한 확률을 p, q라 하면, $p+q=1$이다. 이 실험을 n번 반복 시행할 때 하나의 결과 A가 k번 일어날 확률은

$$\binom{n}{k} p^k q^{n-k}$$

가 된다. 이렇게 이항계수를 포함하는 확률을 **이항확률**(binomial probability)이라고 한다.

연습문제 4.5 EXERCISES

1. 집합 $\{1, 2, 3, \cdots, n\}$에서 원소 하나를 선택할 때, 그 원소가 짝수가 될 확률을 구하시오.

2. 1번 주머니에는 3개의 빨간색 공과 4개의 파란색 공이 들어 있고, 2번 주머니에는 5개의 빨간색 공과 3개의 파란색 공이 들어있다. 먼저 임의로 주머니를 선택한 후, 선택한 주머니에서 임의로 공 1개를 꺼내어 공이 빨간색일 때, 그 공이 1번 주머니에서 나왔을 확률을 구하시오.

3. 주머니 속에 7개의 빨간 공과 3개의 파란 공이 있다. 3개의 공을 꺼낼 때 모두 빨간 공일 확률을 구하시오.

4. 동전을 2번 던지는 실험에서 1번째 던진 동전이 앞면이 나오는 사건을 A, 2번째 던진 동전이 앞면이 나오는 사건을 B, 2번 모두 앞면이거나 뒷면인 사건을 C라 하자. 이때

$$P(A \cap B \cap C) \neq P(A)P(B)P(C)$$

임을 보이시오.

제5장 그래프

5.1 그래프

5.2 트리 그래프

5.3 평면그래프와 정다면체

5.4 그래프 채색과 최단 경로

5.1 그래프

1. 그래프

(1) 그래프

스위스의 수학자 오일러(Euler)에 의해 그래프이론이 수학의 한 분야로 출발하게 되었다.

참고 쾨니스버그(Königsberg)는 18세기 동페르시아의 수도이었다. 쾨니스버그는 프레겔 강으로 둘러싸인 두 개의 섬과 강변에 위치한 도시로써, 네 구역으로 구획되어 있었다. 이 도시는 제2차 세계 대전 중에 완전히 파괴되었지만, 현재는 칼리닌그라드(Kaliningrad)라고 불리는 러시아 서부에 위치하고 있다.

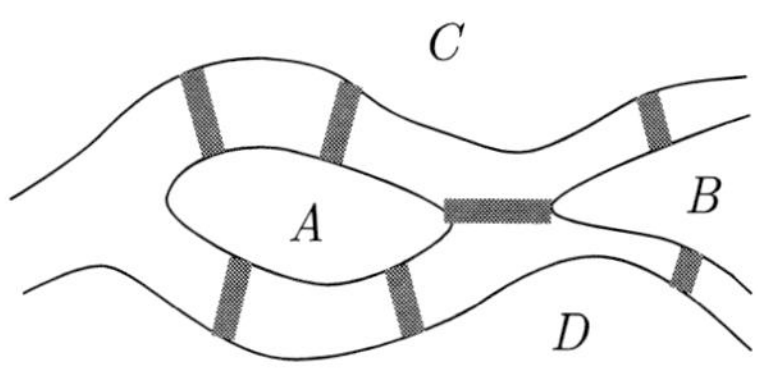

❙ 그림 5.1.1 ❙

그 시절 쾨니스버그에 7개의 다리가 설치되어 강을 건너 네 구역 A, B, C, D를 왕래할 수 있었다. 그런데 그 당시 사람들은 "한 구역에서 출발하여 모든 7개의 다리를 반드시 한 번씩만 건너서 도시를 순회하여 원래의 출발점으로 되돌아올 수 있는가?"라는 의문, 즉 "쾨니스버그 다리 문제"를 해결하기를 원했다. 오일러는 이 문제를 해결하기 위해 다음 그림

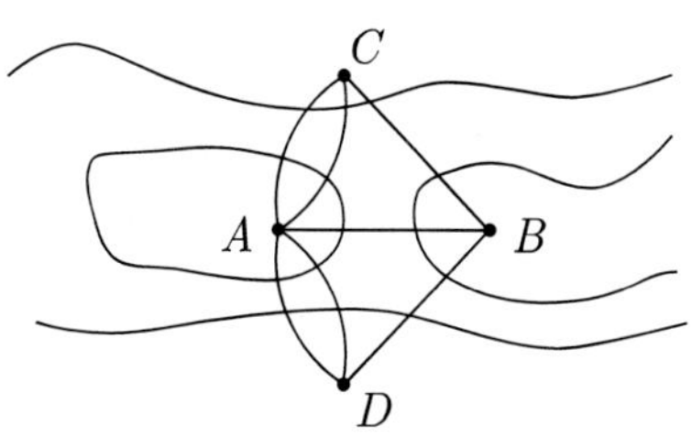

❙ 그림 5.1.2 ❙

과 같이 핵심적인 부분만을 살려 네 구역은 점으로, 7개의 다리는 선으로 각각 나

타내고 강은 무시하였다.

이와 같이 점과 선으로 이루어진 것을 그래프라고 한다면, 본래의 문제는 이 그래프에서 적당한 한 점을 택하여 이 점으로부터 출발하여 7개의 선을 한 번씩 모두 거쳐 출발점으로 되돌아 올 수 있는지를 묻는 문제로 바뀐다. 마침내 1736년 오일러는 도시를 순회할 수 있는 방법이 없음을 증명하고, 주어진 그래프의 모든 변으로 이루어진 회로, 즉 오일러 회로의 존재성 여부에 대한 일반적인 문제 해결에 적용하였다. ✠

정의 1 그래프

두 유한집합 V, E에 대하여 다음 두 조건

(1) V는 공집합이 아닌 집합이다.

(2) E는 집합 V의 임의의 두 점으로 된 쌍(pairs) $\{v, w\}$로 이루어진 집합이다.

를 만족할 때, 두 집합 V와 E의 순서쌍 $G=(V, E)$를 **그래프**(graph, undirected graph)라고 한다. 이때 집합 V의 원소를 **꼭짓점**(vertex) 또는 마디(node)라 하고, E의 원소 $\{v, w\}$를 **모서리**(edge) 또는 **변**이라고 한다.

예 $G=(V, E)$가 두 집합 V와 E로 구성된 그래프일 때, 두 꼭짓점 $v, w \in V$에 대하여

$$\{v, w\} = \{w, v\}$$

가 성립한다. □

그래프 $G=(V, E)$는 V의 원소를 점으로 나타내고, E의 원소 $\{v, w\}$를 선분 또는 곡선으로 나타내어 다이어그램으로 표현할 수 있다.

예 6개의 야구팀 A, B, C, D, E, F가 시합을 하고 있다. 지금까지 각 팀의 경기가

A팀과 경기한 팀 : C, D, F B팀과 경기한 팀 : C, E, F
C팀과 경기한 팀 : A, B D팀과 경기한 팀 : A, E, F
E팀과 경기한 팀 : B, D, F F팀과 경기한 팀 : A, B, D, E

로 진행되었다. 이때 각 팀을 꼭짓점으로 표시하고, 모서리는 두 팀이 경기를 한 사실을 나타내면 그래프는 아래와 같이 주어진다.

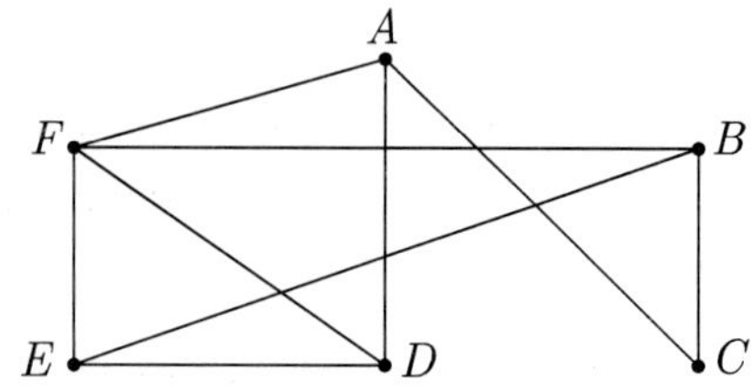

❙ 그림 5.1.3 ❙ □

참고 그래프는 꼭짓점과 두 꼭짓점의 연결 유무만 결정하는 모서리로 구성되어 있기 때문에 꼭짓점의 위치, 모서리를 나타내는 선의 모양이나 길이, 모서리의 교차점 등은 중요하지 않다. ✠

정의 2 고리와 다중모서리

그래프 $G=(V, E)$에 대하여, 두 꼭짓점 $v, w \in V$로 된 쌍 $\{v, w\}$가 모서리의 집합 E의 원소이면, $\{v, w\}$를 "두 꼭짓점 v, w를 이은 모서리"라 하고, v와 w는 "인접(adjacent)하다."고 한다. 이때 두 꼭짓점 v와 w를 모서리의 **종점**(terminal vertex, end vertex) 또는 끝점이라고 한다. 특히 모서리 $\{v, w\}$에서 $v=w$일 때 **고리**(loop/루프)라고 한다. 또한 모서리 $\{v, w\}$가 두 개 이상 존재할 때, **다중모서리**(multiple edges)라고 한다.

참고 $\{v, w\}$가 두 꼭짓점 v, w를 이은 모서리일 때, 모서리 $\{v, w\}$는 v 또는 w와 근접한다고 한다. ✠

예 두 집합

$$V=\{v_1, v_2, v_3, v_4, v_5\},\ E=\{\{v_1, v_3\}, \{v_1, v_4\}, \{v_2, v_3\}, \{v_2, v_4\}, \{v_5, v_5\}\}$$

로 구성된 그래프 $G=(V, E)$가 다음 그림

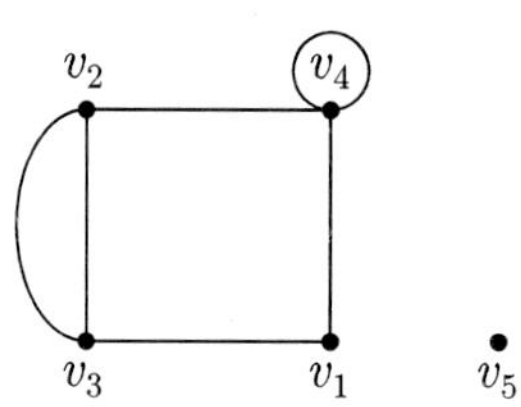

❙ 그림 5.1.4 ❙

으로 주어질 때, $\{v_2, v_3\}$는 두 꼭짓점 v_2, v_3를 이은 다중모서리이고 $\{v_4, v_4\}$는 v_4를 종점으로 갖는 고리이다. □

그래프는 많은 상황을 쉽게 표현하는 도구로 사용된다. 도로망과 철도망, 송수관 설치, 통신망과 전기네트워크, 컴퓨터 회로, 길 안내 등의 문제를 해결하는 데 그래프의 도움을 받을 수 있다. 또한 원자의 결합성, 생물학적 종들 간의 유전성 등뿐만 아니라, 게임에서 단계들 간의 관계를 도식화하는 데도 유용하다.

정의 3 가중그래프

모서리에 음이 아닌 값, 즉 **가중치** (weight)를 부여한 그래프를 **가중그래프** (weighted graph)라고 한다. 이때 임의의 두 꼭짓점 사이의 가중치는 두 점을 연결하는 모서리들의 가중치를 모두 합한 값이 된다.

그래프의 주어진 두 꼭짓점의 최소 가중치를 구하는 문제는 그래프 이론의 중요한 문제이다.

정의 4 단순그래프와 다중그래프

그래프 $G=(V, E)$에서 모서리에 방향이 없고 고리도 없으며 다중모서리도 없을 때, G를 **단순그래프** (simple graph)라고 한다. 한편 그래프 G가 고리 또는 다중모서리를 포함할 때, G를 **다중그래프** (multiple graph)라고 한다.

이 책을 서술함에 있어 특별히 언급이 없는 한, 그래프는 단순그래프를 의미하기로 약속한다.

정의 5 부분그래프

그래프 $G=(V, E)$에 대하여

(1) $V_1 \subset V$(단, $V_1 \neq \varnothing$), $E_1 \subset E$(단, $E_1 \neq \varnothing$)

(2) E_1에 속하는 모서리의 끝점은 모두 V_1에 속한다.

로 정의된 그래프 $H=(V_1, E_1)$를 G의 **부분그래프** (subgraph)라고 한다.

예 다음 그래프 $G=(V, E)$

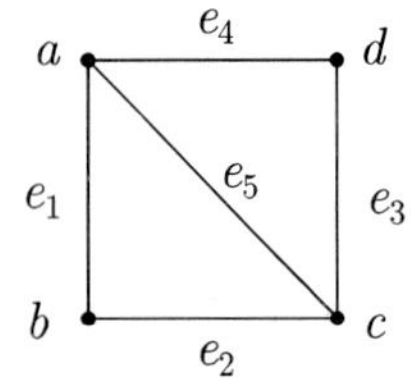

┃그림 5.1.5┃

에 대하여, 아래 세 그림이 나타내는 그래프는 모두 G의 부분그래프이다.

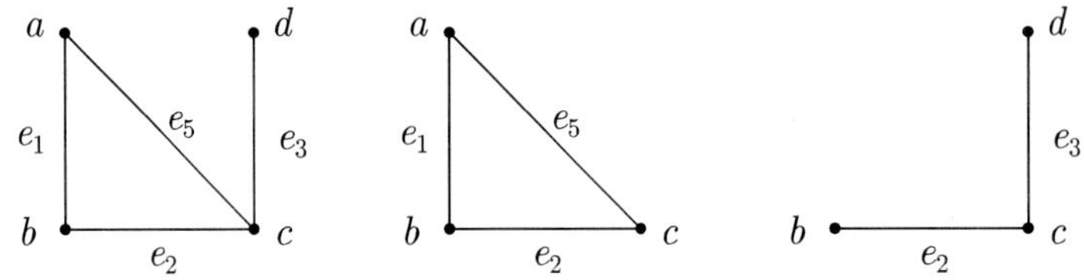

┃그림 5.1.6┃ □

참고 그래프 $G=(V, E)$에서 V_1이 V의 공집합이 아닌 부분집합이라 하자. 이때 집합 V_1에 속해 있는 꼭짓점을 이은 모서리 전체의 집합을 E_1이라고 하면, $H=(V_1, E_1)$은 G의 부분그래프이다. 이 부분그래프 H를 V_1에 의해 **유도된 부분그래프** (induced subgraph)라고 한다. ✠

$H=(V_1, E_1)=(V-V_2, E-E_2)$로 표현된 부분그래프는 집합 V와 집합 E로부터 일부 꼭짓점들의 집합 V_2와 그 꼭짓점들에 연결된 모서리를 포함하는 일부 모서리들의 집합 E_2를 제거하여 얻은 그래프를 의미한다. 또한 그래프 $G=(V, E)$에서 그래프 $K=(V_2, E_2)$를 제거하여 만든 부분그래프를 간단히 $G-K$로 표현한다. e가 그래프의 한 모서리일 때, $H+e$와 $H-e$는 그래프 H에 모서리 e를 추가 또는 제거함을 의미한다.

정의 6 그래프의 차수

그래프 $G=(V, E)$에서 두 꼭짓점 v, w를 이은 모서리 $\{v, w\} \in E$가 존재할 때, v, w를 서로 인접한 꼭짓점 (adjacent vertices) 또는 이웃한 꼭짓점이라고 한다. 또한 꼭짓점 $v \in V$에 대하여 v에 연결된 모서리의 개수를 v의 **차수**라 하고, $d(v)$로 나타낸다. 이때 모서리가 고리인 경우는 차수를 2로 정의한다.

예 다음 그림

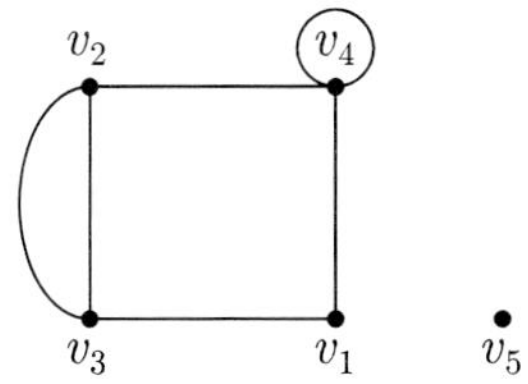

▎그림 5.1.7▎

이 나타내는 다중그래프 $G=(V, E)$에서는

$$d(v_1)=2,\ d(v_2)=3,\ d(v_3)=3,\ d(v_4)=4,\ d(v_5)=0$$

으로 주어진다. □

(2) 단순그래프의 분류

정의 7 완전그래프

단순그래프 $G=(V, E)$에서 $n=|V|$(단, $n \geq 1$)이고, 모든 꼭짓점 사이에 항상 모서리가 존재할 때, G를 완전그래프(complete graph)라 하고, K_n으로 나타낸다.

n개의 꼭짓점을 포함하고 모든 꼭짓점이 서로 연결되어 있는 그래프, 즉

$$V=\{v_1, v_2, \cdots, v_n\},\ E=\{\{v_i, v_j\} \mid 1 \leq i < j \leq n\}$$

로 구성된 그래프 $K_n=(V, E)$는 완전그래프이다. 따라서 완전그래프 K_n의 모서리의 개수는

$$\binom{n}{2}=\frac{n(n-1)}{2}$$

이고, 각 꼭짓점의 차수는 $n-1$로 주어진다. 또한 완전그래프는 연결그래프이며, 모든 두 꼭짓점을 연결하는 경로가 부분그래프가 된다.

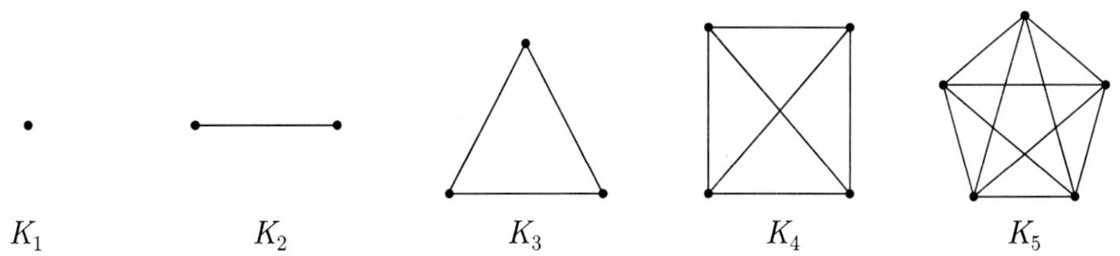

▎그림 5.1.8▎ 완전그래프

참고 n개의 꼭짓점과 모든 꼭짓점이 서로 연결되어 있는 그래프를 여러 가지로 표현할 수 있다. 그러나 모두 서로 동형인 완전그래프 K_n이 된다. (정의 19 참조) ✠

정의 8 별그래프

단순그래프 $G=(V, E)$에서 $n=|V|$(단, $n \geq 1$)이고, 특정한 한 꼭짓점의 차수는 $n-1$이고 나머지 꼭짓점의 차수가 모두 1일 때, G를 **별그래프** (star graph)라 하고, S_n으로 나타낸다.

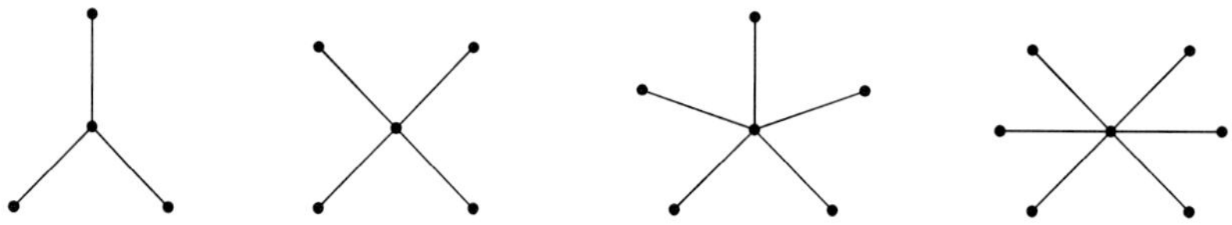

S_4 S_5 S_6 S_7

| 그림 5.1.9 | 별그래프

정의 9 순환그래프

단순그래프 $G=(V, E)$에서 $n=|V|$(단, $n \geq 3$)이고, 모든 꼭짓점의 차수가 2일 때, G를 **순환그래프** (cycle graph)라 하고, C_n으로 나타낸다.

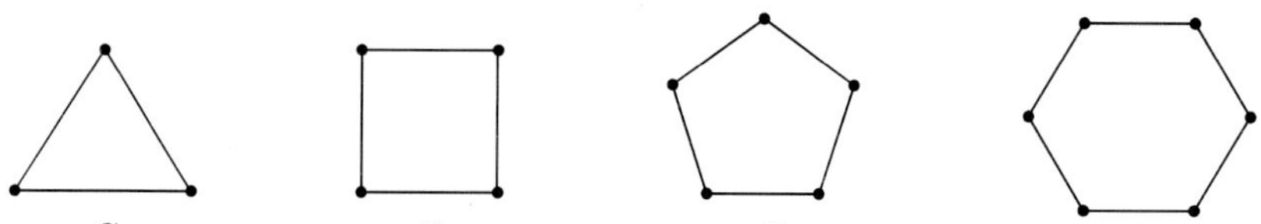

C_3 C_4 C_5 C_6

| 그림 5.1.10 | 순환그래프

정의 10 바퀴그래프

단순그래프 $G=(V, E)$에서 $n=|V|$(단, $n \geq 4$)이고, 특정한 한 꼭짓점의 차수가 $n-1$이고 나머지 꼭짓점의 차수가 모두 3일 때, G를 **바퀴그래프** (wheel graph)라 하고, W_n으로 나타낸다.

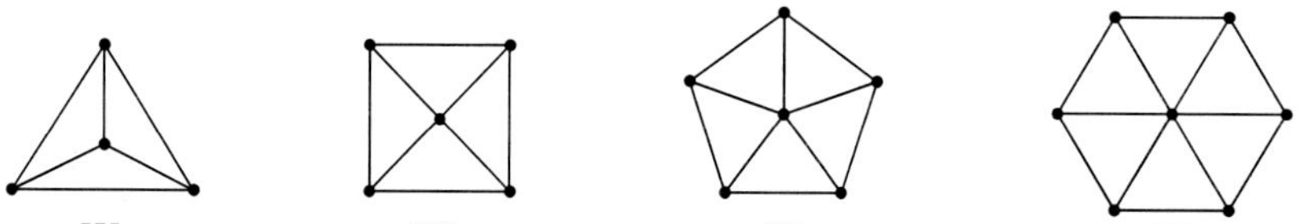

W_4 W_5 W_6 W_7

| 그림 5.1.11 | 바퀴그래프

정의 11 이분그래프

단순그래프 $G=(V,E)$에서, 다음 두 조건

(1) $V=V_1 \cup V_2$(단, $V_1 \cap V_2 = \varnothing$)

(2) 모든 모서리의 한 종점은 V_1에 속하고 다른 한 종점은 V_2에 속한다.

를 만족시키는 V의 공집합이 아닌 부분집합 V_1, V_2가 존재할 때, G를 **이분그래프** (bipartite graph)라고 한다.

꼭짓점들의 두 집합 M, N(단, $M \cap N = \varnothing$)과 M의 꼭짓점과 N의 꼭짓점을 연결한 모서리들의 집합 E로 구성된 단순그래프 $G=(M \cup N, E)$가 이분그래프이다.

예제 다음 그래프는 이분그래프이다.

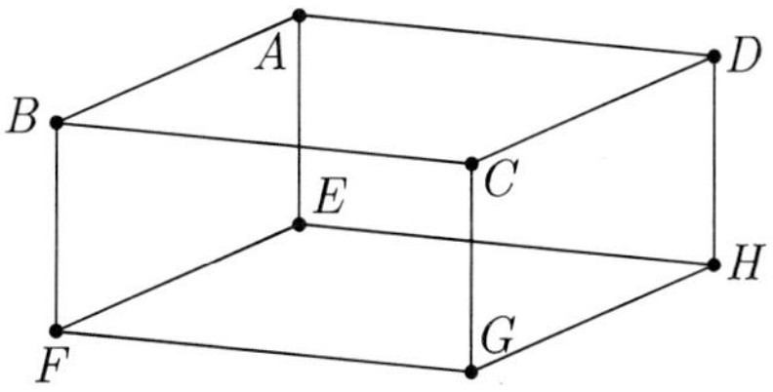

▎그림 5.1.12▎

증명 꼭짓점 A는 B, D, E와 인접하고, 꼭짓점 C, G, F, H와는 인접하지 않는다. 이 중 G는 꼭짓점 B, D, E와 인접하지 않으므로, 위에 주어진 그래프는 아래 그림의 이분그래프와 같다.

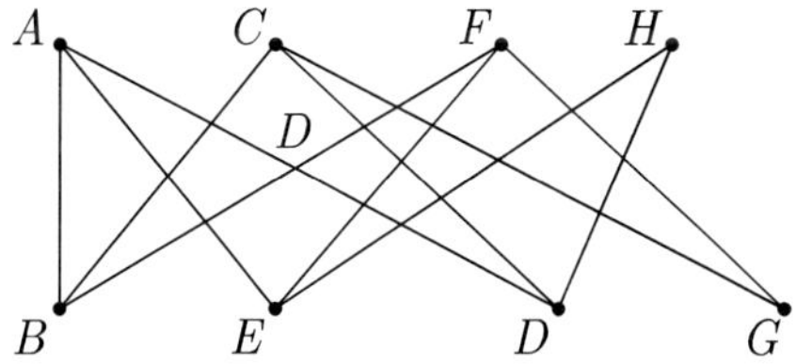

▎그림 5.1.13▎ ■

정의 12 완전이분그래프

이분그래프 $G=(V,E)$에서, 임의의 꼭짓점 $v_1 \in V_1$, $v_2 \in V_2$에 대하여 v_1, v_2를 종점으로 갖는 모서리 $\{v_1, v_2\}$가 반드시 한 개씩 존재할 때, G를 **완전이분그래프** (complete bipartite graph)라고 한다. 특히 $|V_1|=m$, $|V_2|=n$일 때, $K_{m,n}$ 또는 $K_{n,m}$으로 나타낸다.

집합 E가 M의 꼭짓점과 N의 꼭짓점을 모두 각각 서로 연결한 모서리의 집합일 때, 이분그래프 $G=(M\cup N, E)$는 완전이분그래프가 된다.

참고 두 그래프 $k_{m,n}$, $K_{n,m}$은 서로 동형인 그래프이고, mn개의 모서리를 갖는다. 아래 그림은 $K_{3,1}$, $K_{3,2}$, $K_{3,3}$를 나타낸 완전이분그래프이다.

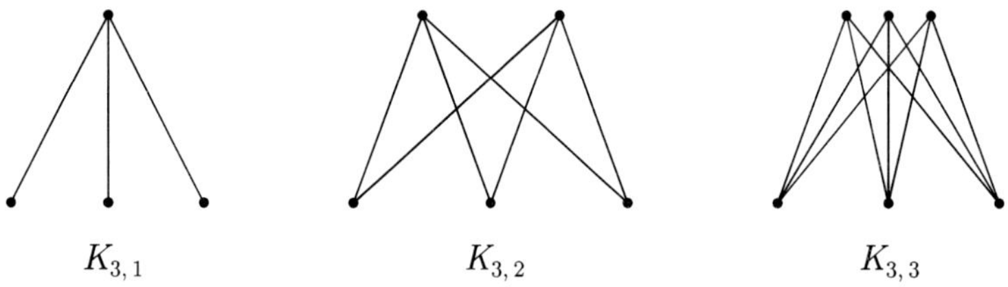

| 그림 5.1.14 | 완전이분그래프 ✠

예 아래 그림이 나타내는 그래프는 이분그래프이다. 그러나 w_1과 u_3를 잇는 모서리가 없으므로 완전이분그래프가 아니다.

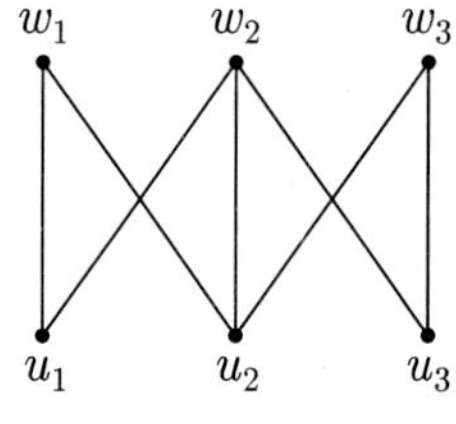

| 그림 5.1.15 | □

예 아래 그림이 나타내는 그래프 $G=(V, E)$에서 V를 두 부분집합

$$V_1=\{a, b, c\},\ \ V_2=\{d, e\}$$

의 합집합으로 분할하면, 이 그래프의 모든 모서리는

$$\{v_1, v_2\}\,(\text{단, } v_1\in V_1,\ v_2\in V_2)$$

의 형태이므로 G는 이분그래프이다. 그러나 c와 d를 이은 모서리가 없으므로, 완전이분그래프는 아니다.

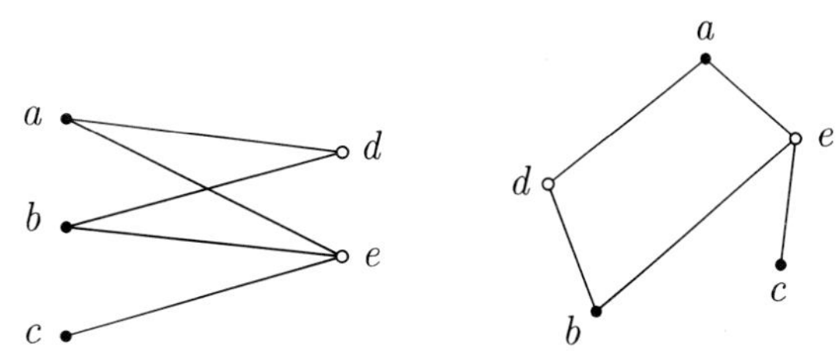

▌그림 5.1.16▌

□

정의 13 n차원 정육면체

집합 $\mathbb{B} = \{0, 1\}$과 양의 정수 n에 대하여

$$\mathbb{B}^n = \{(b_1, \cdots, b_n) \mid b_1, \cdots, b_n \in \mathbb{B}\}$$

이라 하고, 집합 $\mathbb{B}^n$의 원소 $(b_1, \cdots, b_n)$를 $b_1 \cdots b_n$으로 나타내자. 이때 $\mathbb{B}^n$의 모든 원소를 꼭짓점으로 하고, 서로 다른 두 꼭짓점의 성분 중에서 단 한 개의 성분만이 다를 때만 이들 두 꼭짓점을 한 개의 모서리로 이은 단순그래프를 **n차원 정육면체**(n-dimentional cube)라 하고, H_n으로 나타낸다.

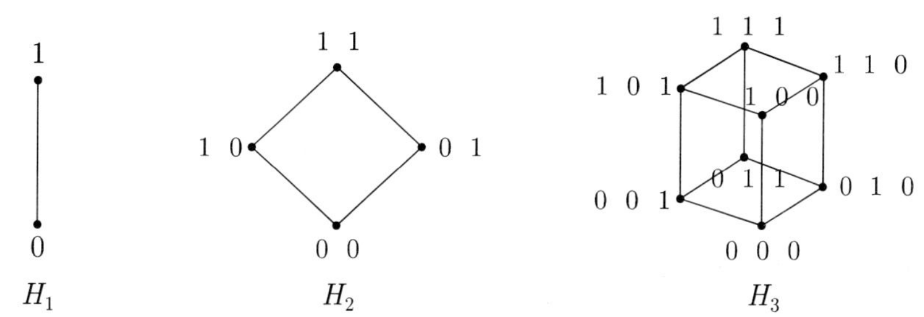

▌그림 5.1.17▌ n차원 정육면체

그래프 H_n에서 꼭짓점 전체의 개수는 $|\mathbb{B}^n| = 2^n$이고, 모서리 전체의 개수는 $2^{n-1}n$이다.

정의 14 정칙그래프

그래프 $G=(V, E)$에서 꼭짓점 v의 차수 $d(v)$가 짝수(또는 홀수)일 때, v를 **짝수점**(even vertex)(또는 **홀수점**/odd vertex)이라 한다. 특히 $d(v)=1$일 때 v를 **매달린 꼭짓점**(pendant vertex) 또는 **나뭇잎**(leaf)이라 한다. 또한 $d(v)=0$, 즉 차수가 0인 꼭짓점일 때 v를 **고립점**(isolated vertex)이라고 한다.

그래프 G의 모든 꼭짓점의 차수가 같을 때, G를 **정칙그래프**(regular graph)라 하고, 모든 꼭짓점의 차수가 r일 때 r차의 **정칙그래프**라고 한다.

예 다음 그림

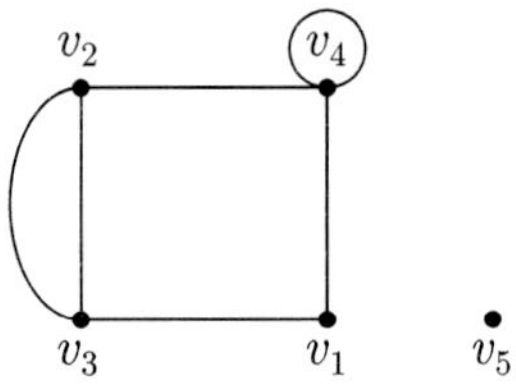

▎그림 5.1.18▎

이 나타내는 다중그래프에서, v_1, v_4, v_5는 짝수점이고 v_2, v_3는 홀수점이다. 특히 v_5는 고립점이다. □

예 다음 그림

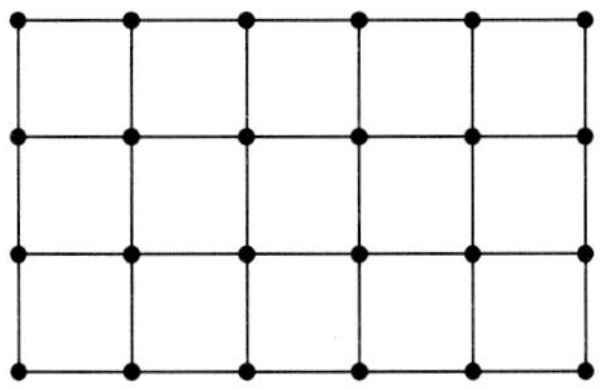

▎그림 5.1.19▎

과 같이 4×6개의 꼭짓점이 4개의 행과 6개의 열로 배열되어 있고 모서리가 격자 모양으로 되어 있는 그래프를 $G_{4,6}$으로 나타내자. 그러면 그래프 $G_{4,6}$의 꼭짓점의 차수가 2 또는 3 또는 4이므로, $G_{4,6}$은 정칙그래프가 아니다. □

참고 완전그래프 K_n은 $n-1$차 정칙그래프이고, 순환그래프 C_n은 2차 정칙그래프이다. 그리고 완전이분그래프 $K_{n,\,n}$은 n차 정칙그래프이다. ✠

그래프에서 모든 꼭짓점의 차수를 구할 때 각 모서리를 두 번씩 세게 되므로, 모든 꼭짓점의 차수의 합은 모서리 수의 2배이다. 따라서 모든 꼭짓점의 차수의 합은 짝수임을 알 수 있다.

정리 15

그래프 $G=(V, E)$에서 모든 꼭짓점의 차수의 합은 모서리의 개수의 두 배, 즉

$$\sum_{v \in V} d(v) = 2|E|$$

로 주어진다.

증명 그래프에서 모서리 e가 두 꼭짓점 v, w와 근접한다고 하자. 그러면 모서리 e는 v와 w의 차수를 구할 때 각각 한 번씩 세어지므로, 모든 꼭짓점의 차수의 합에서 두 번 세어진다. 따라서 모든 꼭짓점의 차수의 합은 $2|E|$이다. ■

예 모서리의 개수가 20이고 각 꼭짓점의 차수가 4인 그래프의 꼭짓점의 개수를 구해보자. 이때 꼭짓점의 개수를 x라 하면 정리 15에 의해 $4x = 2 \times 20$이므로, 꼭짓점의 개수는 $x = 10$이다. □

예 정n각형에서 대각선의 개수를 구해보자. 이때 정n각형에 모든 대각선을 첨가한 그래프를 $G=(V, E)$라 하면, 정n각형의 대각선의 개수는 $|E|-n$이다. 그런데 G의 각 꼭짓점의 차수는 $n-1$이므로, 정리 15에 의해 $n(n-1) = 2 \times |E|$이다. 따라서 대각선의 개수는

$$|E| - n = \frac{n(n-1)}{2} - n = \frac{n(n-3)}{2}$$

이다. □

예 완전그래프 K_n의 모서리의 개수를 구해보자. 이때 K_n의 모서리의 수를 $|E|$라 하자. 그러면 K_n은 꼭짓점의 수가 n이고 각 꼭짓점의 차수가 $n-1$인 단순그래프이므로, 정리 15에 의해 $2|E| = n(n-1)$이다. 따라서 $|E| = \dfrac{n(n-1)}{2}$이다. □

예제 어느 바둑 시합에 7명이 참가하였다. 참가한 7명 모두가 다른 사람과 정확히 세 판의 바둑을 둘 수 있도록 대진표를 작성하시오.

풀이 시합에 참가한 사람을 꼭짓점으로 하고, 두 사람이 경기를 하면 두 꼭짓점을 모서리로 잇는 그래프를 생각하자. 이 그래프는 각 꼭짓점의 차수가 3이므로, 모든 꼭짓점의 차수의 합은 21이다. 그러나 모든 꼭짓점의 차수의 합은 모서리 수의 두 배이므로, 홀수가 될 수 없다. 따라서 주어진 조건을 만족하는 대진표는 작성할 수 없다. ■

예제 모든 그래프 $G=(V, E)$는 짝수(단, 0을 포함)개의 홀수점을 갖는다.

증명 홀수점 전체로 이루어진 집합과 짝수점 전체로 이루어진 집합을 각각 V_1, V_2라고 하자. 그러면 $V=V_1 \cup V_2$, $V_1 \cap V_2 = \varnothing$이므로

$$\sum_{v \in V_1} d(v) + \sum_{v \in V_2} d(w) = 2|E|$$

이 성립한다. 한편 모든 $w \in V_2$에 대하여 $d(w)$가 짝수이므로, $\sum_{w \in V_2} d(w)$는 짝수이다. 따라서 $\sum_{v \in V_1} d(v)$는 짝수이다. 그런데 모든 $v \in V_1$에 대하여 $d(v)$는 홀수이므로, $|V_1|$은 짝수이어야 한다. 따라서 홀수점의 개수는 짝수이다. ■

모서리가 없고 꼭짓점만 포함하는 가장 간단한 그래프를 빈 **그래프**(empty graph)라고 한다.

참고 순환그래프 C_n은 n개의 꼭짓점과 n개의 모서리를 갖고, 바퀴그래프 W_n은 n개의 꼭짓점과 $2(n-1)$개의 모서리를 갖는다. 또한 별그래프 S_n은 n개의 꼭짓점과 $n-1$개의 모서리를 갖는다. 한편 완전이분그래프 $K_{m,n}$은 $m+n$개의 꼭짓점과 mn개의 모서리를 갖는다. ✠

2. 방향그래프

다음 그림

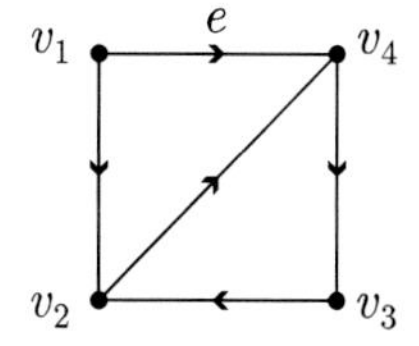

| 그림 5.1.20 |

이 나타내는 그래프에서 각 모서리에는 화살표가 그려져 있다. 예를 들면 모서리 e에는 v_1에서 v_4의 방향으로 화살표가 그려져 있다. 이러한 사실을 명시하기 위해, 모서리 e를 $\{v_1, v_4\}$ 대신 순서쌍 (v_1, v_4)로 나타내기도 한다.

참고 그래프의 정의에서 두 모서리 $\{v_i, v_j\}$와 $\{v_j, v_i\}$를 서로 다른 모서리로 구별할 때, 즉 E가 V의 두 꼭짓점의 순서쌍의 집합으로 나타내어 구성한 그래프 $G=(V, E)$를 방향그래프라고 한다. 이때 순서쌍을 나타내기 위해 모서리를 화살표로 표현하여 다이어그램을 만들어 방향그래프를 나타낸다. ✠

예 방향그래프 $G=(V, E)$가

$$V=\{a, b, c, d\},\ E=\{\{a, b\}, \{a, d\}, \{b, d\}, \{c, a\}, \{c, b\}, \{d, c\}\}$$

로 구성될 때, $G=(V, E)$는 아래 그림으로 표현된다.

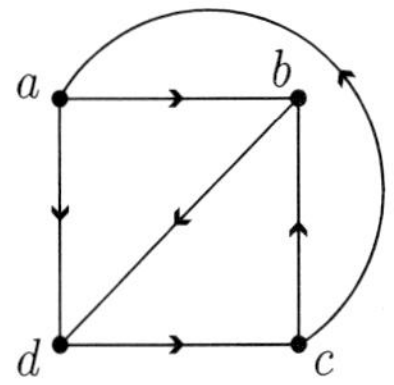

❙ 그림 5.1.21 ❙ □

정의 16 방향그래프와 호

그래프 $D=(V, E)$가 다음 두 조건

(1) V는 공집합이 아닌 집합이다.

(2) 집합 E의 원소는 V의 두 원소 v, w로 이루어진 순서쌍 (v, w)이다.

를 만족시킬 때, $D=(V, E)$를 **방향그래프** (directed graph) 또는 유향그래프라고 한다. 이때 V의 원소를 꼭짓점이라 하고, E의 원소를 **호** (arc)라고 한다. 그리고 호 (v, w)에서 v와 w를 각각 호의 시점 (initial vertex)과 종점이라고 한다.

참고 방향그래프 G의 모든 방향을 고려하지 않고 방향만을 제거하여 만든 그래프를 G의 **기초그래프** (underlying graph)라고 한다. ✠

다음 그림

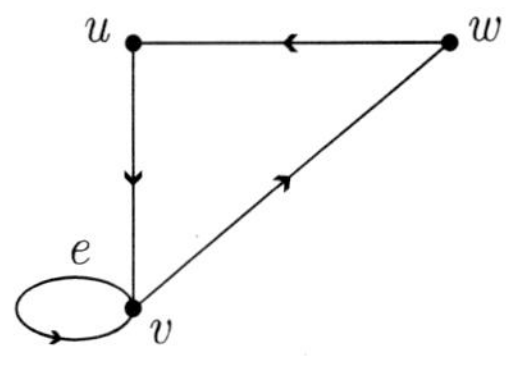

❙ 그림 5.1.22 ❙

이 나타내는 방향그래프의 호 $e=(v, v)$와 같이 호의 시점과 종점이 일치할 때, 이 호를 **고리**라고 한다. 그리고 다음 그림

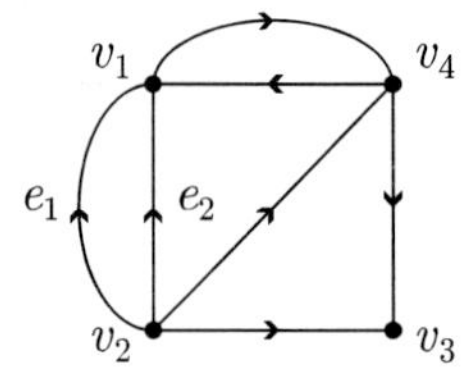

그림 5.1.23

이 나타내는 방향그래프의 두 호 e_1, e_2와 같이 시점과 종점이 일치하는 호가 두 개 이상 있을 때 **다중호** (multiple arcs)라고 한다. 분명히 두 호 (v_1, v_4), (v_4, v_1)은 서로 다르다. 방향그래프 G가 두 꼭짓점 사이에 같은 방향을 가진 다중모서리, 즉 다중호와 고리를 포함하지 않을 때, G를 **단순방향그래프** (simple directed graph)라고 한다. 한편 방향그래프 중에서 고리 또는 다중호가 있는 그래프를 **다중방향그래프** (directed multigraph)라고 한다.

예 다음 그림

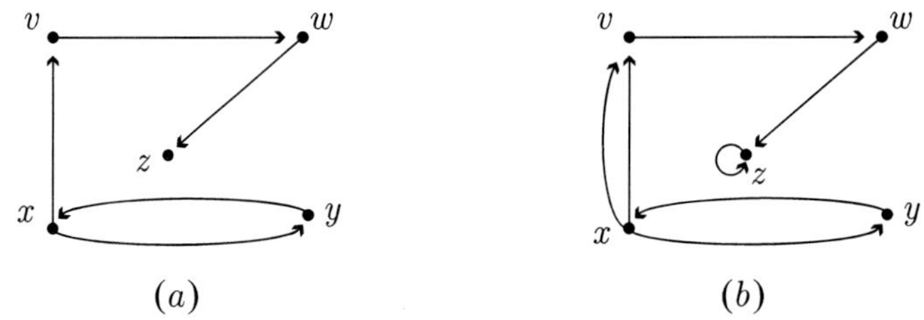

그림 5.1.24

에서 두 꼭짓점 x와 y를 잇는 순서쌍 (x, y)와 (y, x)는 서로 다르므로, 방향그래프에서는 다중모서리가 아니다. 따라서 방향그래프 (a)는 단순방향그래프이다. 그러나 방향그래프 (b)는 두 꼭짓점 x와 v 사이에는 다중모서리가 있고 고리가 꼭짓점 z에 위치하고 있으므로 다중방향그래프이다. □

정의 17 출력 차수와 입력 차수

방향그래프 $G=(V, E)$의 꼭짓점 $v \in V$에 대하여 v를 시점으로 갖는 호의 개수, 즉 v를 시점으로 해서 나가는 방향을 갖는 모서리의 수를 v의 **출력 차수** (outdegree of v)라 하고 outdeg v로 나타내며, 꼭짓점 v를 종점으로 갖는 호의 개수, 즉 v를 향해 들어

오는 방향을 갖는 모서리의 수를 v의 **입력 차수** (indegree of v)라 하고 indeg v로 나타낸다.

예 다음 그림

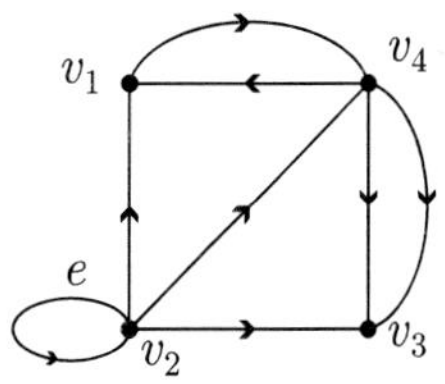

❙ 그림 5.1.25 ❙

이 나타내는 방향그래프에서

$$\text{outdeg } v_1 = 1,\ \text{indeg } v_1 = 2,\ \text{outdeg } v_2 = 4,\ \text{indeg } v_2 = 1,$$
$$\text{outdeg } v_3 = 0,\ \text{indeg } v_3 = 3,\ \text{outdeg } v_4 = 3,\ \text{indeg } v_4 = 2$$

가 성립한다. 여기서 e는 고리이므로, v_2는 e의 종점인 동시에 시점이다. 그러므로 출력 차수와 입력 차수는 각각

$$1+4+0+3=8, \quad 2+1+3+2=8$$

이고, 8은 호 전체의 개수와 일치한다. □

방향을 가진 모든 모서리는 시점과 종점이 존재하므로, 방향그래프의 모든 입력 차수와 출력 차수들의 관계가 다음으로 주어진다.

정리 18

방향그래프 $D=(V, E)$에서, 모든 꼭짓점의 출력 차수의 합은 모든 꼭짓점의 입력 차수의 합과 같다. 또한 이 값은 호의 개수와 일치한다.

참고 (1) $a_{i1} + a_{i2} + \cdots + a_{in} = \text{outdeg } v_i$ (단, $1 \le i \le n$)
(2) $a_{1j} + a_{2j} + \cdots + a_{nj} = \text{indeg } v_j$ (단, $1 \le j \le n$) ✠

꼭짓점과 방향을 가진 모서리의 집합이 각각

$$V = \{v_0, v_1, \cdots, v_k\}, \ E = \{(v_{i-1}, v_i) \mid 1 \leq i \leq k\}$$

로 주어진 방향그래프 $G = (V, E)$, 즉 $k+1$개의 꼭짓점(단, 중복 가능)을 k개의 방향 모서리로 연결한 방향그래프를 **방향경로**(directed path)라 하고, 이때 방향경로의 길이(length)를 k라고 한다.

서로 다른 꼭짓점으로 구성된 방향경로를 **단순방향경로**(simple directed path)라 하고, 양 끝점이 같은 방향경로를 **닫힌방향경로**(closed directed path)라고 한다. 양 끝점을 제외한 나머지 꼭짓점들이 서로 다른 닫힌방향경로를 **방향순환로**(directed cycle)라고 하며, 모든 방향 모서리가 서로 다른 닫힌방향경로를 **방향회로**(directed circuit)라고 한다.

방향그래프 G의 기초그래프가 연결성을 가진 그래프이면, G는 약한 연결성(weak connectivity)을 갖는다고 하며, 그래프 G가 모든 두 꼭짓점 사이에 방향경로를 가지면 G는 강한 연결성(strong connectivity)을 갖는다고 한다.

3. 동형인 그래프와 인접행렬

(1) 동형인 그래프

아래 그림이 나타내는 그래프 $G_1 = (V_1, E_1)$, $G_2 = (V_2, E_2)$에서

$$V_1 = \{v_1, v_2, v_3, v_4\}, \ V_2 = \{w_1, w_2, w_3, w_4\}$$

이고, 함수 $\phi : V_1 \to V_2$를

$$\phi(v_i) = w_i(\text{단}, \ i = 1, 2, 3, 4)$$

로 정의하면, ϕ는 분명히 일대일 대응이다. 이때 G_1의 임의의 모서리 $\{v_i, v_j\}$에 대하여 $\{\phi(v_i), \phi(v_j)\} = \{w_i, w_j\}$는 G_2의 모서리이고

$$d(v_1) = 3 = d(w_1), \ d(v_2) = 2 = d(w_2)$$
$$d(v_3) = 3 = d(w_3), \ d(v_4) = 2 = d(w_4)$$

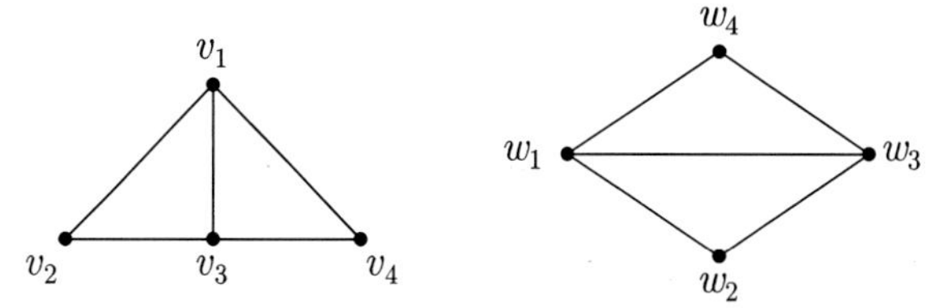

$G_1 = (V_1, E_1)$ $G_2 = (V_2, E_2)$

| 그림 5.1.26 |

가 성립한다. 꼭짓점의 차수나 꼭짓점과 꼭짓점의 연결성이 같은 두 그래프를 같은 그래프로 고려하여 그래프의 복잡성을 단순화하면 많은 문제 해결에 도움이 된다.

정의 19 동형과 동형사상

두 그래프 $G_1 = (V_1, E_1)$, $G_2 = (V_2, E_2)$에 대하여, 전단사함수 $\phi : V_1 \to V_2$가 존재하여

$$\{v_i, v_j\} \in E_1 \Leftrightarrow \{\phi(v_i), \phi(v_j)\} \in E_2$$

를 만족하면 G_1과 G_2는 서로 **동형** (isomorphic)이라 하고, 이때 함수 $\phi : V_1 \to V_2$를 **동형사상** (isomorphism)이라고 한다.

참고 두 그래프 $G_1 = (V_1, E_1)$과 $G_2 = (V_2, E_2)$가 동형이면, $\phi : V_1 \to V_2$는 전단사이므로 $|V_1| = |V_2|$이다. 또한 두 그래프의 모든 모서리들은 동형사상 ϕ에 의해 서로 대응하므로 $|E_1| = |E_2|$이다. 따라서 동형인 두 그래프는 꼭짓점의 개수가 같고, 동형사상 ϕ에 의해 대응하는 꼭짓점들의 연결성이 같다. ✠

두 개의 그래프 중에 하나의 그래프의 꼭짓점의 위치를 재배치 또는 재명명하여 다른 그래프를 그릴 수 있으면 두 그래프는 동형이다. 즉 동형인 두 그래프는 꼭짓점의 차수와 연결성 등과 같은 구조적 정보가 같다.

참고 동형사상에 의해 변하지 않는 성질들은 꼭짓점과 모서리의 수, 꼭짓점의 차수 등이 있고 다음에 배우게 될 길이가 일정한 회로의 수, 연결성이나 평면성, 오일러 회로나 해밀턴 순환로의 유무 등이 있다. ✠

예 아래 그림에서 그래프 G_2의 꼭짓점 s, r, u, t를 a, b, c, d로 재명명하여 G_1 그래프와 비교하면 같은 구조를 가지므로, G_1과 G_2는 동형이다. 그러나 H_2는 차수가 4인 꼭짓점 s를 갖고 있지만 H_1에는 없으므로, H_1과 H_2는 동형이 아니다.

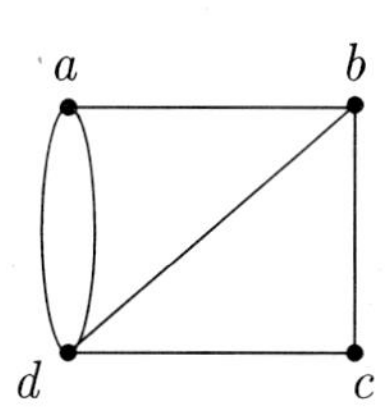

G_1

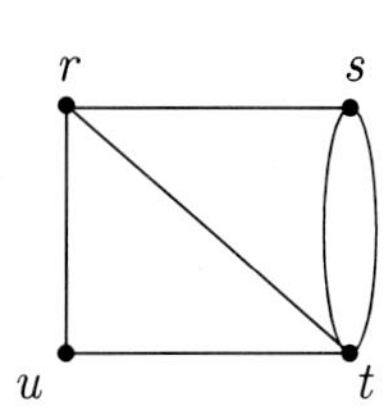

G_2

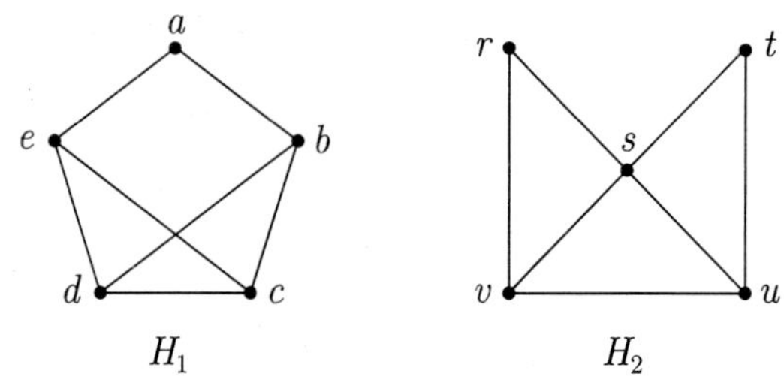

❙ 그림 5.1.27 ❙ □

예 아래 그림이 나타내는 두 그래프는 각각 서로 동형이다.

(1)

(2)

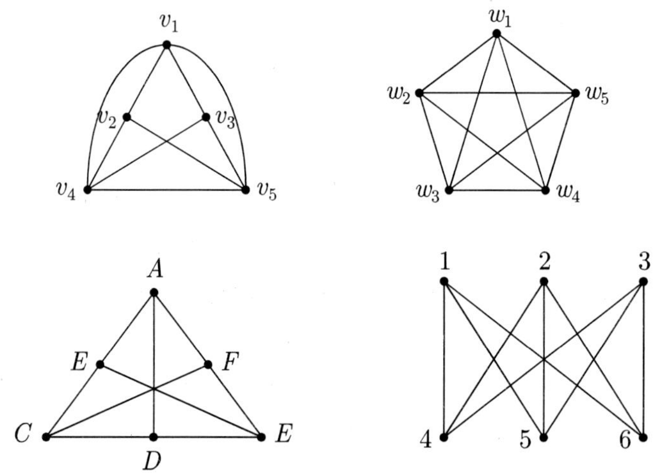

❙ 그림 5.1.28 ❙ □

예 아래 그림이 나타내는 그래프는 완전이분그래프 $K_{4,4}$와 동형이다.

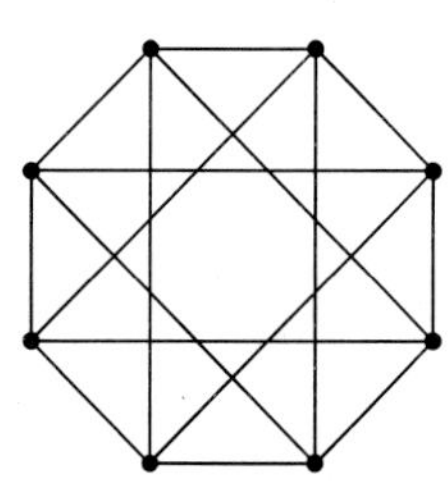

❙ 그림 5.1.29 ❙ □

지금까지 두 그래프의 동형 여부를 살펴보았다. 그러나 그래프의 꼭짓점의 수가 많아지면 두 그래프가 동형인지 아닌지를 결정하는 것은 현재까지도 효과적인 방법이 알려져 있지 않은 어려운 문제이다.

정의 20 차수수열

그래프 $G=(V, E)$ (단, $V=\{v_1, v_2, \cdots, v_n\}$)에 대하여, 꼭짓점의 차수들의 집합

$$\{d(v_1), d(v_2), \cdots, d(v_n)\}$$

에서 $d(v_1), d(v_2), \cdots, d(v_n)$을 큰 것부터 차례로 나열한 유한인 감소수열을 차수 수열(degree sequence)이라고 한다. 또한 차수수열을 갖는 단순그래프가 존재하면, 그 차수수열을 **그래픽 차수수열**(graphic degree sequence)이라고 한다.

예 다음 그래프

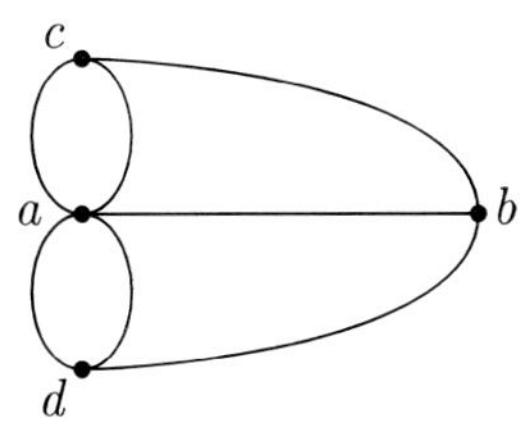

▌그림 5.1.30▐

는 차수수열 5, 3, 3, 3을 갖는다. 또한 아래 그래프가 나타내는 그래프의 차수수열은 3, 3, 2, 2로 주어진다.

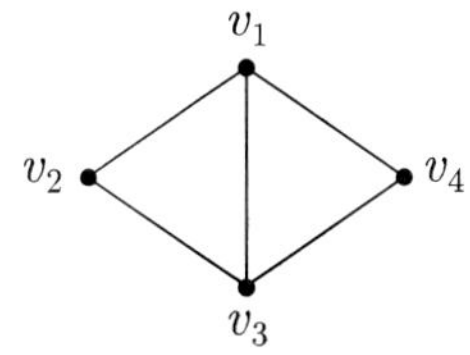

▌그림 5.1.31▐ □

참고 $\sum_{v\in V} d(v)=2|E|$이므로, 그래프 G의 차수수열의 합은 짝수이다. ✠

정리 21

동형인 두 그래프 $G_1=(V_1, E_1)$, $G_2=(V_2, E_2)$에 대하여 $\phi : V_1 \to V_2$가 동형사상일 때, 다음이 성립한다.

(1) 각 $v_i \in V$에 대하여, $d(v_i)=d(\phi(v_i))$이다.

(2) G_1의 차수수열과 G_2의 차수수열은 같다.

예 아래 그림이 나타내는 두 그래프는 서로 동형이다. 이때 두 그래프의 차수수열은 모두

$$3,\ 2,\ 2,\ 1,\ 1,\ 1$$

로 주어진다.

| 그림 5.1.32 | □

꼭짓점들의 차수는 모두 동형 불변이므로, 동형인 두 그래프의 차수수열은 항상 같아야 한다. 따라서 다음 정리가 성립한다.

정리 22

서로 다른 차수수열을 갖는 두 그래프는 동형이 아니다.

일반적으로 두 그래프 G_1, G_2의 모든 꼭짓점의 차수수열이 일치하더라도 두 그래프 G_1, G_2는 동형이 아닐 수도 있다.

예 아래 두 그래프는 모두 차수수열

$$3,\ 3,\ 2,\ 2$$

를 갖지만 서로 동형은 아니다. 즉 차수가 2인 그래프 G_1의 두 꼭짓점 c와 d는 연결되어 있지 않지만

$$f(c)=e,\ f(d)=g$$

는 G_2에서 연결되어 있다. 전단사함수 f에 대한 c와 d의 상이 되는 선택이 e와 g밖에 없다.

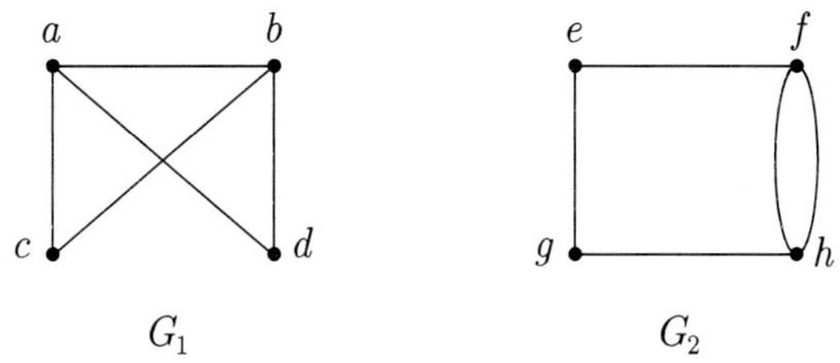

❙ 그림 5.1.33 ❙ □

동형이 아닌 두 그래프를 판별할 때 차수수열이 유용하지만, 그래프의 꼭짓점의 차수가 그래프를 모두 결정하지는 않는다. 즉 차수수열이 같더라도 동형의 판단이 어렵다. 이 경우는 동형 불변인 회로나 순환로를 조사한다. (정의 25 참조)

참고 일반적으로 두 그래프가 동형임을 보이는 것은 매우 어렵다. 유한개의 꼭짓점으로 구성된 그래프가 동형임을 판별하는 알고리즘의 복잡도는 n개의 원소를 갖는 두 집합의 전단사함수의 개수 $n!$의 배수인 $\Omega(n!)$이다. 동형인 두 그래프의 판별을 위한 다항식 복잡도를 갖는 알고리즘은 아직까지 밝혀지지 않고 있다. ✠

(2) 인접행렬

주로 그림을 그려 그래프를 표현하지만, 그림 표현 외에 그래프를 컴퓨터에 저장하여 관리하는 방법의 하나로 행렬을 사용한다. 그래프 이론의 많은 문제를 해결할 때 행렬은 매우 유용하다.

정의 23 인접행렬

$G=(V, E)$를 n개의 꼭짓점 $v_1, v_2, \cdots, v_n$을 갖는 그래프라 하자. 이때 아래와 같이 정의된 n차의 정사각행렬 $A=[a_{ij}]_{n\times n}$, 즉

$$A=\begin{bmatrix} a_{11} & a_{12} & \cdots & a_{1n} \\ a_{21} & a_{22} & \cdots & a_{2n} \\ \vdots & \vdots & \ddots & \vdots \\ a_{n1} & a_{n2} & \cdots & a_{nn} \end{bmatrix}$$

를 $G=(V, E)$의 인접행렬(adjacency matrix)이라고 한다. 여기서 a_{ij}는 두 꼭짓점 v_i, v_j를 잇는 모서리의 개수이다.

참고 G가 다중그래프인 경우는 a_{ij}가 모서리 $\{v_i, v_j\}$의 개수를 나타낸다. 한편 G가 가중그래프인 경우는 a_{ij}가 모서리 $\{v_i, v_j\}$의 가중치로 하여 인접행렬 A를 정의하는 데, 이때 A를 **가중행렬**(weighted matrix)이라고 한다. ✠

예 $V=\{v_1, v_2, \cdots, v_n\}$으로 주어진 그래프 $G=(V, E)$가 단순그래프인 경우는

$$a_{ij}=\begin{cases} 1, & \{v_i, v_j\} \in E \\ 0, & \{v_i, v_j\} \notin E \end{cases}$$

이고, 또한 고리가 없으므로 모든 $i=1, 2, \cdots, n$에 대하여 $a_{ii}=0$이다. □

인접행렬 A에서, i행의 성분의 합 또는 i열의 성분의 합은 꼭짓점 i의 차수이다. 이때 인접행렬 A의 대각성분은 다중그래프에서 꼭짓점의 고리의 개수를 나타낸다.

예 방향그래프가 아닌 단순그래프 G에서는 $a_{ij}=a_{ji}$(단, $1 \le i, j \le n$)이므로, G의 인접행렬 $A=[a_{ij}]_{n \times n}$는 대칭행렬이고

$$a_{i1}+a_{i2}+\cdots+a_{in}=d(v_i)\text{(단, } 1 \le i \le n)$$

가 성립한다. □

참고 그래프의 인접행렬은 꼭짓점의 순서에 따라 달라진다. ✠

예 다음 그림

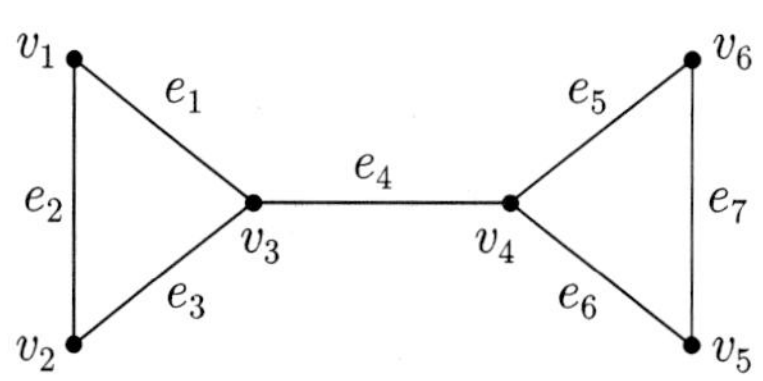

| 그림 5.1.34 |

이 나타내는 단순그래프의 인접행렬 A는 6차의 정사각행렬

$$A=\begin{bmatrix} 0 & 1 & 1 & 0 & 0 & 0 \\ 1 & 0 & 1 & 0 & 0 & 0 \\ 1 & 1 & 0 & 1 & 0 & 0 \\ 0 & 0 & 1 & 0 & 1 & 1 \\ 0 & 0 & 0 & 1 & 0 & 1 \\ 0 & 0 & 0 & 1 & 1 & 0 \end{bmatrix}$$

으로 주어진다. 이때 인접행렬로부터

$$d(v_1)=1+1=2,\ d(v_2)=1+1=2,\ d(v_3)=1+1+1=3,$$
$$d(v_4)=1+1+1=3,\ d(v_5)=1+1=2,\ d(v_6)=1+1=2$$

를 얻는다. □

예 다음 두 그림

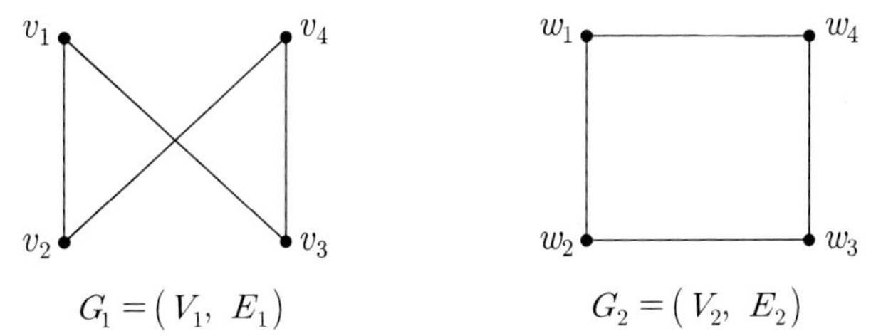

▎그림 5.1.35▎

이 나타내는 그래프

$$G_1=(V_1,\ E_1),\ \ G_2=(V_2,\ E_2)$$

는 서로 동형이다. 실제로

$$V_1=\{v_1,\ v_2,\ v_3,\ v_4\},\quad V_2=\{w_1,\ w_2,\ w_3,\ w_4\}$$

이고

$$\phi(v_1)=w_1,\ \phi(v_2)=w_2,\ \phi(v_3)=w_4,\ \phi(v_4)=w_3$$

로 정의된 함수 $\phi: V_1 \to V_2$는 동형이다. 이때 G_1과 G_2의 인접행렬은 각각

$$A_1=\begin{bmatrix} 0 & 1 & 1 & 0 \\ 1 & 0 & 0 & 1 \\ 1 & 0 & 0 & 1 \\ 0 & 1 & 1 & 0 \end{bmatrix},\ A_2=\begin{bmatrix} 0 & 1 & 0 & 1 \\ 1 & 0 & 1 & 0 \\ 0 & 1 & 0 & 1 \\ 1 & 0 & 1 & 0 \end{bmatrix}$$

으로 주어진다. □

방향그래프에서 i행의 합은 꼭짓점 i의 출력 차수이고, i열의 합은 꼭짓점 i의 입력 차수가 된다. 또한 그래프 G가 다중방향그래프인 경우, 즉 어떤 두 꼭짓점 사이의 순서쌍이 두 개 이상인 방향그래프의 경우는 a_{ij}가 순서쌍 $\{v_i,\ v_j\}$의 개수로 하여, 인접행렬 A를 정의한다. 이때 행렬 A는 일반적으로 대칭행렬이 아니다.

참고 방향그래프 $D=(V, E)$에서 $V=\{v_1, v_2, \cdots, v_n\}$일 때, D의 인접행렬을 n차의 정사각행렬 $A=[a_{ij}]_{n\times n}$로 정의한다. 이때 a_{ij}는 시점이 v_i이고 종점이 v_j인 호의 개수이다. ✠

예 D가 단순방향그래프일 때

$$a_{ij}=\begin{cases}1, & (v_i, v_j)\in E\\ 0, & (v_i, v_j)\notin E\end{cases}$$

이고, 또한 고리가 없으므로 $a_{ii}=0$(단, $i=1, 2, \cdots, n$)이 된다. □

예 아래 두 그림으로 나타내는 그래프의 인접행렬을 구해보자. 이때 단순그래프 (1)과 방향그래프 (2)의 인접행렬은 각각

$$(1)\ \begin{bmatrix}0&1&0&1&0\\1&0&1&0&1\\0&1&0&0&0\\1&0&0&0&1\\0&1&0&1&0\end{bmatrix} \qquad (2)\ \begin{bmatrix}0&0&0&1\\1&0&1&1\\1&0&0&1\\1&0&1&0\end{bmatrix}$$

으로 주어진다.

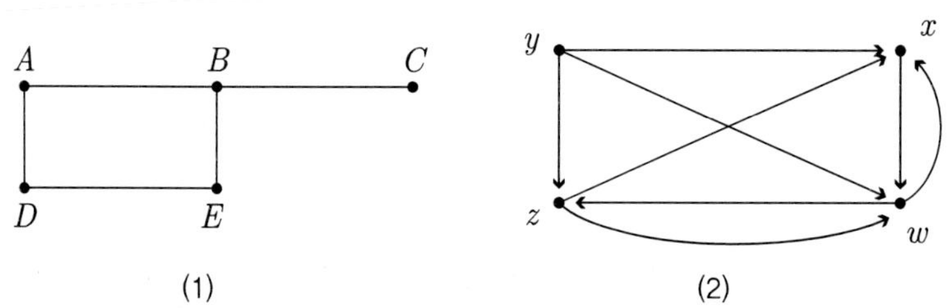

▌그림 5.1.36▐ □

예제 다음 A는 꼭짓점이 v_1, v_2, v_3, v_4, v_5인 그래프 G의 인접행렬이다. 이때 다음 물음에 답하시오.

$$A(G)=\begin{bmatrix}0&1&1&0&1\\1&0&1&1&0\\1&1&0&1&0\\0&1&1&0&0\\1&0&0&0&0\end{bmatrix}$$

(1) v_1과 인접한 꼭짓점을 구하시오.

(2) 각 꼭짓점의 차수를 구하시오.

(3) 그래프 G의 모서리의 개수를 구하시오.

(4) 그래프 G를 그리시오.

풀이 (1) 꼭짓점 v_1과 인접한 꼭짓점은 v_2, v_3, v_5이다.

(2) i번째 행의 성분의 합은 꼭짓점 v_i의 차수 $d(v_i)$이다. 따라서

$$d(v_1)=3,\ d(v_2)=3,\ d(v_3)=3,\ d(v_4)=2,\ d(v_5)=1$$

(3) 그래프 G의 모서리의 개수를 e라 하면, 꼭짓점의 차수의 합은 $2e$이므로 $12=2e$, 즉 $e=6$이다.

(4) 그래프 G는 아래와 같다.

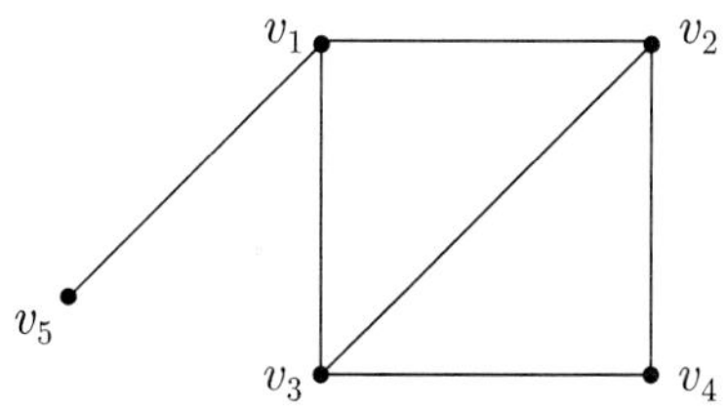

| 그림 5.1.37 | ■

두 집합

$$V=\{v_1, v_2, \cdots, v_k\},\quad E=\{\{v_{i-1}, v_i\}\mid 2\le i\le k\}$$

로 구성된 그래프 $G=(V, E)$, 즉 k개의 꼭짓점 (단, 중복 가능)을 일렬로 나열하여 $k-1$개의 모서리로 연결한 그래프를 **길** (walk) 또는 **경로** (path)라 하고, 이때 모서리의 개수 $k-1$을 경로의 **길이** (length)라 한다.

그래프 $G=(V, E)$가 단순그래프이거나 또는 다중 모서리가 없는 경우에 두 꼭짓점을 이은 모서리는 유일하게 결정되므로, 경로

$$\{v_0, v_1\},\ \{v_1, v_2\},\ \{v_2, v_3\},\ \cdots,\ \{v_{k-1}, v_k\}$$

를 간단히 $(v_1, v_2, \cdots, v_k)$로 나타낸다.

정리 24

단순그래프 $G=(V, E)$에서

$$V=\{v_1, v_2, \cdots, v_n\}$$

이라 하고, $A=[a_{ij}]_{n\times n}$를 G의 인접행렬이라고 하자. 그러면 모든 양의 정수 m에 대

하여 A의 거듭 곱행렬 $A^m=[a_{ij}^m]$의 (i, j) 성분, 즉 a_{ij}^m은 꼭짓점 v_i에서 꼭짓점 v_j까지의 길이가 m인 서로 다른 경로 전체의 개수와 같다. 여기서 a_{ij}^m은 a_{ij}의 k거듭제곱이 아니라 A^k의 (i, j) 성분을 의미한다.

예 다음 그림

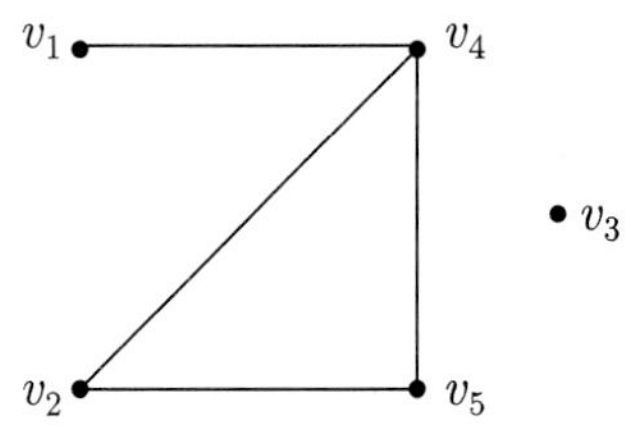

| 그림 5.1.38 |

이 나타내는 그래프를 $G=(V, E)$라고 할 때, G의 인접행렬 A는

$$A=\begin{bmatrix} 0 & 0 & 0 & 1 & 0 \\ 0 & 0 & 0 & 1 & 1 \\ 0 & 0 & 0 & 0 & 0 \\ 1 & 1 & 0 & 0 & 1 \\ 0 & 1 & 0 & 1 & 0 \end{bmatrix}$$

으로 주어진다. 먼저 행렬 A^2의 $(2, 4)$ 성분은

$$0\cdot1+0\cdot1+0\cdot0+1\cdot0+1\cdot1=1$$

이므로, v_2에서 v_4까지의 길이가 2인 경로는

$$(v_2,\ v_5,\ v_4)$$

뿐이다. 또한 A^2의 $(5, 5)$ 성분은

$$0\cdot0+1\cdot1+0\cdot0+1\cdot1+0\cdot0=2$$

이므로, $d(v_5)=2$이다. 실제로

$$A^2=\begin{bmatrix} 1 & 1 & 0 & 0 & 1 \\ 1 & 2 & 0 & 1 & 1 \\ 0 & 0 & 0 & 0 & 0 \\ 0 & 1 & 0 & 3 & 1 \\ 1 & 1 & 0 & 1 & 2 \end{bmatrix}$$

로 주어진다. 그리고 $A^3=A^2A$의 $(2, 5)$ 성분은

$$1 \cdot 0 + 2 \cdot 1 + 0 \cdot 0 + 1 \cdot 1 + 1 \cdot 0 = 3$$

이므로, v_2에서 v_5까지의 길이가 3인 경로는

$$(v_2,\ v_4,\ v_2,\ v_5),\ (v_2,\ v_5,\ v_2,\ v_5),\ (v_2,\ v_5,\ v_4,\ v_5)$$

3가지뿐이다. 실제로 A^3은

$$A^3 = \begin{bmatrix} 0 & 1 & 0 & 3 & 1 \\ 1 & 2 & 0 & 4 & 3 \\ 0 & 0 & 0 & 0 & 0 \\ 3 & 4 & 0 & 2 & 4 \\ 1 & 3 & 0 & 4 & 2 \end{bmatrix}$$

로 주어진다. □

예제 꼭짓점이 $v_1,\ v_2,\ v_3,\ v_4,\ v_5,\ v_6$인 그래프 G의 인접행렬을 A라고 할 때, A^2과 A^3이 각각 아래와 같이 주어졌다고 하자. 이때 다음 물음에 답하시오.

$$A^2 = \begin{bmatrix} 4 & 1 & 1 & 4 & 1 & 1 \\ 1 & 3 & 2 & 1 & 2 & 2 \\ 1 & 2 & 3 & 1 & 2 & 2 \\ 4 & 1 & 1 & 4 & 1 & 1 \\ 1 & 2 & 2 & 1 & 3 & 2 \\ 1 & 2 & 2 & 1 & 2 & 3 \end{bmatrix} \quad A^3 = \begin{bmatrix} 4 & 9 & 9 & 4 & 9 & 9 \\ 9 & 4 & 5 & 9 & 4 & 4 \\ 9 & 5 & 4 & 9 & 4 & 4 \\ 4 & 9 & 9 & 4 & 9 & 9 \\ 9 & 4 & 4 & 9 & 4 & 5 \\ 9 & 4 & 4 & 9 & 5 & 4 \end{bmatrix}$$

(1) 각 꼭짓점의 차수를 구하시오.

(2) 그래프 G의 모서리의 개수를 구하시오.

(3) 꼭짓점 v_2에서 꼭짓점 v_6로 가는 길이가 2인 길은 몇 개인가?

(4) 꼭짓점 v_2에서 꼭짓점 v_6로 가는 길이가 3인 길은 몇 개인가?

(5) 그래프 G에 있는 삼각형의 개수를 구하시오.

풀이 (1) A^2의 $(i,\ i)$ 성분은 꼭짓점 v_i에서 v_i로 가는 길이가 2인 길의 수이므로, 곧 v_i의 차수 $d(v_i)$이다 따라서

$$d(v_1) = 4,\ d(v_2) = 3,\ d(v_3) = 3,\ d(v_4) = 4,\ d(v_5) = 3,\ d(v_6) = 3$$

(2) 모든 꼭짓점의 차수의 합은 모서리의 개수 e의 2배이므로

$$e = \frac{4+3+3+4+3+3}{2} = 10$$

(3) 꼭짓점 v_2에서 꼭짓점 v_6로 가는 길이가 2인 길의 개수는 정리 24에 의해 A^2의

$(2, 6)$ 성분인 2이다.

(4) 꼭짓점 v_2에서 꼭짓점 v_6로 가는 길이가 3인 길의 개수는 정리 24에 의해 A^3의 $(2, 6)$ 성분인 4이다.

(5) 정리 24에 의해 A^3의 (i, i)의 성분은 꼭짓점 v_i에서 v_i로 가는 길이가 3인 길의 개수이다. 한편 그래프 G에서 꼭짓점 a, b, c가 삼각형을 이루면 이 삼각형은

$$a \to b \to c \to a,\ a \to c \to b \to a,\ b \to a \to c \to b$$
$$b \to c \to a \to b,\ c \to a \to b \to c,\ c \to b \to a \to c$$

와 같이 길이가 3인 서로 다른 6개의 길로 나타내어진다. 따라서 그래프 G 안에 있는 삼각형의 개수는 A^3의 주대각선의 성분을 모두 합한 수를 6으로 나눈 4이다. ■

예제 이분그래프의 인접행렬을 A라고 할 때, k가 홀수이면 행렬 A^k의 대각선 위에 있는 성분은 모두 0이다.

증명 정리 24에 의해 행렬 A^k의 (i, i) 성분은 꼭지점 v_i에서 v_i까지의 길이가 k인 서로 다른 길 전체의 개수와 일치한다. 그런데 홀수인 k에 대하여 이와 같은 길은 없으므로 A^k의 (i, i) 성분은 0이다. ■

참고 정리 24는 $G = (V, E)$가 방향그래프일 경우도 성립한다. ✠

예 주어진 방향그래프

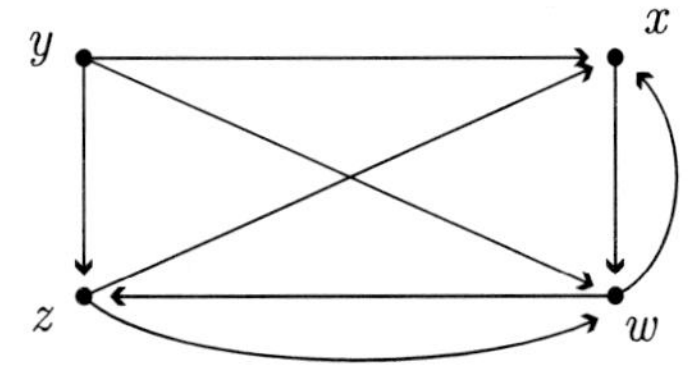

| 그림 5.1.39 |

의 인접행렬 $A = \begin{bmatrix} 0 & 0 & 0 & 1 \\ 1 & 0 & 1 & 1 \\ 1 & 0 & 0 & 1 \\ 1 & 0 & 1 & 0 \end{bmatrix}$의 거듭제곱 A^2, A^3, A^4은 각각

$$A^2=\begin{bmatrix}1&0&1&0\\2&0&1&2\\1&0&1&1\\1&0&0&2\end{bmatrix},\quad A^3=\begin{bmatrix}1&0&0&2\\3&0&2&3\\2&0&1&2\\2&0&2&1\end{bmatrix},\quad A^4=\begin{bmatrix}2&0&2&1\\5&0&3&5\\3&0&2&3\\3&0&1&4\end{bmatrix}$$

로 주어진다. 이때

(1) $a_{24}^2=2$이므로, 두 꼭짓점 y에서 w까지의 길이 2인 경로의 수는 2개

(2) $a_{21}^3=3$이므로, 두 꼭짓점 y에서 x까지의 길이 3인 경로의 수는 3개

(3) $a_{44}^4=4$이므로, 두 꼭짓점 w에서 w까지의 길이 4인 경로의 수는 4개

임을 알 수 있다. □

참고 m개의 꼭짓점을 가진 그래프(또는 방향그래프) G의 두 꼭짓점 v_i와 v_j(또는 두 꼭짓점 v_i에서 v_j까지)의 경로가 존재한다는 의미는

(1) $v_i \neq v_j$이면 길이가 $m-1$ 이하인 두 꼭짓점 v_i와 v_j(또는 두 꼭짓점 v_i에서 v_j까지)의 단순경로가 존재.

(2) $v_i = v_j$이면 길이가 m 이하인 두 꼭짓점 v_i와 v_j(또는 두 꼭짓점 v_i에서 v_j까지)의 순환로가 존재.

를 만족한다는 뜻이다. 따라서 두 꼭짓점 v_i와 v_j(또는 두 꼭짓점 v_i에서 v_j까지)의 경로가 존재함은 인접행렬 A의 거듭제곱의 합의 행렬

$$C_m = A + A^2 + A^3 + \cdots + A^m$$

의 $(i,\ j)$ 성분이 0이 아님을 의미한다. ✠

임의의 두 꼭짓점 사이에 경로가 존재하는 그래프 G는 연결그래프이다(정의 26 참조). 특히 방향그래프의 임의의 한 꼭짓점에서 다른 한 꼭짓점까지 방향경로가 존재하면, 그 방향그래프 G는 강한 연결그래프이다. 따라서 그래프(또는 방향그래프) G의 행렬 C_m의 모든 성분이 0이 아닌 양의 성분이면, 그래프(또는 방향그래프) G가 연결그래프(또는 강한 연결그래프)임을 의미한다. 때로는 연결(또는 강한 연결) 그래프의 여부를 조사하기 위해 계산하는 행렬 C_m을 0과 1(양의 성분)로 표시한다. 즉 논리 행렬로 나타낸 행렬을 **경로행렬**(path matrix)이라고 한다.

예 주어진 방향그래프

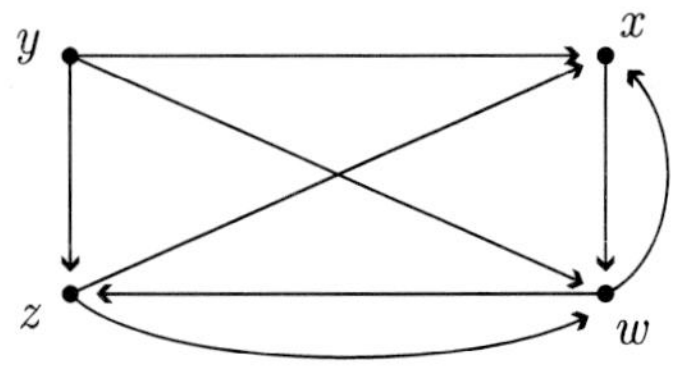

| 그림 5.1.40 |

의 인접행렬 $A=\begin{bmatrix}0&0&0&1\\1&0&1&1\\1&0&0&1\\1&0&1&0\end{bmatrix}$에 대한 행렬 $C_4=A+A^2+A^3+A^4$은

$$C_4=\begin{bmatrix}4&0&3&4\\11&0&7&11\\7&0&4&7\\7&0&4&7\end{bmatrix}$$

이다. 이때 C_4의 양의 성분은 1로 바꾸고, 0은 그대로 두어 0과 1로 표시한 논리 행렬, 즉 G의 경로행렬 P는

$$P=\begin{bmatrix}1&0&1&1\\1&0&1&1\\1&0&1&1\\1&0&1&1\end{bmatrix}$$

로 주어진다. □

참고 위의 예에서 주어진 행렬 C_4와 P는 모두 0인 성분을 포함하고 있다. 따라서 방향그래프 G는 강한 연결그래프가 아니다. 즉 방향그래프 G의 꼭짓점 y로 들어가는 경로가 없음을 나타내고 있다. ✠

1847년 키르히호프(Kirchhoff)는 인접행렬을 이용하여 주어진 그래프의 신장 트리의 개수를 알려주는 Marix-Tree 정리를 발표하였다. 신장 트리에 관한 내용은 5.2절에서 자세히 설명하기로 한다.

참고 Marix-Tree 정리 : G가 꼭짓점이 $v_1, v_2, \cdots, v_n$인 그래프일 때 A를 G의 인접행렬이라 하고, 다음

$$d_{ij}=\begin{cases}d(v_i)\ , & i=j\\0 & ,\ i\neq j\end{cases}$$

으로 정의된 $D=[d_{ij}]_{n\times n}$를 G의 **차수행렬**이라 하자. 이때 그래프 G의 신장 트리의 개수는 행렬 $D-A$의 임의의 여인수와 같다. ✠

예제 아래 그래프 G의 인접행렬 A와 차수행렬 D를 구하고, 이를 이용하여 그래프 G의 서로 다른 신장 트리의 개수를 구하시오.

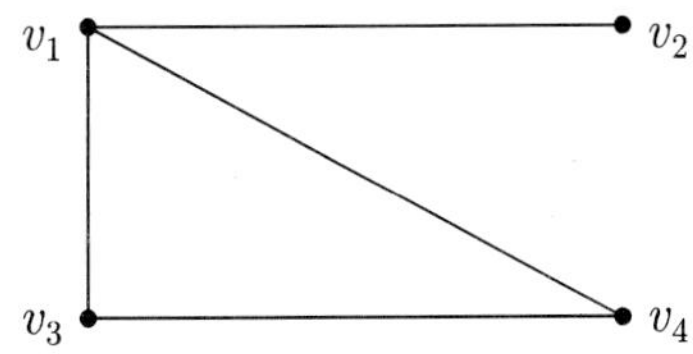

❙ 그림 5.1.41 ❙

풀이 그래프 G의 인접행렬 A와 차수행렬 D는 각각

$$A=\begin{bmatrix}0&1&1&1\\1&0&0&0\\1&0&0&1\\1&0&1&0\end{bmatrix}\quad D=\begin{bmatrix}3&0&0&0\\0&1&0&0\\0&0&2&0\\0&0&0&2\end{bmatrix}$$

로 주어진다. 따라서

$$D-A=\begin{bmatrix}3&-1&-1&-1\\-1&1&0&0\\-1&0&2&-1\\-1&0&-1&2\end{bmatrix}$$

이고, $(1,\,1)$ 성분에서의 $D-A$의 여인자는

$$\begin{vmatrix}1&0&0\\0&2&-1\\0&-1&2\end{vmatrix}=3$$

이므로, Matrix-tree 정리에 따라 그림 5.1.41의 그래프는 오직 세 개의 신장 트리를 갖는다. 사실 그래프 G의 신장 트리는 아래와 같은 세 가지뿐이다.

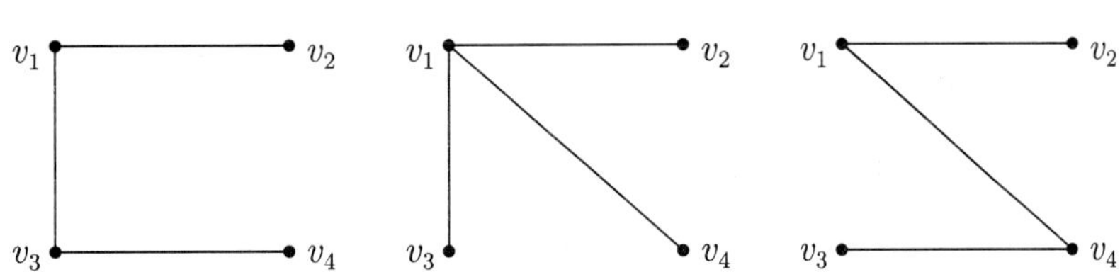

❙ 그림 5.1.42 ❙ ■

참고 그래프 $G=(V, E)$에서 $V=\{v_1, v_2, \cdots, v_p\}$, $E=\{e_1, e_2, \cdots, e_q\}$라고 하면, G의 근접행렬 $B=[b_{ij}]_{p\times q}$를

$$b_{ij}=\begin{cases}1, & \text{꼭짓점 } v_i\text{와 모서리 } e_j\text{가 근접할 때}\\ 0, & \text{그 외의 경우}\end{cases}$$

으로 정의한다. ✠

예제 아래 그래프 G의 근접행렬 B를 구하시오.

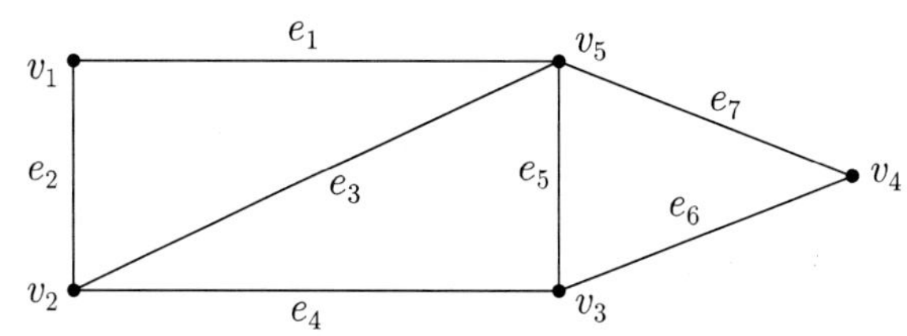

| 그림 5.1.43 |

풀이 $B=[b_{ij}]_{5\times 7}$를 G의 근접행렬이라 하면, 꼭짓점 v_1과 모서리 e_1, e_2는 근접하므로 $b_{11}=b_{12}=1$이다. 그러나 모서리 e_3, e_4, e_5, e_6, e_7은 꼭짓점 v_1과 근접하지 않으므로, $b_{13}=b_{14}=b_{15}=b_{16}=b_{17}=0$이다. 이런 방법으로 B의 모든 성분을 구하면

$$B=\begin{bmatrix}1&1&0&0&0&0&0\\0&1&1&1&0&0&0\\0&0&0&1&1&1&0\\0&0&0&0&0&1&1\\1&0&1&0&1&0&1\end{bmatrix}$$

이다. ■

4. 오일러 회로와 해밀턴 순환로

(1) 오일러 회로

오일러는 쾨니스버그의 분리된 세 부분을 각각 꼭짓점으로, 프레겔 강의 다리를 그래프의 모서리로 표현하여 다음 그림과 같은 그래프를 얻었다.

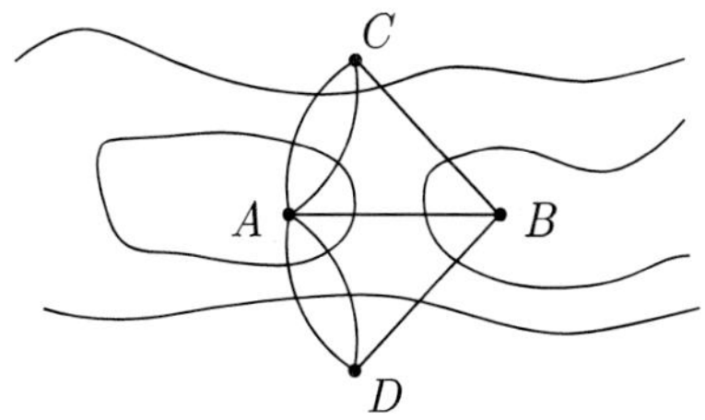

▌그림 5.1.44▐

또한 그래프의 한 꼭짓점에서 출발하여 모든 모서리를 한 번만 지나 돌아오는 회로가 존재하기 위해서는 반드시 모든 꼭짓점은 들어가는 모서리의 수와 나오는 모서리의 수가 같은 성질, 즉 모든 꼭짓점의 차수가 짝수라는 성질을 가져야 한다. 그런데 쾨니스버그 다리 문제는 그러한 성질을 갖는 회로의 존재가 불가능함을 보여 해결하였다.

정의 25 경로와 회로

그래프 $G=(V, E)$에서

$$\{v_0, v_1\},\ \{v_1, v_2\},\ \{v_2, v_3\},\ \cdots,\ \{v_{k-1}, v_k\}\ (\text{단, } k \geq 1)$$

와 같이 k개의 모서리를 일렬로 나열하여 $k-1$개의 모서리로 연결한 그래프를 길이가 k인 길 또는 경로라 하고, 이때 v_0, v_k를 길 또는 경로의 끝점이라고 한다.

(1) k개의 서로 다른 꼭짓점 $v_0, v_1, \cdots, v_k$로 구성된 경로를 v_0에서 v_k까지의 **단순경로**(simple path)라고 한다.

(2) 경로의 양 끝점이 같은, 즉 $v_0 = v_k$인 경로를 **닫힌경로**(closed path)라고 한다.

(3) 모든 모서리가 서로 다른 닫힌경로를 **회로**(circuit)라 하고, 이때 v_0를 이 회로의 끝점이라고 한다.

(4) 구성하는 k개의 꼭짓점 $v_0, v_1, \cdots, v_k$ 중에 양 끝점을 제외한 나머지 꼭짓점들이 서로 다른 닫힌경로, 즉 단순닫힌경로를 **순환로**(cycle) 또는 **사이클**하고, 이때 v_0를 이 순환로 또는 사이클의 끝점이라고 한다.

예 다음 그림

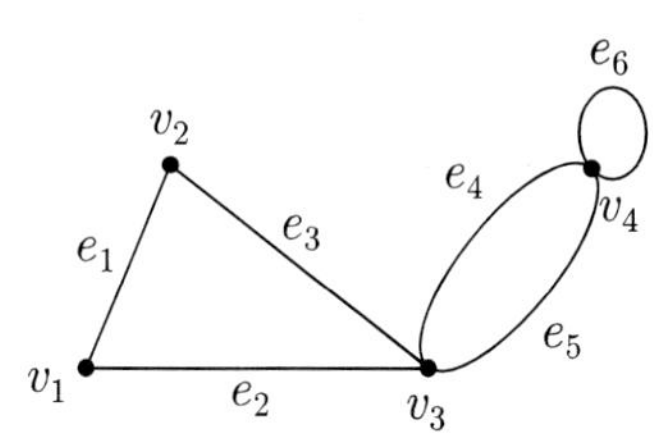

▌그림 5.1.45▐

이 나타내는 그래프에서 $e_1 = \{v_1, v_2\}$, $e_3 = \{v_2, v_3\}$와 $e_2 = \{v_1, v_3\}$는 모두 v_1에서 v_3까지의 단순경로이다. 또 (e_1, e_3, e_2)는 종점이 v_1인 회로인 동시에 순환로이고, $(e_1, e_3, e_4, e_5, e_2)$는 종점이 v_1인 회로이지만 순환로는 아니다. 그리고

$$e_4 = \{v_3, v_4\}, \quad e_5 = \{v_4, v_3\}$$

는 종점이 v_3인 순환로이고, 고리 $e_6 = \{v_4, v_4\}$는 종점이 v_4인 순환로이다. □

예 다음 그림

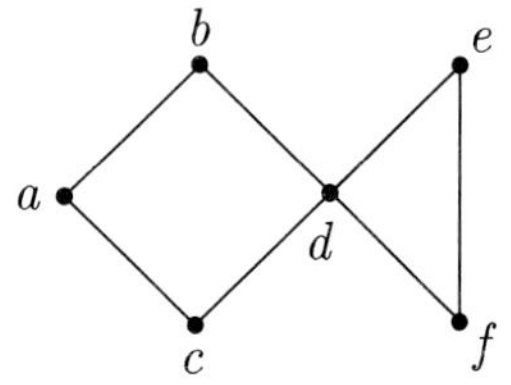

▌그림 5.1.46▐

이 나타내는 그래프에서, 다음이 성립한다.

(1) $\alpha = (a, b, d, f, e)$는 모든 꼭짓점이 서로 다른 단순경로이지만, 양 끝점이 같지 않으므로 닫힌경로가 아니다. 따라서 회로도 순환로도 아니다.

(2) $\beta = (c, b, a, d, e, f, d, c)$는 $\{c, b\}$나 $\{a, d\}$로 된 모서리가 없으므로 경로가 아니다.

(3) $\gamma = (b, a, c, d, e, f, d, b)$는 닫힌경로이다. 그런데 γ는 그래프의 모든 모서리를 오직 한 번만 포함하므로 회로가 되지만, 꼭짓점 d를 두 번 통과하므로 순환로는 아니다. □

정의 26 연결그래프

그래프 $G = (V, E)$에서 서로 다른 두 꼭짓점 $v, w \in V$에 대하여 v에서 w까지의 경로

$$(v, v_1, v_2, \cdots, v_{k-1}, w)$$

가 존재할 때, v와 w는 연결되어 있다(connected)고 한다. 여기서 꼭짓점

$$v, v_1, v_2, \cdots, v_{k-1}, w$$

는 모두 서로 다르다. 또한 그래프 G에서 $|V| = 1$이거나 또는 임의의 서로 다른 두 꼭짓점이 연결되어 있을 때, G를 **연결그래프**(connected graph)라고 한다.

그래프 $G=(V, E)$의 모든 두 꼭짓점 사이를 연결하는 경로가 존재하면, G는 **연결성** (connectivity)을 갖는다고 하며, 이때 G를 연결그래프라고 한다. 특히 그래프 G의 연결된 부분그래프들 중에서 가장 큰(포함관계를 의미) 부분그래프를 **연결성분** (connected component)이라고 한다.

예 연결그래프 $G=(V, E)$의 연결성분은 G 자신이며, 연결그래프가 아닌 그래프는 두 개 이상의 연결성분을 갖는다. $|V|=1$인 그래프 $G=(V, E)$도 연결그래프이다. □

참고 $G=(V, E)$가 연결그래프일 때, $|V| \geq 2$이면 각 꼭짓점 $v \in V$에 대하여 $d(v) \geq 1$이다. ✠

예 아래 그림이 나타내는 두 단순그래프는 모두 연결그래프이다.

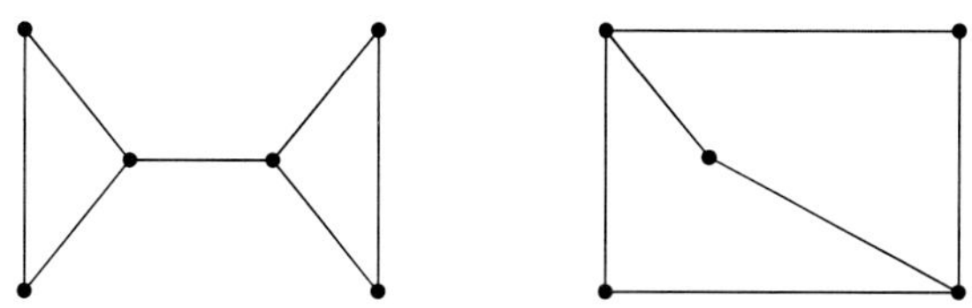

| 그림 5.1.47 | □

예 완전그래프 K_n, 순환그래프, C_n 바퀴그래프 W_n, 이분그래프, 완전이분그래프 $K_{m,n}$은 모두 연결그래프이다. □

정의 27 오일러 경로

그래프 $G=(V, E)$에서 모든 모서리를 한 번씩만 포함하는 경로가 존재할 때, 이 경로를 **오일러 경로** (Euler path)라고 한다. 특히 모든 모서리를 한 번씩만 포함하는 회로

$$(v_0,\ v_1,\ \cdots,\ v_{k-1},\ v_k)(\text{단},\ v_0 = v_k)$$

가 존재할 때, 이 회로를 **오일러 회로** (Euler circuit)라고 한다. 여기서 오일러 경로와 오일러 회로는 하나의 꼭짓점을 여러 번 포함하여도 좋다.

주어진 단순 또는 다중그래프의 모든 모서리를 오직 한 번만 지나는 경로를 오일러 경로라 하며, 닫힌 오일러 경로, 즉 경로의 양 끝점이 동일한 회로를 오일러 회로라고 한다.

예 완전그래프 K_2, K_n(단, n은 홀수)은 오일러 경로를 갖는다. □

참고 다음 그림

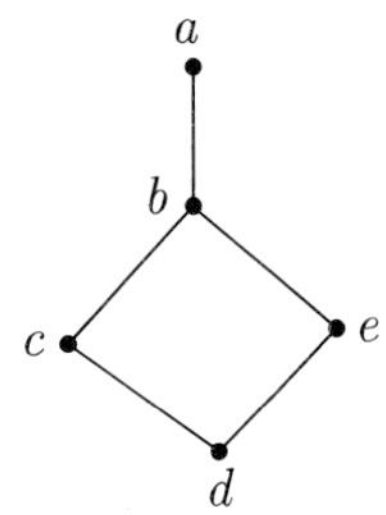

| 그림 5.1.48 |

이 나타내는 연결그래프에는 오일러 회로가 존재하지 않는다. 왜냐하면 a를 출발한 회로는 모서리 $\{a, b\}$를 다시 거치지 않고 a로 되돌아 올 수 없으며, a가 아닌 다른 꼭짓점을 출발점으로 한 회로가 모든 모서리를 포함하려면 결국 꼭짓점 b를 지나 모서리 $\{b, a\}$를 거쳐 a로 간 다음에 다시 $\{a, b\}$를 지나지 않고서는 출발점으로 되돌아올 수가 없기 때문이다. ✠

다음 정리는 1736년 오일러에 의해 증명되었다.

정리 28

연결그래프 $G=(V, E)$에 대하여, G에 오일러 회로가 존재하기 위한 필요충분조건은 G의 모든 꼭짓점이 짝수인 것이다.

완전그래프 K_n에서 모든 꼭짓점의 차수는 $n-1$이다. 따라서 $n \geq 3$일 때, n이 홀수이면 K_n에는 오일러 회로가 존재하고, n이 짝수이면 K_n에는 오일러 회로가 존재하지 않는다.

예 다음 그림

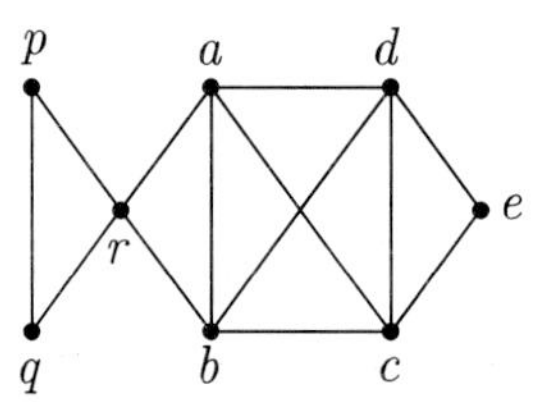

| 그림 5.1.49 |

이 나타내는 그래프를 G라고 할 때, G는 연결그래프이고 꼭짓점은 모두 짝수점이다. 이때

$$(a,\ d,\ e,\ c,\ b,\ r,\ q,\ p,\ r,\ a)$$

는 끝점이 a인 회로이지만 오일러 회로는 아니다. □

예 아래 그림이 나타내는 두 그래프는 오일러 회로를 갖지 않는다.

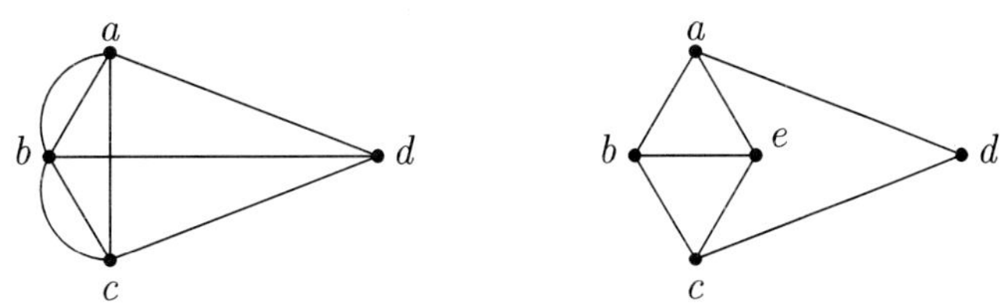

| 그림 5.1.50 | □

예 다음 그래프

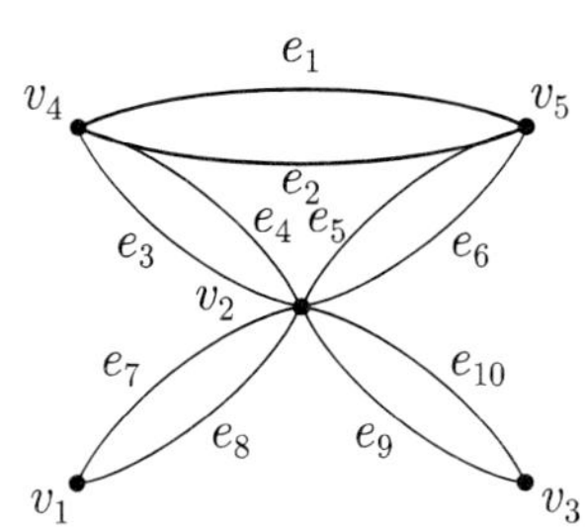

| 그림 5.1.51 |

는 모든 꼭짓점의 차수가 짝수인 연결그래프이므로, 오일러 회로를 갖는다. 이때 오일러 회로는

$$(v_4,\ e_2,\ v_5,\ e_1,\ v_4,\ e_4,\ v_2,\ e_9,\ v_3,\ e_{10},\ v_2,\ e_6,\ v_5,\ e_5,\ v_2,\ e_8,\ v_1,\ e_7,\ v_2,\ e_3,\ v_4)$$

로 주어진다. (참고문헌 5 참조) □

정리 29

그래프 $G=(V,\ E)$가 연결그래프일 때, G의 서로 다른 두 꼭짓점 $v,\ w$에 대하여 v에서 w까지의 오일러 경로가 존재하기 위한 필요충분조건은 v와 w는 홀수점이고 나머지 꼭짓점은 모두 짝수점인 것이다.

예 다음 그림

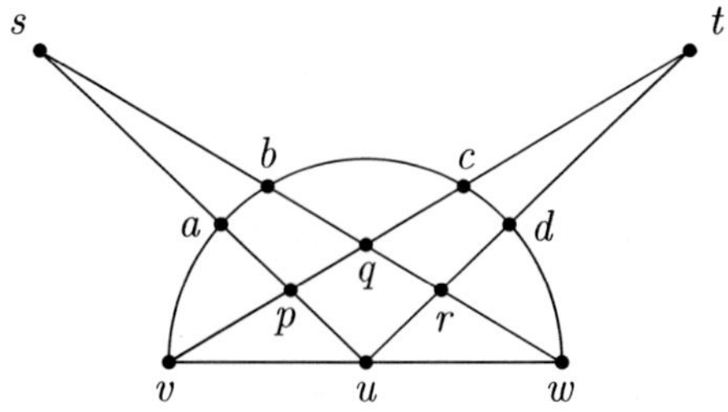

❙ 그림 5.1.52 ❙

이 나타내는 그래프는 연결그래프이고, 두 꼭짓점 v, w는 홀수점이지만 나머지 꼭짓점은 모두 짝수점이다. 따라서 이 그래프에는 v에서 w까지의 오일러 경로가 존재한다. 실제로

$$(v,\ a,\ b,\ q,\ p,\ a,\ s,\ b,\ c,\ q,\ r,\ d,\ c,\ t,\ d,\ w,\ u,\ v,\ p,\ u,\ r,\ w)$$

는 v에서 w까지의 오일러 경로이다. □

참고 쾨니스버그 다리 문제는 다음 그림

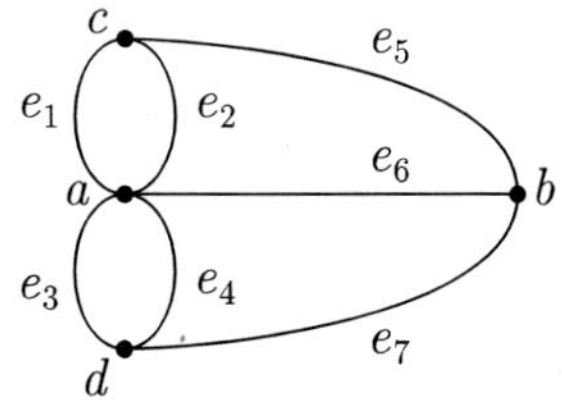

❙ 그림 5.1.53 ❙

이 나타내는 그래프에 오일러 회로가 존재하는지를 판정하는 문제와 같다. 그런데 이 그래프의 네 꼭짓점은 모두 홀수점이므로, 이 그래프에는 오일러 회로가 존재하지 않는다. ✠

(2) 해밀턴 순환로

① 해밀턴 순환로

참고 해밀턴 (Hamilton)은 1857년에 오일러의 쾨니스버그 다리 문제와 유사한 문제를 제시하였다. 즉 다음 그림

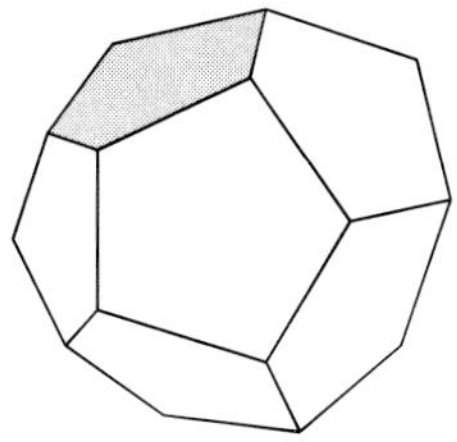

| 그림 5.1.54 | 12면체

과 같은 "나무로 된 12면체 (wooden dodecahedron)의 모서리를 지나면서, 20개의 꼭짓점을 오직 한 번만 방문하고 출발한 자리로 되돌아올 수 있는가?"라는 문제를 내놓았다. 이 12면체는 다음 그림

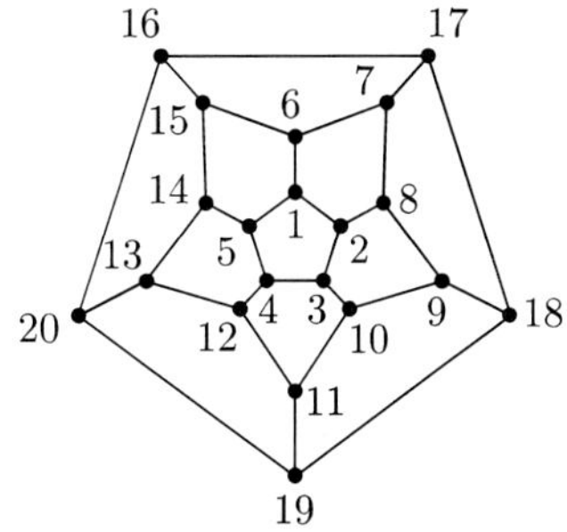

| 그림 5.1.55 | 12면체의 평면형 그래프

과 같이 평면형 그래프로 표현할 수 있고, 이 문제는 그래프에서 모든 꼭짓점을 단 한 번만 지나는 순환로를 구하는 문제와 같다. 이 퍼즐을 해밀턴 퍼즐 (Hamilton puzzle)이라고 한다. (5.3절 참조) ✠

해밀턴의 이름을 따서 명명된 **해밀턴 경로** (Hamilton path)는 그래프의 모든 꼭짓점을 오직 한 번만 지나는 경로를 말한다. 또한 양 끝점을 제외한 모든 꼭짓점을 오직 한 번 지나는 닫힌 경로를 해밀턴 순환로라 하고, 해밀턴 순환로를 포함하는 그래프를 **해밀턴 그래프** (Hamilton graph)라고 한다.

정의 30 해밀턴 순환로

그래프 $G=(V, E)$에서 모든 꼭짓점을 포함하는 순환로

$$(v_0, v_1, v_2, \cdots, v_{n-1}, v_0)$$

가 존재할 때, 이 순환로를 **해밀턴 순환로** (Hamilton cycle)라고 한다.

그래프 $G=(V, E)$에서 해밀턴 순환로가 존재하는 경우, 이 순환로에 포함되는 모서리와 꼭짓점은 모두 서로 다르다. 이때 $|V| \geq 3$이다. 모든 모서리를 오직 한 번 지나지만 꼭짓점은 두 번 이상 반복하여 회로에 포함될 수 있는 오일러 회로와는 대조적인 의미를 갖는다.

참고 해밀턴 순환로와 경로의 존재성을 결정하는 문제는 쉽지 않다. 존재성을 밝히는 하나의 방법은 다음 그림

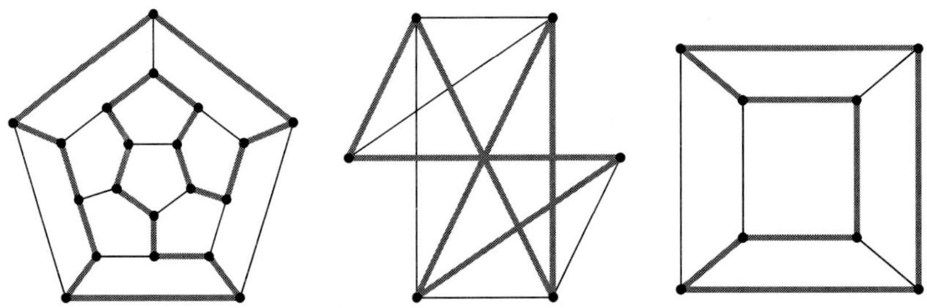

(a) (b) (c)

그림 5.1.56

에서와 같이 해밀턴 순환로를 찾는 것이다. 그러나 복잡한 그래프에서는 적용이 거의 불가능하다. 여기서 주어진 그림은 해밀턴 순환로를 포함하는 해밀턴 그래프들이다. 이 그림에서 굵은 선이 해밀턴 순환로를 나타내고 있으며, (a)는 해밀턴 퍼즐에 대한 하나의 해답이 된다. ✠

완전그래프 K_n (단, $n \geq 3$)에는 모든 꼭짓점이 서로 연결되어 있으므로, $n \geq 3$일 때 K_n은 해밀턴 경로뿐만 아니라 해밀턴 순환로를 갖는 해밀턴 그래프이다. 실제로 꼭짓점 전체의 집합이 $V=\{v_1, v_2, \cdots, v_n\}$일 때

$$(v_1,\ v_2,\ \cdots,\ v_{n-1},\ v_n,\ v_1)$$

은 K_n의 해밀턴 순환로이다. 또한 순환그래프 C_n과 바퀴그래프 W_n, 그리고 $n \geq 2$일 때 완전이분그래프 $K_{n,n}$에는 해밀턴 순환로가 존재한다.

예 $n \geq 2$일 때, 그래프 H_n에는 해밀턴 순환로가 존재한다. 특히 H_2에서

$$(0\,0,\ 0\,1,\ 1\,1,\ 1\,0,\ 0\,0)$$

은 해밀턴 순환로이고, H_3에서

$$(0\,0\,0,\ 0\,1\,0,\ 0\,1\,1,\ 1\,1\,1,\ 1\,1\,0,\ 1\,0\,0,\ 1\,0\,1,\ 0\,0\,1,\ 0\,0\,0)$$

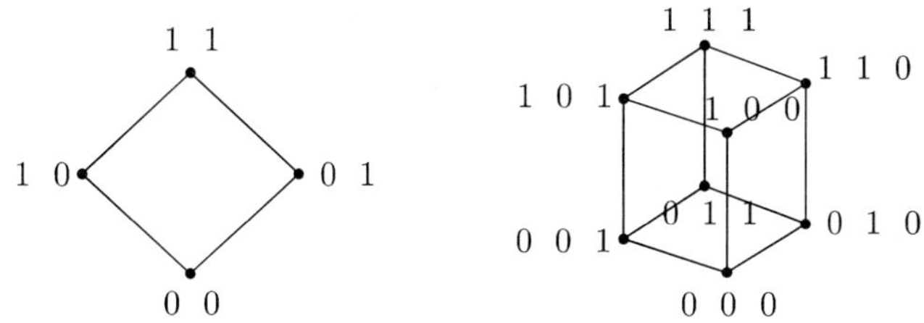

❙ 그림 5.1.57 ❙

은 해밀턴 순환로이다. □

다음 정리는 주어진 그래프가 해밀턴 그래프임을 판별하는 충분조건을 제시하고 있다. 여기서 $d(v)$는 그래프 G에서 꼭짓점 v의 차수이다.

정리 31

그래프 G가 n(단, $n \geq 3$)개의 꼭짓점을 갖는 단순연결그래프일 때, G가 인접하지 않는 모든 두 꼭짓점 u, v에 대하여

$$d(u)+d(v) \geq n$$

을 만족하면, G는 해밀턴 그래프이다.

정리 31에서 주어진 조건은 해밀턴 순환로의 존재성에 대한 충분조건이지만 필요조건은 아니다.

예 5각형 모양의 그래프는 해밀턴 순환로를 갖지만, 어떤 두 꼭짓점의 차수의 합도 4가 되어 5 이상이 되지 않는다. □

참고 단순연결그래프 $G=(V, E)$(단, $|V| \geq 3$)에 대하여

$$\delta = \min_{v \in V} d(v)$$

일 때, $\delta \geq \frac{n}{2}$이면 그래프 G는 해밀턴 순환로를 갖는다. ✠

아래 정리는 주어진 그래프가 해밀턴 그래프이기 위한 필요조건을 제시하고 있다. 정리의 조건은 해밀턴 순환로의 존재성에 대한 필요조건이지만 충분조건은 아니다.

정리 32

단순연결그래프 G가 해밀턴 그래프이면, G는 어떤 하나의 모서리를 제거하더라도 다시 연결그래프가 된다.

참고 정리 32의 역은 성립하지 않는다. 아래 그래프는 어떤 한 모서리를 제외하더라도 연결그래프가 되지만 해밀턴 순환로를 포함하지는 않는다.

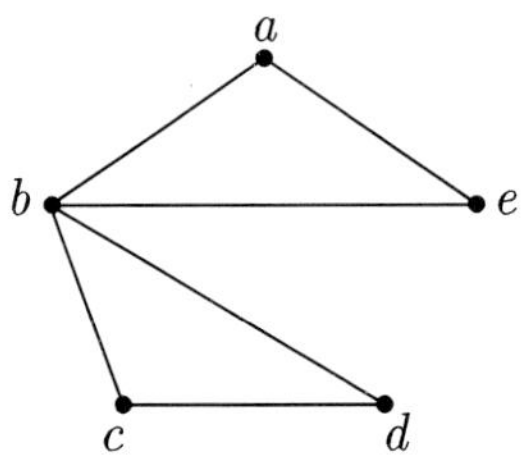

| 그림 5.1.58 |

✠

정리 33

n개의 꼭짓점을 포함하는 그래프 G에서 모든 두 꼭짓점의 차수의 합이 $n-1$ 이상이면, G는 항상 해밀턴 경로를 포함한다.

참고 정리 33의 역은 성립하지 않는다. 아래 n각형(단, $n>5$)

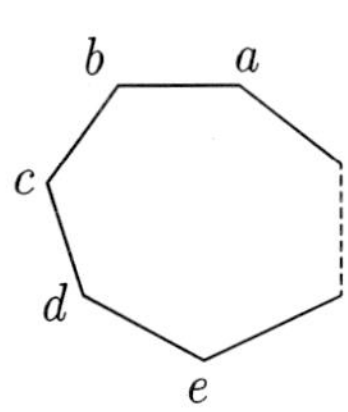

| 그림 5.1.59 |

모양의 그래프는 해밀턴 경로 $(a, b, c, d, e, \cdots)$를 갖는다. 그러나 어떤 두 꼭짓점의 차수의 합을 구하더라도 $n-1$보다 작다. ✠

② 세일즈맨의 여행 문제

주어진 그래프의 해밀턴 순환로를 찾는 문제의 중요한 응용으로 세일즈맨의 여행 문제가 있다. 이때 주어진 그래프의 각 꼭짓점은 세일즈맨이 방문하는 도시를 표현하고, 두 꼭짓점을 연결하는 모서리는 도로 또는 항공로를 의미하며, 모서리에 주어진 가중치는 그 도로 또는 항공로를 따라 이동하는 거리, 여행 시간, 또는 비용 등을 값으로 표현하여 가중치가 높으면 편리성이 낮음을 나타낸다.

이렇게 주어진 조건에서 세일즈맨이 한 도시, 즉 한 꼭짓점에서 출발하여 모든 도시를 방문한 후 다시 처음 출발했던 도시로 되돌아오는 길 중에 가장 효과적인, 즉 가중치가 가장 작은 길(해밀턴 순환로)을 찾는 문제가 세일즈맨의 여행 문제이다. 세일즈맨의 여행 문제의 해결 방법은 많은 분야에 응용되고 있다.

예제 다음 그래프

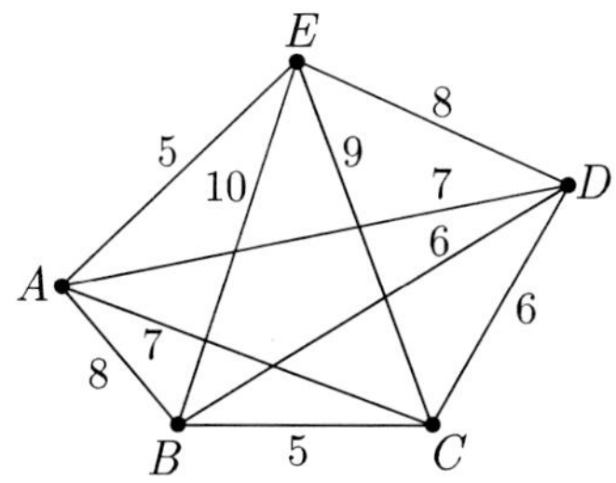

▌그림 5.1.60▐

는 5개의 꼭짓점을 모두 연결한 완전그래프 K_5이다. 세일즈맨이 도시 A에 살고 있고 나머지 4개의 도시를 모두 한 번만 방문하고 자기의 도시 A로 돌아오는 데 가장 적은 비용이 드는 길을 구하시오. 단위는 만원이다.

풀이 완전그래프는 모든 꼭짓점이 서로 연결되어 있으므로, 항상 여러 개의 해밀턴 순환로를 포함한다. 위에 주어진 그래프에 대한 세일즈맨의 여행 문제를 해결하기 위해서는 포함된 모든 해밀턴 순환로 중에 가장 비용 또는 가중치가 적은 순환로를 구하면 된다. 도시 A에서 출발하는 해밀턴 순환로와 그 가중치를 모두 나열하면 다음 표

해밀턴 순환로	비용	해밀턴 순환로	비용
(A, B, C, D, E, A)	32	(A, C, B, D, E, A)	31
(A, B, C, E, D, A)	37	(A, C, B, E, D, A)	37
(A, B, D, C, E, A)	34	(A, C, D, B, E, A)	34
(A, B, D, E, C, A)	38	(A, C, E, B, D, A)	39
(A, B, E, C, D, A)	40	(A, D, B, C, E, A)	32
(A, B, E, D, C, A)	39	(A, D, C, B, E, A)	33

| 표 5.1.1 | K_5의 해밀턴 순환로와 가중치

와 같다. 하나의 순환로의 역순은 같은 가중치를 가지므로, 각 순환로의 역 경로는 나타내지 않았다. 위의 표에서 최소 비용(최소 가중치)으로 모든 도시를 방문하여 돌아올 수 있는 길은 (A, C, B, D, E, A)이다. 이때 최소 비용은 31만 원이다. ■

위의 예제에서 제시된 세일즈맨의 여행 문제에 대한 해결 방법은 매우 원시적이다. 완전그래프 K_n의 경우, $\frac{(n-1)!}{2}$개의 해밀턴 순환로의 비용을 조사하여야 한다.

예 완전그래프 K_{100}에 대하여 세일즈맨의 여행 문제를 해결하려면

$$\frac{(100-1)!}{2} = 4.67 \times 10^{156}$$

개의 해밀턴 순환로를 조사하여야 한다. 그러나 이 수를 구하는 것은 거의 불가능하다. 즉 수십억 년이 걸릴 수 있다. 따라서 다른 해결 방법을 찾아야 한다. □

세일즈맨의 여행 문제를 해결하는 알고리즘, 즉 최소 가중치의 해밀턴 순환로를 구하는 알고리즘을 개발하고 있으나 아직까지 효과적인 알고리즘을 찾지 못했다. 단지 이 문제에 적용되고 있는 알고리즘은 해에 근사한 최소 가중치의 해밀턴 순환로를 구하고 있는 실정일 뿐이다. 대표적으로 사용되는 알고리즘으로 “세일즈맨의 여행 문제의 근사해를 구하는 vertex-greedy 알고리즘”이 있다. (참고문헌 5 참조)

연습문제 5.1 EXERCISES

1. 다음 두 그림

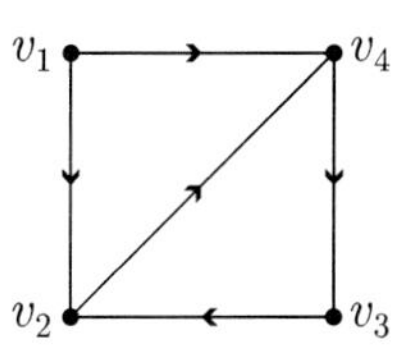

$D_1 = (V_1, E_1)$

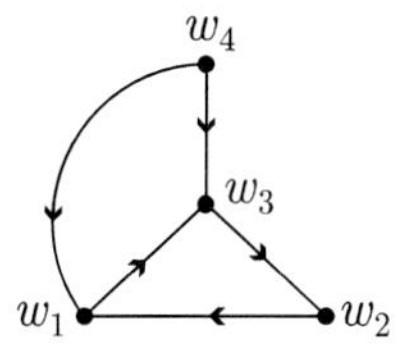

$D_2 = (V_2, E_2)$

이 나타내는 방향그래프 $D_1 = (V_1, E_1)$, $D_2 = (V_2, E_2)$에 대하여, 다음 물음에 답하시오.

(1) D_1과 D_2의 각 꼭짓점의 출력 차수와 입력 차수를 구하시오.

(2) D_1의 인접행렬 A_1과 D_2의 인접행렬 A_2를 구하시오.

(3) 함수 $\phi : V_1 \to V_2$를

$$\phi(v_1) = w_4,\ \phi(v_2) = w_1,\ \phi(v_3) = w_2,\ \phi(v_4) = w_3$$

로 정의할 때, $(v_i, v_j) \in E_1$이면 $(\phi(v_i), \phi(v_j)) \in E_2$임을 보이시오.

2. 다음 그림이 나타내는 그래프 중에서 서로 동형인 그래프를 구하시오.

(1)

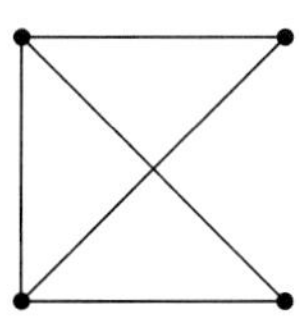

(2)

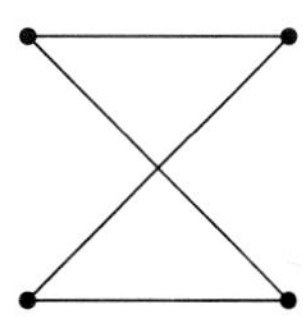

(3)

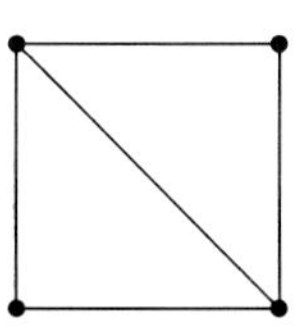

(4)

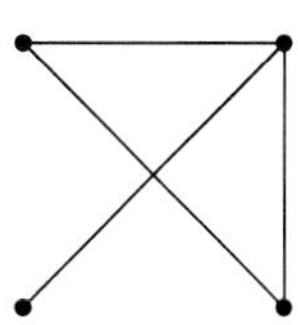

(5)

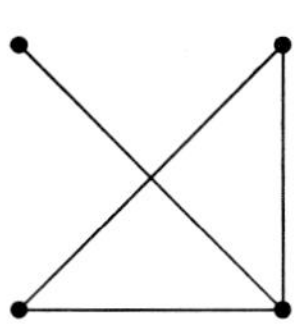

(6)

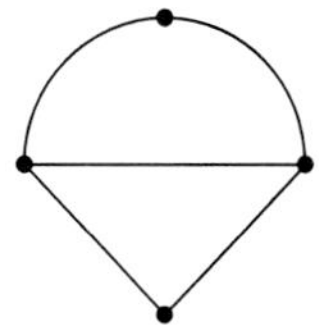

3. 다음 그림

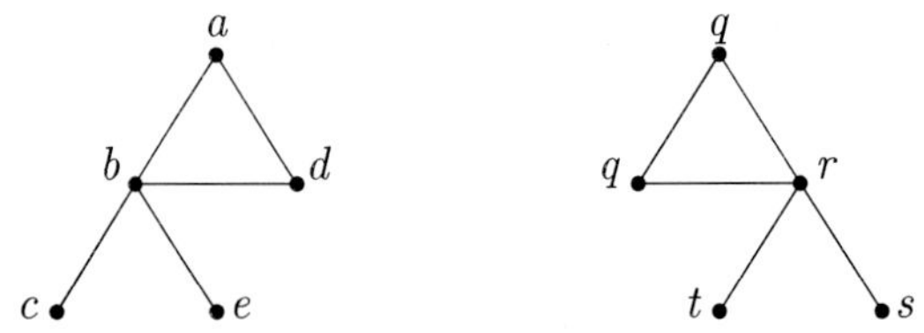

이 나타내는 두 그래프 $G=(V, E)$, $G'=(V', E')$은 서로 동형이다. 이때 동형사상 $\phi : V \to V'$를 정의하시오.

4. 다음 그림이 나타내는 그래프의 인접행렬 A를 구하시오.

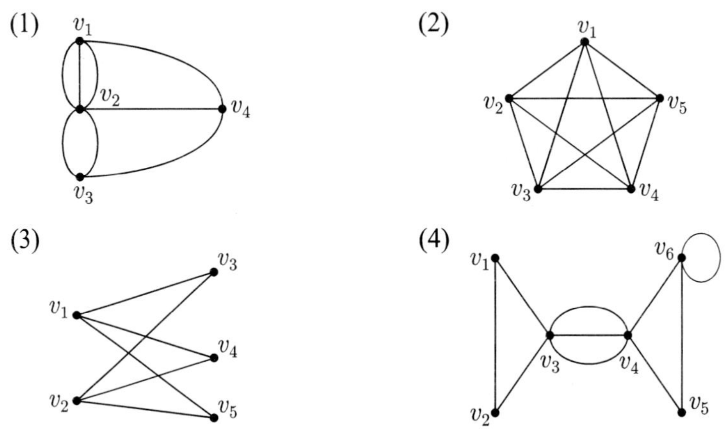

5. 오일러 경로를 갖는 연결그래프는 두 개의 홀수점을 포함하고 있음을 보이시오.

6. 완전이분그래프 $K_{m,n}$에서 m, n이 어떤 값일 때 오일러 경로를 갖게 되는가? 또한 어떤 $K_{m,n}$이 서로 동형이 되는가?

7. 다음 두 그래프에 대하여 오일러 회로의 존재 여부를 결정하시오.

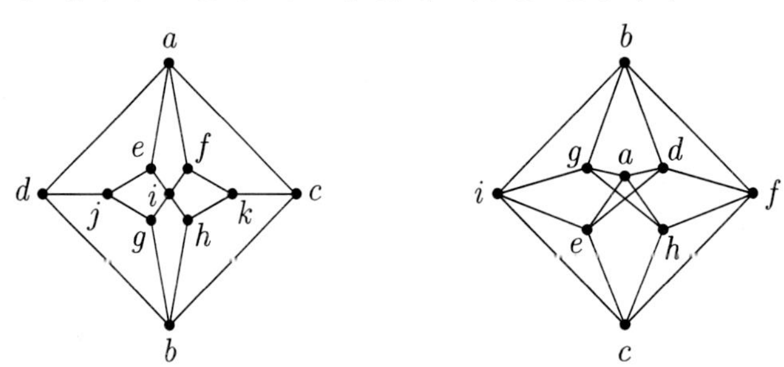

(a) (b)

8. 2개의 홀수점을 갖는 연결그래프는 오일러 경로를 가짐을 보이시오. 여기서 오일러 경로는 2개의 홀수점을 양 끝점으로 한다.

9. 다음 그림

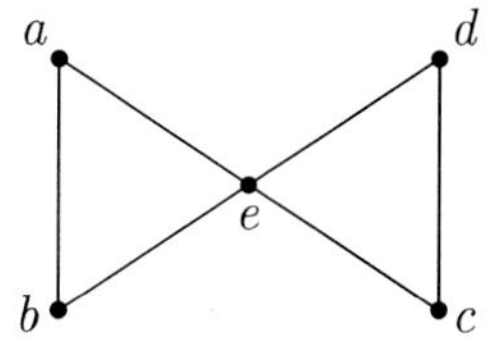

이 나타내는 그래프에는 해밀턴 순환로가 존재하지 않음을 보이시오.

10. 아래 그림으로 주어진 그래프에 대하여, 최소 가중치 해밀턴 순환로를 구하시오.

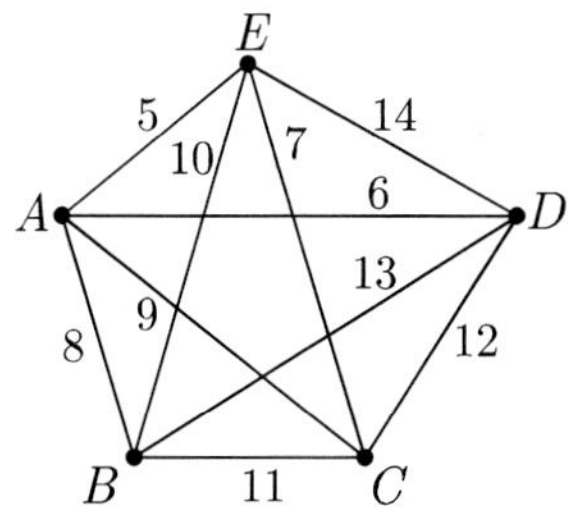

5.2 트리 그래프

1. 트리 그래프

트리 그래프의 중요성을 인식하게 한 사람은 영국의 수학자 케일리(Cayley)이다. 트리 그래프는 수학은 물론 화학이나 생물학 등의 여러 분야에서 자주 이용되며, 특히 컴퓨터 공학에서는 정보를 체계적으로 탐색하고 자료를 분류하는 프로그램에서 이용한다.

정의 1 트리 그래프

순환로를 갖지 않는 연결그래프를 **트리 그래프**(tree graph) 또는 **수형도**(tree)라고 한다.

트리 그래프는 모든 꼭짓점이 연결되어 있고, 순환로를 포함하지 않는다. 아래 그림은 여러 가지 트리 그래프를 보여준다.

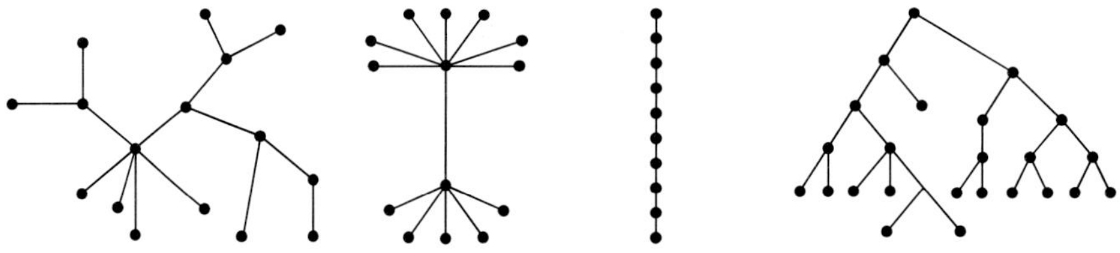

| 그림 5.2.1 | 트리 그래프

예 꼭짓점의 수가 6이며 서로 동형이 아닌 트리 그래프는 다음 여섯 종류가 있다.

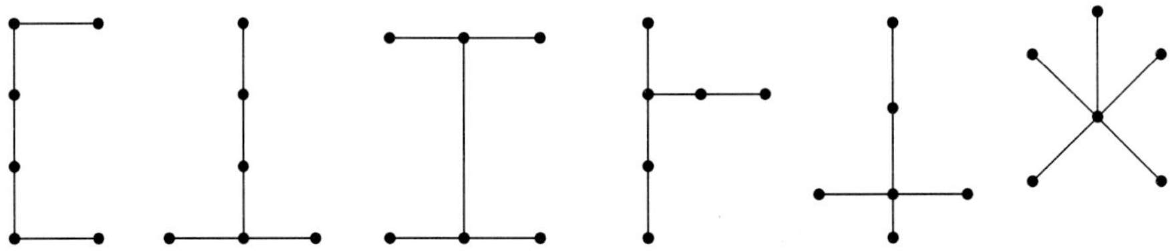

| 그림 5.2.2 | □

예 별그래프 S_n은 n개의 꼭짓점과 $n-1$개의 모서리로 이루어진 트리 그래프이고, 완전 이분그래프 $K_{1,n}$은 $n+1$개의 꼭짓점과 n개의 모서리로 이루어진 트리 그래프이다. □

예 네 꼭짓점을 갖는 트리 그래프 중에서 동형이 아닌 것은 아래 그림 두 가지뿐이다.

| 그림 5.2.3 | □

예제 아래 세 그림이 나타내는 트리 그래프 G_1, G_2, G_3는 모두 서로 동형이다.

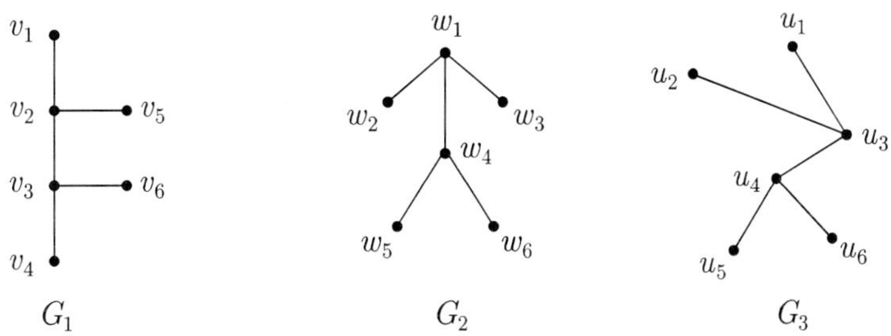

| 그림 5.2.4 |

이제

$$G_1=(V,\ E_1),\quad V=\{v_1,\ v_2,\ \cdots,\ v_6\}$$
$$G_2=(W,\ E_2),\quad W=\{w_1,\ w_2,\ \cdots,\ w_6\}$$
$$G_3=(U,\ E_3),\quad U=\{u_1,\ u_2,\ \cdots,\ u_6\}$$

라고 할 때, G_1에서 G_2 위로의 동형사상 $\phi_1: V\to W$과 G_1에서 G_3 위로의 동형사상 $\phi_2: V\to U$, 그리고 G_2에서 G_3 위로의 동형사상 $\phi_3: W\to U$를 각각 정하시오.

풀이 $\phi_1(v_1)=w_2$, $\phi_1(v_2)=w_1$, $\phi_1(v_3)=w_4$, $\phi_1(v_4)=w_5$, $\phi_1(v_5)=w_3$, $\phi_1(v_6)=w_6$

$\phi_2(v_1)=u_1$, $\phi_2(v_2)=u_2$, $\phi_2(v_3)=u_3$, $\phi_2(v_4)=u_5$, $\phi_2(v_5)=u_4$, $\phi_2(v_6)=u_6$

$\phi_3(w_1)=u_2$, $\phi_3(w_2)=u_1$, $\phi_3(w_3)=u_4$, $\phi_3(w_4)=u_3$, $\phi_3(w_5)=u_5$, $\phi_3(w_6)=u_6$ ■

참고 트리 그래프는 순환로를 갖지 않으므로 단순그래프이다. ✠

정리 2

단순그래프 T에 대하여, 다음 두 조건은 서로 동치이다.

(1) T는 트리 그래프이다.

(2) 임의의 서로 다른 두 꼭짓점 v, w에 대하여, v에서 w까지의 단순경로가 유일하게 존재한다.

증명 (1) ⇒ (2) 단순그래프 T가 트리 그래프라고 하고 v, w를 서로 다른 두 꼭짓점이라고 하자. 그러면 T는 연결그래프이므로, v에서 w까지의 단순경로가 존재한다. 이때 v에서 w까지의 단순경로가 두 개 존재한다면, T에 순환로가 존재하게 된다. 따라서 T가 트리 그래프라는 사실에 모순이다. 그러므로 v에서 w까지의 단순경로는 유일하게 존재한다.

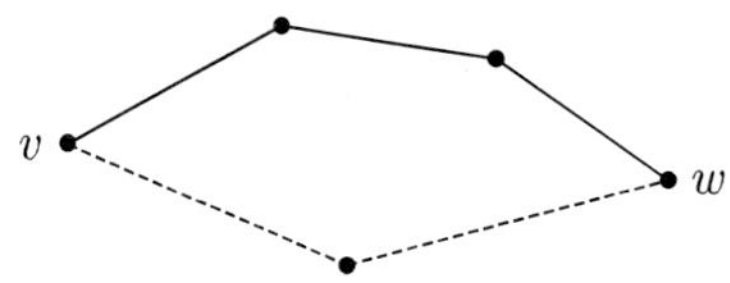

❙ 그림 5.2.5 ❙

(2) ⇒ (1) 가정에 의해 T는 연결그래프이고, T에는 다중모서리와 고리가 없다. 따라서 T에 순환로가 존재한다면 이 순환로는 적어도 3개의 꼭짓점 u, v, w를 포함하고, 이때 예를 들어 u에서 w까지의 단순경로는 두 개가 있게 되어 모순이 생긴다. 그러므로 T는 트리 그래프이다. ■

다음 정리는 n개의 꼭짓점을 갖는 트리 그래프는 $n-1$개의 모서리를 포함하고 있음을 보여준다. 정리의 증명은 n에 관한 수학적 귀납법을 이용한다.

정리 3

n개의 꼭짓점을 갖는 그래프 T에 대하여, 다음 두 조건은 서로 동치이다.

(1) T는 트리 그래프이다.

(2) T는 순환로를 포함하지 않으며, $n-1$개의 모서리를 갖는다.

(3) T는 연결그래프이며, $n-1$개의 모서리를 갖는다.

참고 트리 그래프 T의 두 꼭짓점 a, b가 인접하지 않을 때, 모서리 $e=\{a, b\}$를 추가한 그래프 $T+e$는 트리 그래프가 아니다. 왜냐하면 그래프 $T+e$는 T에 존재하는 a, b의 유일한 단순경로와 e로 만들어지는 순환로를 포함하기 때문이다. 또한 트리 그래프 T의 두 꼭짓점 a, b가 인접할 때, 모서리 $e=\{a, b\}$를 제거한 그래

프 $T-e$도 트리 그래프가 아니다. 왜냐하면 그래프 $T-e$는 연결그래프가 아니기 때문이다. ✠

정의 4

트리 그래프 T에서 특정한 하나의 꼭짓점 v_0를 지정하여 논하는 경우, 이 T를 뿌리(root) v_0를 가진 트리 그래프라고 한다.

참고 꼭짓점에 문자를 붙이지 않는 경우, 5개의 꼭짓점을 가진 트리 그래프는 아래 그림이 나타내는 3개뿐이다.

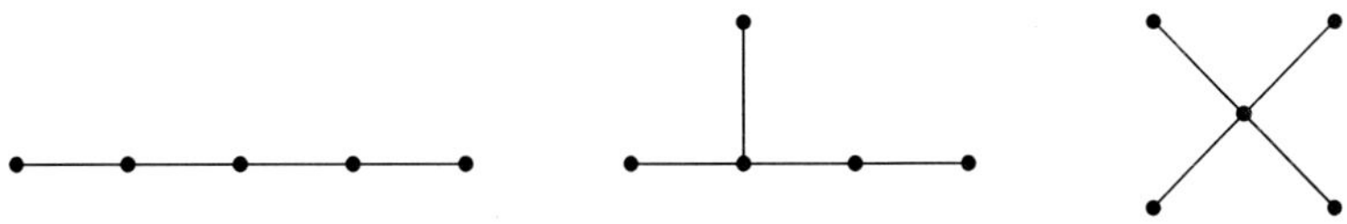

그림 5.2.6 ✠

정의 5

그래프 T가 뿌리 v_0를 가진 트리 그래프일 때, v가 v_0와 서로 다른 꼭짓점이면 v_0에서 v까지의 단순경로

$$(v_0,\ v_1,\ v_2,\ \cdots,\ v_{k-1},\ v)\ (단,\ k \geq 1)$$

가 유일하게 존재한다. 이때 단순경로의 길이 k를 v의 깊이(depth) 또는 수준(level)이라고 한다.

예 다음 그림

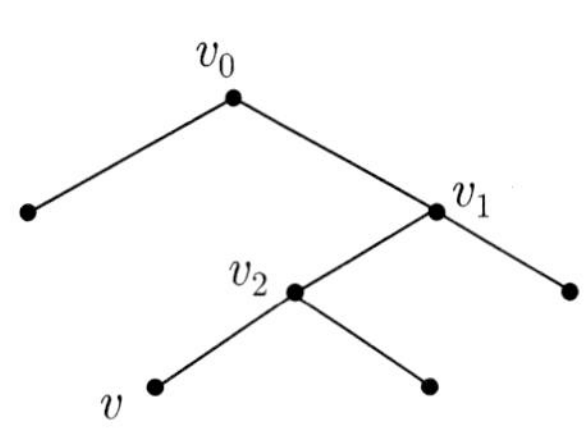

그림 5.2.7

이 나타내는 트리 그래프에서 꼭짓점 v_0를 뿌리로 택할 때, v_0에서 꼭짓점 v까지의 단순경로는 $(v_0,\ v_1,\ v_2,\ v)$뿐이다. 따라서 v의 깊이는 3이 된다. □

정리 6

단순연결그래프 $G=(V, E)$에 대하여, 다음 두 조건은 서로 동치이다.

(1) G는 트리 그래프이다.

(2) $|E|=|V|-1$

예제 트리 그래프 $T=(V, E)$에서, 인접하지 않은 두 꼭짓점을 모서리로 연결하면 순환로가 생긴다.

증명 트리 그래프 T에서 인접하지 않은 두 꼭짓점 v, w에 모서리 e를 추가하여 $E'=E\cup\{e\}$라고 하면, $T'=(V, E')$은 단순연결그래프이다. 한편 정리 6에 의해 $|E|=|V|-1$이므로

$$|E'|=|E|+1=|V|$$

이다. 따라서 T'은 트리 그래프가 아니므로, T'에는 순환로가 존재한다. ■

연결그래프 $G=(V, E)$에서 $|V|\geq 2$인 경우, $|E|<|V|$이면 G는 트리 그래프이다. 왜냐하면 $|E|\geq|V|-1$이므로, $|E|<|V|$이면 $|E|=|V|-1$이 성립하기 때문이다.

참고 그래프 $G=(V, E)$의 꼭짓점은 어느 한 나라의 여러 도시를 나타내고 또 모서리는 두 도시 사이의 직행 항로를 나타낸다고 할 때, $\dfrac{|E|}{|V|}<1$인 경우

(1) G가 연결그래프가 아닌 경우, 이 나라의 어느 두 도시는 항공편을 이용하여 여행할 수 없다.

(2) G가 연결그래프이면, G는 트리 그래프이므로 한 도시에서 다른 도시로 비행하는 방법은 오직 한 가지뿐이다. ✠

예제 두 개 이상의 꼭짓점을 갖는 트리 그래프 $G=(V, E)$에는 차수가 1인 꼭짓점이 2개 이상 존재한다.

증명 트리 그래프 G는 연결그래프이므로, 모든 꼭짓점 $v\in V$에 대하여 $d(v)\geq 1$이고, 또 정리 6에 의해 $|E|=|V|-1$이다. 이제 그래프 G의 꼭짓점 중에서 차수가 1인 것이 없거나 또는 오직 1개 존재한다고 하자. 이때 $|V|-1$개의 꼭짓점의 차수는 모두 2 이상이므로, $2|E|=\sum_{v\in V} d(v)\geq 2(|V|-1)+1$이다. 그러므로

$$2(|V|-1) = 2|E| \geq 2(|V|-1)+1$$

로 되어 모순이 생긴다. 따라서 G의 꼭짓점 중에서 그 차수가 1인 꼭짓점은 2개 이상 존재한다. ■

완전이분그래프 $K_{m,n}$이 트리 그래프이면, $m=1$ 또는 $n=1$이 된다. 왜냐하면 $m \geq 2$, $n \geq 2$이면 꼭짓점의 개수는 $mn \geq 4$이고 모든 꼭짓점 v에 대하여 $d(v) \geq 2$이므로 모순이 발생하기 때문이다.

2. 신장 트리

정의 7 신장 트리

$G=(V, E)$가 연결그래프일 때, G의 모든 꼭짓점을 포함하는 G의 부분그래프이면서 트리 그래프가 되는 G의 부분그래프 $G'=(V, E')$을 G의 **신장 트리** (spanning tree) 또는 생성 수형도라고 한다.

연결그래프 $G=(V, E)$에서 꼭짓점은 모두 그대로 둔 채 적당한 모서리를 제거하여 얻게 되는 트리 그래프 $G'=(V, E')$이 G의 신장 트리이다.

예 아래 그림에서 (b)는 그래프 G의 신장 트리이다. 그러나 (c)는 G의 신장 트리가 아니다.

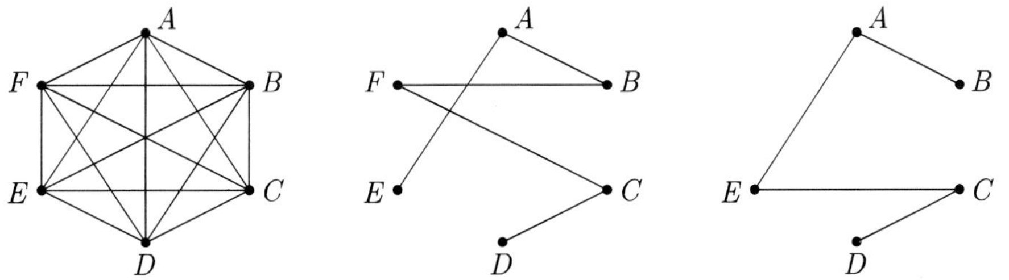

(a) 그래프 G (b) (c)

그림 5.2.8 □

예제 완전이분그래프 $K_{4,2}$의 신장 트리의 개수를 구하시오.

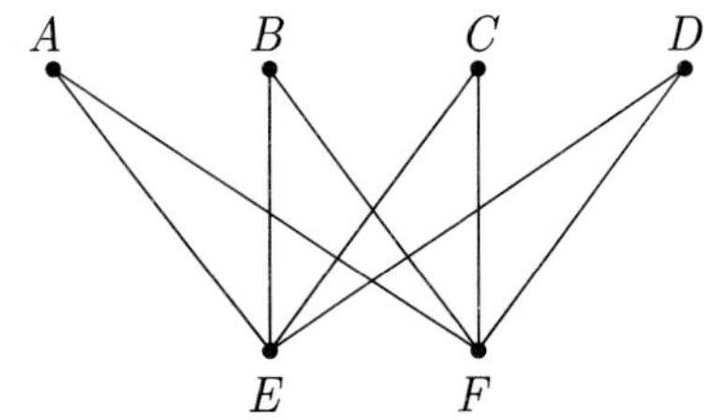

| 그림 5.2.9 |

풀이 $K_{4,2}$의 신장 트리는 A, B, C, D 중 하나만 E와 F에 동시에 인접하고, 나머지는 E나 F 중 한 꼭짓점과만 인접한다. 따라서 곱셈의 법칙에 의해 $4 \times 2^3 = 32$개의 신장 트리가 존재한다. ■

예제 모든 연결그래프 $G=(V, E)$는 한 개 이상의 신장 트리를 포함한다.

증명 연결그래프 G에서 꼭짓점은 모두 그대로 둔 채 "고리가 존재하면 고리를 모두 제거하고, 서로 다른 두 꼭짓점을 이은 다중모서리가 존재하면 모서리 중에서 하나만 남기고 나머지를 모두 제거"하여 얻은 G의 부분그래프를 $G_1=(V, E_1)$이라고 하면, G_1은 단순연결그래프이다.

먼저 G_1에 순환로가 존재하지 않으면, G_1은 트리 그래프이므로 G_1은 G의 신장 트리이다. 다음에 G_1에 순환로가 존재한다고 가정하고

$$(v_1, v_2, \cdots, v_k, v_1)$$

를 G_1의 한 순환로라고 하자. 이때

$$e=\{v_1, v_2\},\ E_2=E_1-\{e\}$$

라고 하면, 그래프 G_1에서 꼭짓점은 그대로 둔 채 모서리 e만을 제거하여 얻은 부분그래프 $G_2=(V, E_2)$는 연결그래프이고, 순환로 $(v_1, v_2, \cdots, v_k, v_1)$을 포함하지 않는다. 이와 같이 G_1에서 꼭짓점은 모두 그대로 둔 채 순환로를 모두 제거하여 얻은 부분그래프를 $G'=(V, E')$이라고 하면, G'은 연결그래프이므로 G'은 트리 그래프이다. 따라서 G'은 G의 신장 트리이다. ■

참고 1889년 케일리는 n개의 꼭짓점 $A_1, A_2, \cdots, A_n$을 갖는 서로 다른 트리 그래프의 개수는 n^{n-2}임을 보였다. 따라서 n개의 꼭짓점 $A_1, A_2, \cdots, A_n$을 갖는 완전그래

프 K_n의 신장 트리의 개수는 A_1, A_2, $\cdots$, A_n을 꼭짓점으로 갖는 트리 그래프의 개수와 같으므로 n^{n-2}개다. ✠

연결그래프 G가 어떤 회로도 포함하지 않으면 G는 트리 그래프이다. 한편 연결그래프가 1개 이상의 회로를 포함하면 그 회로의 모서리들을 제거하여 신장 트리를 만들 수 있다. 이것은 신장 트리가 연결그래프의 최소의 연결된 부분그래프임을 의미한다. 또한 신장 트리가 아닌 연결된 부분그래프는 모서리를 제거하여 더 작은 연결그래프를 만들 수 있음을 의미한다. 그러나 신장 트리는 어떤 모서리를 제거해도 연결된 부분그래프를 만들 수 없다.

참고 연결그래프 $G=(V, E)$에 대하여 $G'=(V, E')$이 G의 신장 트리이면, G'은 $|V|$개의 꼭짓점을 갖는다. 또한 G'이 트리 그래프이므로

$$|E'|=|V|-1$$

이다. 따라서 G'은 $|V|-1$개의 모서리를 갖는다. ✠

앞으로 꼭짓점의 개수가 n인 트리 그래프나 신장 트리를 생각하는 경우는, 각 꼭짓점에 $v_1, v_2, \cdots, v_n$과 같은 문자를 붙여 꼭짓점을 구별하기로 한다.

예 다음 그림

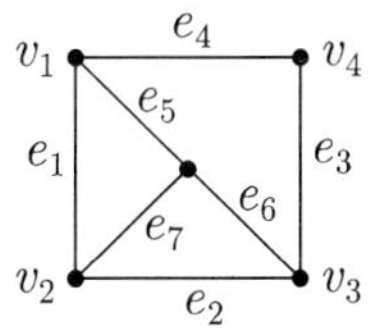

| 그림 5.2.10 |

이 나타내는 그래프는 단순연결그래프이다. 이 그래프의 신장 트리는 다음 3가지 그래프뿐이다. 여기서 처음 두 트리 그래프는 동형이다.

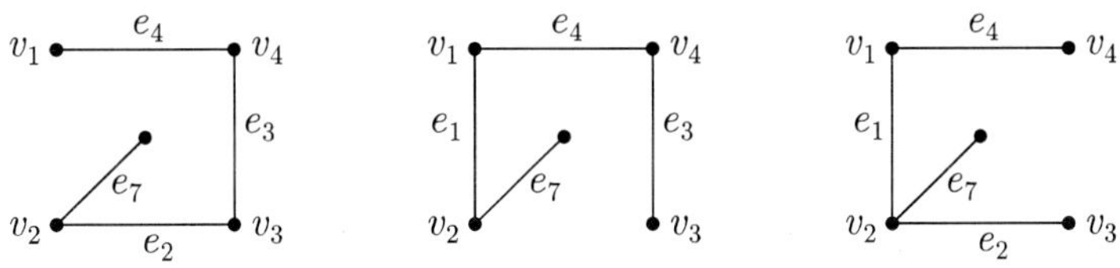

| 그림 5.2.11 | □

이제 주어진 연결그래프의 신장 트리를 구하는 탐욕 알고리즘을 소개한다.

신장 트리를 구하는 탐욕 알고리즘(Greedy algorithm) :

입력 : 연결그래프 $G=(V, E)$

출력 : G의 신장 트리 $T=(V_T, E_T)$

1. V의 꼭짓점 v를 택하여 초기의 트리 그래프 $T=(\{v\}, \varnothing)=(V_T, E_T)$를 만든다.
2. V_T의 꼭짓점과 연결하여 트리 그래프가 되도록 하는 $V-V_T$의 꼭짓점과 그 연결된 $E-E_T$의 모서리를 한 번에 하나씩 선택하여 V_T와 E_T에 각각 추가한다.
3. V의 모든 꼭짓점이 V_T에 포함되었으면, 신장 트리 $T=(V_T, E_T)$를 출력하고 종료한다.

연결그래프 $G=(V, E)$의 신장 트리 T는 유일하지 않으므로, 위의 알고리즘의 결과는 항상 같지는 않다. 그러나 탐욕 알고리즘은 연결그래프 G의 신장 트리 T가 생성될 까지 항상 실행된다.

예 아래 그림은 연결그래프의 신장 트리를 탐욕 알고리즘에 의해 구한 결과이다. 꼭짓점 5에서 출발하여 모서리

$$\{4, 5\}, \{2, 5\}, \{2, 3\}, \{1, 4\}, \{3, 6\}$$

을 순서대로 추가하여 마지막 그림에서 이중선으로 표시한 신장 트리 T를 구한다.

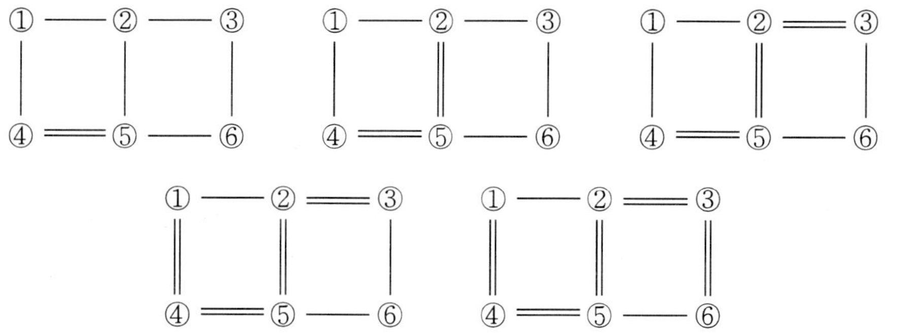

❙ 그림 5.2.12 ❙ □

신장 트리를 구하는 탐욕 알고리즘은 제2단계에서 한 모서리를 선택할 때, 그 모서리가 현재의 트리 그래프에 추가되어 순환로를 만드는지 확인되어야 한다. 일반적으로 크기가 매우 큰 그래프에서는 순환로를 확인하는 것이 쉽지 않기 때문에 탐욕 알고리즘이 효과적인 방법

이 아니다. 순환로를 확인하는 과정을 피하고, 순환로를 만들지도 않는 효과적인 방법으로, 깊이 우선 탐색과 너비 우선 탐색이 있다.

3. 최소 신장 트리

연결그래프의 각 모서리들이 가중치를 갖고 있는 가중그래프에 대한 신장 트리에 대하여 알아보자.

정의 8 가중그래프

가중치 함수 $w: E \to \mathbb{R}^+$ (단, $\mathbb{R}^+$은 양의 실수의 집합)가 정의된 그래프 $G=(V, E)$를 **가중그래프**라고 한다. 이때 연결그래프 G의 신장 트리 T에 대한 가중치 $w(T)$를 T에 포함된 모서리의 가중치의 합, 즉

$$w(T)=\sum_{e\in T} w(e)$$

로 정의하고, $w(e)$를 모서리 e의 **무게**(weight)라고 한다.

연결그래프 G는 유한개의 신장 트리 T를 포함하며, T의 가중치는 양의 실수이므로 모든 신장 트리 중 가중치가 최소인 신장 트리는 반드시 존재한다.

정의 9

가중연결그래프 G의 신장 트리 중 최소 가중치 $w(T)$를 갖는 신장 트리 T를 연결그래프 G의 **최소 신장 트리**(minimal spanning tree of G)라고 한다.

예 모든 모서리의 가중치가 같은 가중연결그래프에서는 모든 신장 트리가 최소 신장 트리가 된다. □

주어진 가중연결그래프의 최소 신장 트리를 구하는 두 개의 알고리즘을 소개한다.

(1) 최소 신장 트리를 구하는 프림 알고리즘(Prim algorithm)을 간단하게 정리하면 다음과 같다.

1. $G=(V, E)$가 가중연결그래프일 때, V의 꼭짓점 v를 택하여 v에 근접하는 가장 작은 값을 갖는 모서리를 선택한다. 단, 같은 값을 갖는 모서리가 있으면 그 중 임의로 한 모서리를 선택한다.
2. 이미 선택된 그래프의 꼭짓점에 근접하는 모서리 중에서 사용되지 않은 값이 가장 작은 모서리를 선택한다.
3. 이미 선택된 그래프가 주어진 그래프 G의 신장 트리인지 살펴본다. 신장 트리이면 과정을 끝내고, 그렇지 않으면 제2단계로 돌아간다.

가중연결그래프 $G=(V, E)$의 최소 신장 트리 T는 유일하지 않으므로, 위의 프림 알고리즘의 결과는 항상 같지는 않다. 또한 유한개의 유한부분집합은 최소원을 갖고, 그래프 G가 연결그래프이므로, 프림 알고리즘은 가중연결그래프 G의 최소 신장 트리 T가 생성될 때까지 항상 실행된다.

예제 프림 알고리즘을 이용하여, 아래 가중연결그래프의 최소 신장 트리를 구하시오.

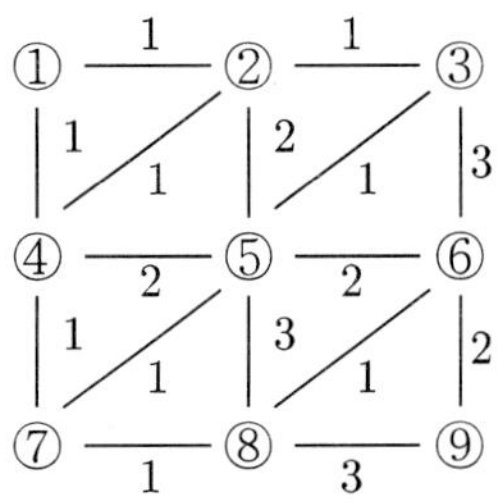

| 그림 5.2.13 |

풀이 꼭짓점 9를 가지고 알고리즘을 실행하면, 제2단계에서 $\{6, 9\}$, $\{6, 8\}$, $\{7, 8\}$ 순으로 트리 T에 추가된다. 다음에 모서리 $\{4, 7\}$, $\{5, 7\}$이 최소의 가중치로 같으므로, 두 모서리 중 한 모서리가 추가된다. 이때 모서리 $\{4, 7\}$을 추가한다. 다음에 모서리 $\{5, 7\}$, $\{1, 4\}$, $\{2, 4\}$가 최소의 가중치로 같으므로, 그 중 한 모서리 $\{5, 7\}$을 추가한다. 같은 방법으로 모서리 $\{1, 4\}$, $\{2, 4\}$를 추가한다. 다음으로 모서리 $\{1, 2\}$, $\{2, 3\}$, $\{5, 3\}$이 최소 가중치 1을 갖지만, 모서리 $\{1, 2\}$는 두 꼭짓점 1과 꼭짓점 2가 이미 트리 T에 포함되어 있으므로 추가될 수 없다. 따라서 모서리 $\{2, 3\}$ 또는 모서리 $\{5, 3\}$ 중 한 모서리 $\{2, 3\}$을 추가하면 그래프 G의 모든 꼭짓점을 포함하는 최소 신장 트리 T가 아래 그림으로 주어진다.

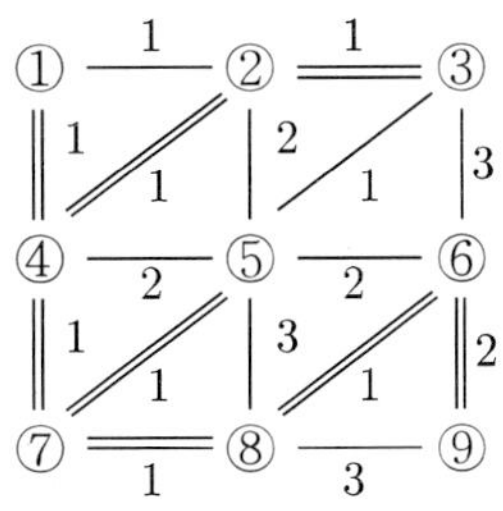

❙ 그림 5.2.14 ❙ ∎

(2) 최소 신장 트리를 구하는 크루스칼 알고리즘(Kruskal algorithm)을 간단하게 정리하면 다음과 같다.

1. $G=(V, E)$가 가중연결그래프일 때, V의 꼭짓점 v를 택하여 v에 근접하는 가장 작은 값을 갖는 모서리를 선택한다. 단, 같은 값을 갖는 모서리가 있으면 그 중 임의로 한 모서리를 선택한다.
2. 나머지 모서리 중에서 이미 선택된 부분그래프와 순환로를 이루지 않으면서 값이 최소인 모서리를 선택한다.
3. 이미 선택된 모서리로 만들어진 그래프가 주어진 그래프 G의 신장 트리인지 살펴본다. 신장 트리이면 과정을 끝내고, 그렇지 않으면 제2단계로 돌아간다.

가중연결그래프 $G=(V, E)$의 최소 신장 트리 T는 유일하지 않으므로, 크루스칼 알고리즘의 결과는 항상 같지는 않다. 그러나 크루스칼 알고리즘은 가중연결그래프 G의 최소 신장 트리 T가 생성될 때까지 항상 실행된다.

정리 10

주어진 가중연결그래프 G에 대하여 크루스칼 알고리즘으로 구한 신장 트리는 항상 G의 최소 신장 트리이다.

예제 크루스칼 알고리즘을 이용하여, 다음 그래프 G의 최소 신장 트리를 구하시오.

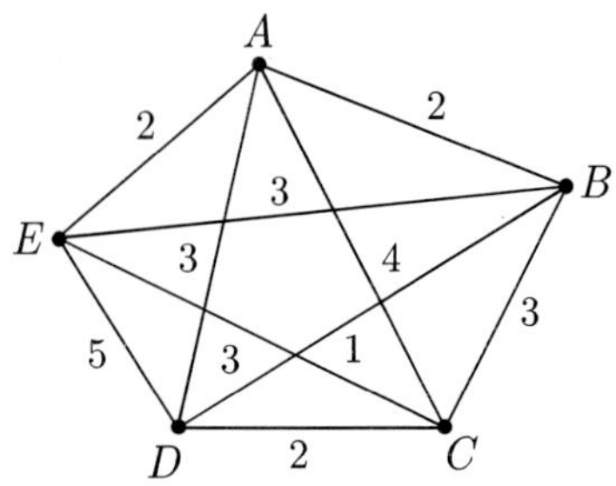

▌그림 5.2.15▐

풀이 다음 순서로 문제를 해결한다.

(1) 먼저 값이 가장 작은 모서리 $\{B, D\}$를 선택한다.

(2) 선택된 그래프가 G의 신장 트리가 아니므로, 앞의 그래프와 순환로를 이루지 않는 모서리 중 최솟값을 갖는 모서리 $\{A, E\}$를 선택한다.

(3) 선택된 그래프가 G의 신장 트리가 아니므로, 앞의 그래프와 순환로를 이루지 않는 모서리 중 최솟값을 갖는 모서리 $\{A, B\}$를 선택한다.

(4) 선택된 그래프가 G의 신장 트리가 아니므로, 앞의 그래프와 순환로를 이루지 않는 모서리 중 최솟값을 갖는 모서리 $\{D, C\}$를 선택한다.

이제 선택된 그래프가 G의 신장 트리이므로, 최소 신장 트리는 아래 그림으로 주어진다.

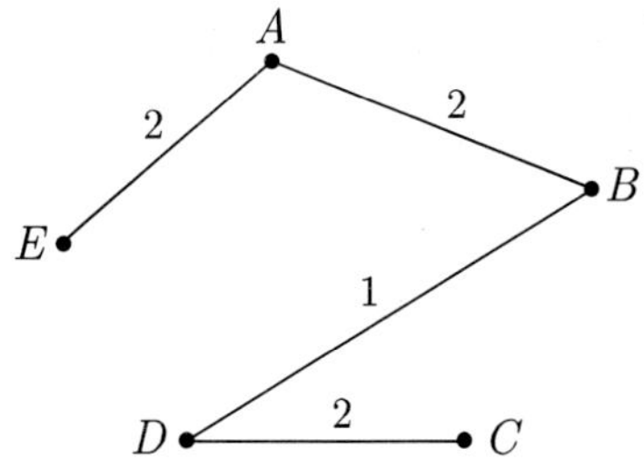

▌그림 5.2.16▐ ■

위의 두 알고리즘, 즉 프림 알고리즘과 크루스칼 알고리즘은 그래프가 비교적 작은 경우에는 쉽게 적용되어 실행될 수 있다. 그러나 수많은 꼭짓점과 모서리로 구성된 큰 그래프는 연결되었는지 또는 순환로를 만들고 있지 않는지 알 수 없다. 따라서 프림 알고리즘과 크루스칼 알고리즘은 여러 가지 다른 알고리즘과 연계되어 사용되어야 한다.

참고 가중연결그래프의 최소 신장 트리를 구할 때, **탐욕 알고리즘**을 이용할 수 있다. 탐욕 알고리즘을 간단하게 정리하면 다음과 같다.

1. 가중연결그래프 $G=(V, E)$에서 모서리를 제거하여도 남은 그래프가 여전히 연결그래프인 모서리 중 가장 큰 값을 갖는 모서리를 제거한다. 단, 같은 값을 갖는 모서리가 있으면, 그 중 임의로 한 모서리를 제거한다.
2. 남은 그래프가 G의 신장 트리인지를 살펴본다. 신장 트리이면 과정을 끝내고, 그렇지 않으면 제1단계로 돌아간다. ✠

예제 전원주택 A, B, C, D, E에 수돗물 공급을 위해 수도 배관 작업을 하려고 한다. 각 주택 사이의 거리에 따른 작업 비용이 아래 표와 같을 때, 최소의 비용으로 각 주택에 수돗물이 공급되도록 배관 작업을 하려면 어떻게 연결하여야 할까? 탐욕 알고리즘을 이용하여 구하시오.

단위 : 10만원

	A	B	C	D	E
A	×	2	4	3	2
B	2	×	3	1	3
C	4	3	×	2	3
D	3	1	2	×	5
E	2	3	3	5	×

▌표 5.2.1▐

풀이 주택 A, B, C, D, E를 꼭짓점으로 하는 완전그래프 G의 모서리 위에 해당하는 배관작업에 필요한 비용을 나타내면 다음 그림

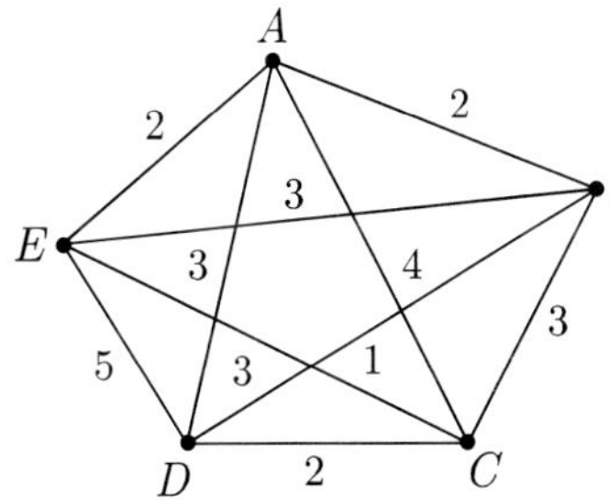

▌그림 5.2.17▐

과 같고, 주어진 문제는 이 그래프에서 모서리의 값의 합이 최소인 신장 트리를 구하는 문제와 같다. 이제 탐욕 알고리즘을 이용하여 그래프 G의 신장 트리 중에서 모서리의 값의 합이 최소인 신장 트리를 구해보자.

(1) 값이 가장 큰 모서리 $\{E, D\}$를 제거하여도 연결그래프가 되므로, 모서리 $\{E, D\}$를 제거한다.

(2) 그래프가 G의 신장 트리가 아니므로, 제거하여도 연결그래프가 되는 모서리 중에서 가장 큰 값을 갖는 모서리 $\{A, C\}$를 제거한다.
(3) 남은 그래프가 G의 신장 트리가 아니므로, 제거하여도 연결그래프가 되는 모서리 중에서 가장 큰 값을 갖는 한 모서리 $\{B, E\}$를 제거한다.

위의 방법을 계속하면, 다음 신장 트리

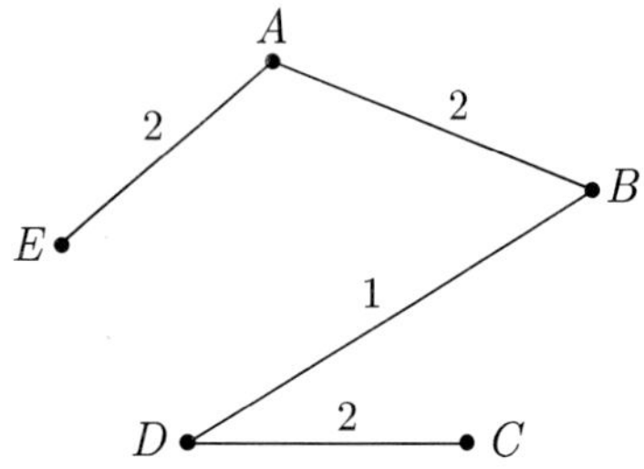

▎그림 5.2.18▎

를 얻는다. 따라서 $E \to A \to B \to D \to C$의 경로를 따라 배관하면 된다. 이때 필요한 경비는 70만 원이다. ■

4. 경로 검색 알고리즘

그래프 G의 한 꼭짓점에서 경로가 존재하는 모든 꼭짓점을 찾는 방법과, 한 꼭짓점을 포함하는 연결성분의 신장 트리를 찾는 방법, 그리고 주어진 그래프 G의 연결성분의 수를 구하는 방법에 관해 알아보자.

이러한 문제를 해결하는 데는 대표적으로 '깊이 우선 탐색 알고리즘'과 '너비 우선 탐색 알고리즘'이 이용되고 있다.

(1) 깊이 우선 탐색 알고리즘

깊이 우선 탐색(depth-first search: DFS)은 꼭짓점과 모서리를 추가하여 트리를 만들 때, 한 꼭짓점에 연결된 다른 모서리를 먼저 검색하기보다 추가된 꼭짓점에 연결된 꼭짓점을 먼저 검색하는 방법이다. 깊이 우선 탐색은 모든 과정에서 트리를 유지하며, 순환로 확인이 필요하거나 순환로를 만드는 우려가 전혀 없는 방법이다.

깊이 우선 탐색 알고리즘(depth-first search algorithm)을 간단하게 정리하면 다음과 같다.

1. 그래프 $G=(V, E)$에서 한 꼭짓점을 잡아 현재 꼭짓점으로 둔다.
2. 현재 꼭짓점에 인접한 꼭짓점 중에서 아직 선택되지 않은 꼭짓점이 있으면 그 중 한 꼭짓점과 그 두 꼭짓점을 잇는 모서리를 택하고, 새로 선택된 꼭짓점을 현재 꼭짓점으로 한다. 모든 꼭짓점이 이미 선택되었다면 현재 꼭짓점 바로 전에 선택된 꼭짓점으로 돌아가서 그 꼭짓점을 현재 꼭짓점으로 한다.
3. 더 이상 선택할 꼭짓점이 남아있지 않으면 과정을 끝내고, 그렇지 않으면 제2단계로 돌아간다.

예제 깊이 우선 탐색 알고리즘을 이용하여, 아래 그래프 G의 신장 트리를 구하시오.

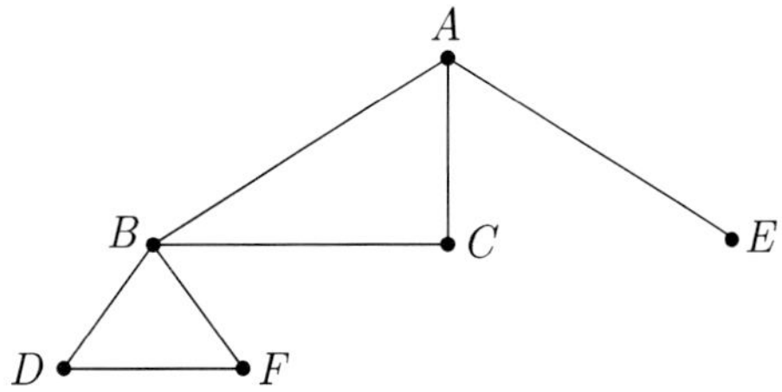

▌그림 5.2.19▐

풀이 먼저 주어진 그래프 G에서 한 꼭짓점 A를 선택하고, 다음 순서로 문제를 해결한다.

(1) 꼭짓점 A와 인접한 한 꼭짓점 B와 모서리 $\{A, B\}$를 선택한다.

(2) 꼭짓점 B와 인접한 꼭짓점 중 이미 사용하지 않은 꼭짓점 C와 모서리 $\{B, C\}$를 선택한다.

(3) 꼭짓점 C와 인접한 꼭짓점은 모두 사용하였으므로, 바로 전 꼭짓점인 B로 돌아간다.

(4) 꼭짓점 B와 인접한 꼭짓점 중 이미 사용하지 않은 꼭짓점 D와 모서리 $\{B, D\}$를 선택한다.

(5) 꼭짓점 D와 인접한 꼭짓점 중 이미 사용하지 않은 꼭짓점 F와 모서리 $\{D, F\}$를 선택한다.

(6) 꼭짓점 F와 인접한 꼭짓점은 모두 사용하였으므로, 바로 전 꼭짓점인 D로 돌아간다.

(7) 꼭짓점 D와 인접한 꼭짓점은 모두 사용하였으므로 바로 전 꼭짓점인 B로 돌아간다.

(8) 꼭짓점 B와 인접한 꼭짓점은 모두 사용하였으므로 바로 전 꼭짓점인 A로 돌아간다.

(9) 꼭짓점 A와 인접한 꼭짓점 중 이미 사용하지 않은 꼭짓점 E와 모서리 $\{A, E\}$를 선택한다.

이제 그래프 G의 모든 꼭짓점이 선택되었으므로, 지금까지 선택된 꼭짓점과 모서리로 만들어진 G의 신장 트리는 다음 그림으로 주어진다.

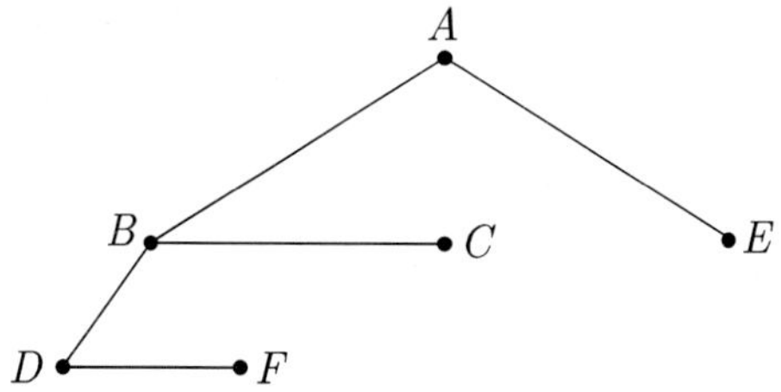

❙ 그림 5.2.20 ❙ ∎

주어진 그래프 $G=(V, E)$에 대하여 깊이 우선 탐색 알고리즘을 실행하여 얻은 $T \subset E$는 꼭짓점 v를 포함하는 G의 연결성분의 신장 트리가 된다. 특히 입력된 그래프가 연결그래프이면 깊이 우선 탐색 알고리즘은 신장 트리를 찾는 알고리즘으로, 앞 절에서 다룬 탐욕 알고리즘보다 더욱 효과적이다.

예 아래 주어진 **월터 그래프**(Walter graph)에 대하여 깊이 우선 탐색 알고리즘을 이용하여 하나의 신장 트리를 구한다. 이때 모서리가 추가되는 순서를 입력하면 다음과 같다.

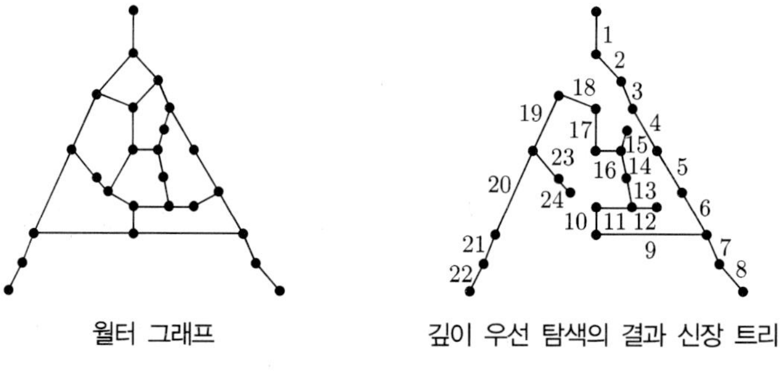

❙ 그림 5.2.21 ❙ □

깊이 우선 탐색 알고리즘에서 입력된 그래프가 방향그래프이면 모든 단계에서 선택하는 인접한 꼭짓점은 화살표가 들어가는 인접한 꼭짓점(순서쌍)이어야 한다. 또한 알고리즘의 출력은 $v \in V$에서 도달할 수 있는 모든 꼭짓점으로 구성되는 부분방향그래프의 신장 트리가 된다.

예 다음 방향그래프 $G=(V, E)$

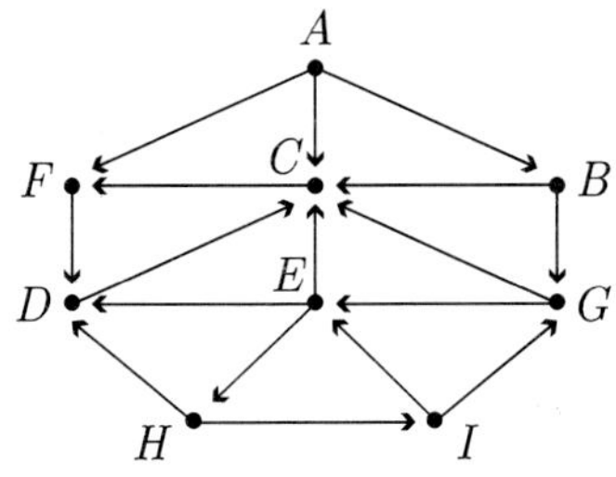

| 그림 5.2.22 |

에 깊이 우선 탐색 알고리즘을 실행하면, 꼭짓점 H에서 도달할 수 있는 모든 꼭짓점으로 구성된 $G=(V, E)$의 부분방향그래프의 신장 트리를 얻는다.

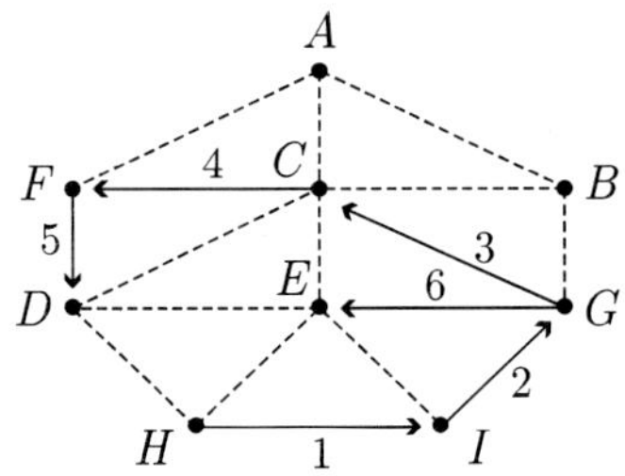

| 그림 5.2.23 | □

(2) 너비 우선 탐색 알고리즘

너비 우선 탐색(breadth-first search : BFS)은 꼭짓점과 모서리를 추가하여 트리를 만들 때, 한 꼭짓점에 연결된 다른 꼭짓점을 먼저 검색하기보다 추가된 꼭짓점에 연결된 모든 모서리를 먼저 검색하는 방법이다. 너비 우선 탐색은 모든 과정에서 트리를 유지하며, 순환로 확인이 필요하거나 순환로를 만드는 우려가 전혀 없는 방법이다.

너비 우선 탐색 알고리즘(Breadth-First Search algorithm)을 간단하게 정리하면 다음과 같다.

1. 그래프 $G=(V, E)$에서 한 꼭짓점을 잡는다.
2. 제1단계의 꼭짓점에 인접한 모든 꼭짓점과 그 두 꼭짓점을 잇는 모서리를 선택한다.
3. 차례로 제2단계의 과정에서 선택한 꼭짓점에 인접한 꼭짓점 중 이미 사용하지 않은 모든 꼭짓점과 그 모서리를 선택한다.
4. 사용하지 않은 꼭짓점이 없을 때까지 제3단계의 과정을 반복한다.

예제 너비 우선 탐색 알고리즘을 이용하여, 아래 그래프 G의 신장 트리를 구하시오.

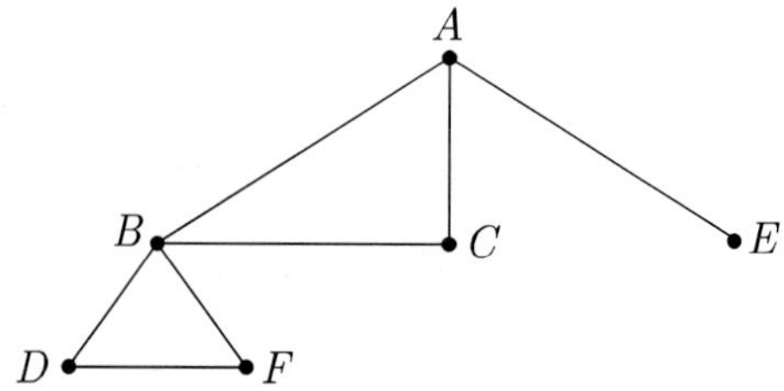

❙ 그림 5.2.24 ❙

풀이 먼저 주어진 그래프 G에서 한 꼭짓점 A를 선택하고, 다음 순서로 문제를 해결한다.

(1) 꼭짓점 A와 인접한 모든 꼭짓점 B, C, E와 모서리 $\{A, B\}$, $\{A, C\}$, $\{A, E\}$를 선택한다.

(2) 꼭짓점 B와 인접한 꼭짓점 중 이미 사용하지 않은 꼭짓점 D, F와 모서리 $\{B, D\}$, $\{B, F\}$를 선택한다.

이제 그래프 G의 모든 꼭짓점이 선택되었으므로, 지금까지 선택된 꼭짓점과 모서리로 만들어진 G의 신장 트리는 다음 그림으로 주어진다.

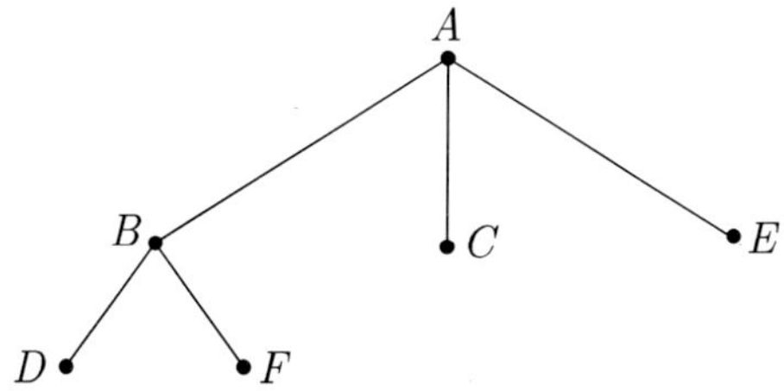

❙ 그림 5.2.25 ❙ ■

주어진 그래프 $G=(V, E)$에 대하여 너비 우선 탐색 알고리즘을 실행하여 얻은 $T \subset E$는 꼭짓점 v를 포함하는 G의 연결성분의 신장 트리가 된다. 특히 입력된 그래프가 연결그래프이면 너비 우선 탐색 알고리즘은 신장 트리를 찾는 알고리즘으로, 앞 절에서 다룬 탐욕 알고리즘보다 더욱 효과적이다.

예 아래 주어진 월터 그래프에 대하여 너비 우선 탐색 알고리즘을 이용하여 하나의 신장 트리를 구한다. 이때 제일 위의 꼭짓점을 시작으로 모서리가 추가되는 순서를 입력하면 다음과 같다.

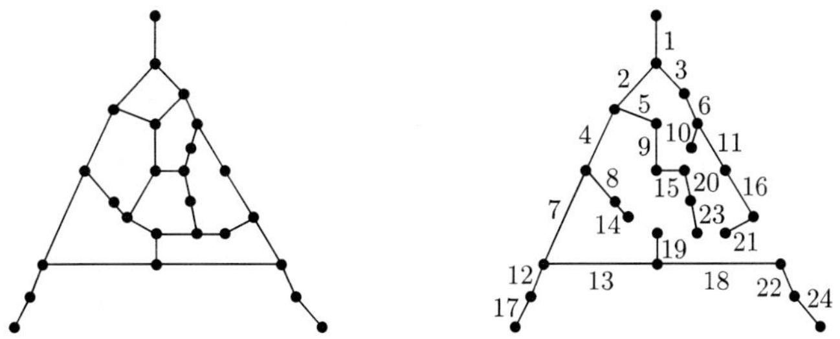

월터 그래프 너비 우선 탐색의 결과 신장 트리

▎그림 5.2.26▎ □

너비 우선 탐색 알고리즘에서 입력된 그래프가 방향그래프이면 모든 단계에서 선택하는 인접한 꼭짓점은 화살표가 들어가는 인접한 꼭짓점(순서쌍)이어야 한다. 또한 알고리즘의 출력은 $v \in V$에서 도달할 수 있는 모든 꼭짓점으로 구성되는 부분방향그래프의 신장 트리가 된다.

연습문제 5.2

EXERCISES

1. 트리 그래프 $G=(V, E)$에서 한 모서리 $e \in E$에 대하여 $E' = E - \{e\}$라고 할 때, G의 부분그래프 $G' = (V, E')$은 연결그래프가 아님을 보이시오.

2. 다음 그림

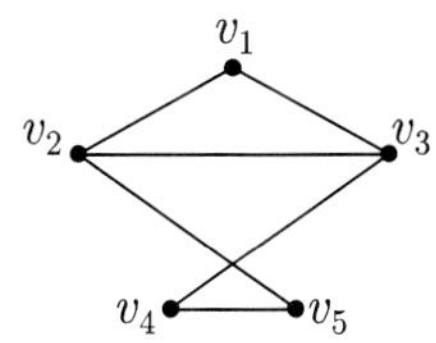

이 나타내는 그래프 G에서 적당한 모서리를 제거하여 얻은 G의 신장 트리를 세 개만 구하되, 이들 중에서 한 신장 트리는 다른 신장 트리와 동형이 되지 않도록 하시오.

3. 크루스칼 알고리즘을 이용하여, 다음 가중연결그래프의 최소 신장 트리를 구하시오.

(1)

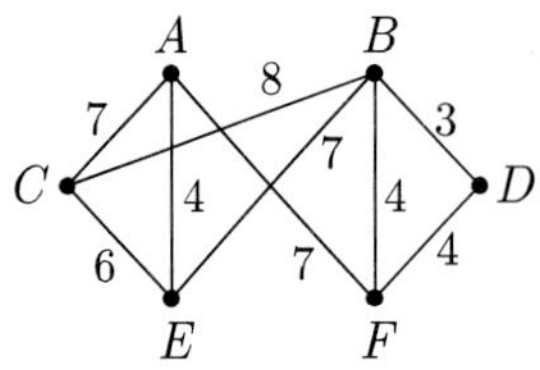

(2)

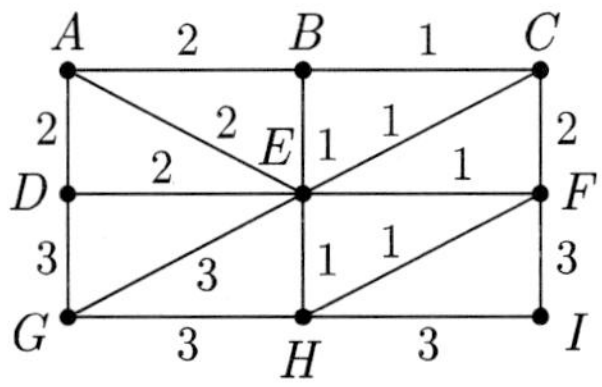

4. 다음 그래프에 대하여 프림 알고리즘과 크루스칼 알고리즘을 이용하여 최소 신장 트리를 구하시오. 이때 추가되는 모서리에 번호를 순서대로 적으시오.

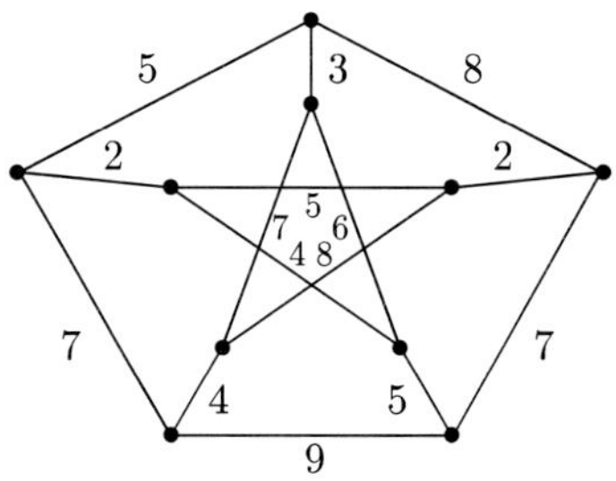

5.3 평면그래프와 정다면체

조그만 언덕 위에 아름다운 세 채의 건물 a, b, c가 일렬로 신축되고 있다. 이때 도로 건너편에 전기, 수도, 가스 설비가 나란히 들어와 있어 세 건물과 모두 연결하고자 한다. 그런데 신축되는 세 건물에 전기, 수도, 가스관을 서로 교차하지 않도록 가설하는 방법을 찾고자 한다.

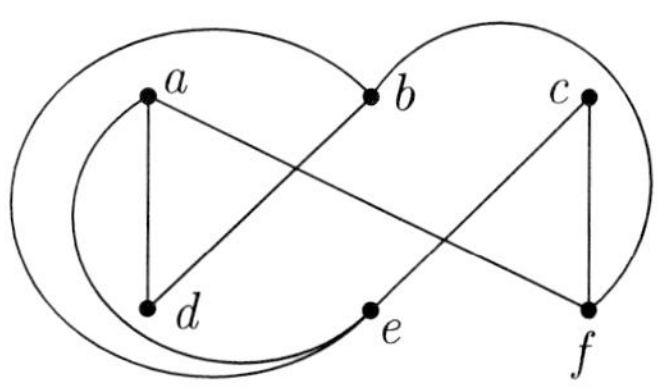

| 그림 5.3.1 |

이 문제는 위의 그림과 같이 세 건물과 세 가지 설비를 평면 위의 꼭짓점으로 표현하고, 모서리는 집에 전기, 수도, 가스관이 가설됨을 표현하여 평면 위의 그래프로 나타낸 후, 평면 위에서 서로 교차하지 않고 꼭짓점들을 연결할 수 있는지를 알아보는 것과 같다.

정의 1 평면형 그래프

평면 위에서 꼭짓점 이외에서는 어떤 모서리도 서로 교차하지 않고 선으로 그릴 수 있는 그래프와 동형인 그래프를 **평면형 그래프**(planar graph)라고 한다.

예 아래 그림에서 두 그래프는 서로 동형이다. 이때 두 그래프는 평면형 그래프이다.

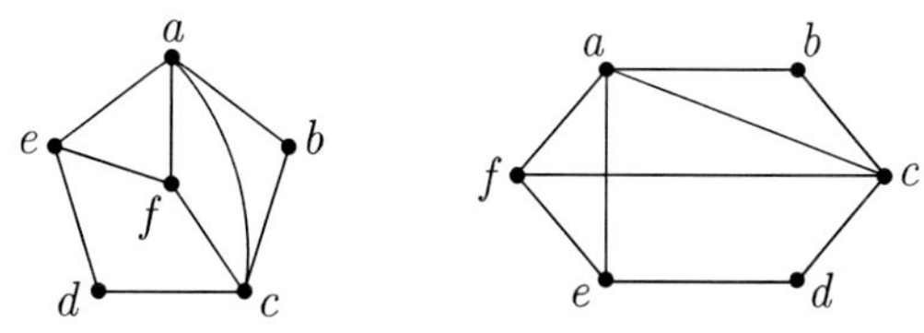

| 그림 5.3.2 | □

예 다음 그림

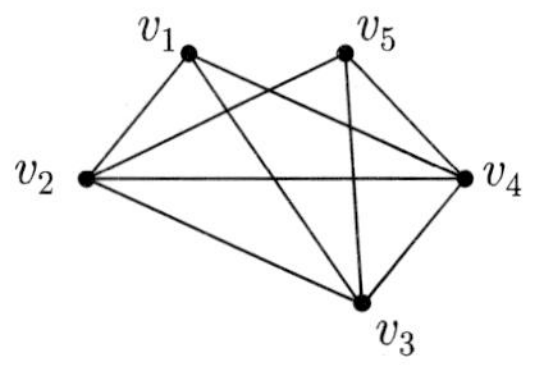

| 그림 5.3.3 |

이 나타내는 그래프는 평면형 그래프이다. 실제로 이 그래프는 아래와 같이 평면 위에 어느 두 모서리도 꼭짓점이 아닌 점에서 교차하지 않도록 선으로 그릴 수 있다.

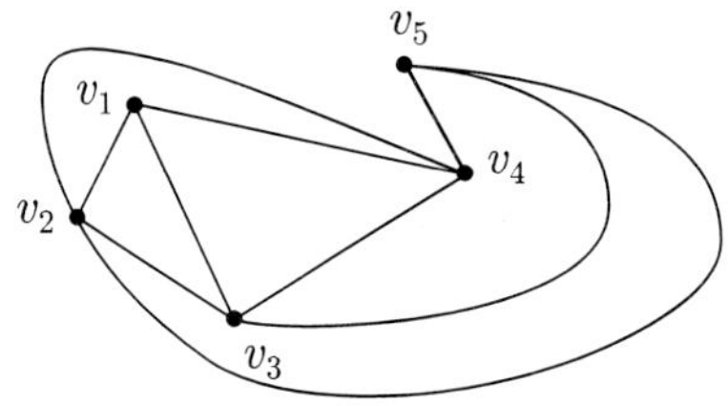

| 그림 5.3.4 |

□

참고 n개의 0 또는 1로 구성된 2^n개의 2진수를 꼭짓점의 집합 V라 하고, 이진수 중 한 자리의 수가 다르고 모든 자리가 같은 두 2진수를 연결된 모서리로 하는 집합을 E라 하자. 이때 그래프 $H_n = (V, E)$를 n차원 **하이퍼큐브**(Hypercube)라 하고, 병렬컴퓨터 n-cube의 n개 프로세서들의 연결구조로 사용되고 있다. ✠

예 H_2는 사각형이므로 평면형 그래프이다. 또한 H_3도 평면형 그래프이다. 그러나 H_n(단, $n \geq 4$)의 그래프는 모두 평면형 그래프가 아니다. □

참고 완전그래프 K_5와 완전이분그래프 $K_{3,3}$는 평면형 그래프가 아니지만, 그들의 모든 부분그래프는 평면형 그래프이다. ✠

정의 2 평면그래프

그래프 $G = (V, E)$를 평면 위에 어느 두 모서리도 꼭짓점이 아닌 점에서 교차하지 않도록 선(굽은 선 또는 곧은 선)으로 그릴 수 있을 때, G를 **평면그래프**(plane graph) 또는 **지도 그래프**(map graph)라고 한다.

동형인 평면형 그래프 중 모서리들이 서로 교차하지 않는 그래프가 평면그래프이다.

예 아래 그림이 나타내는 그래프는 평면그래프이다.

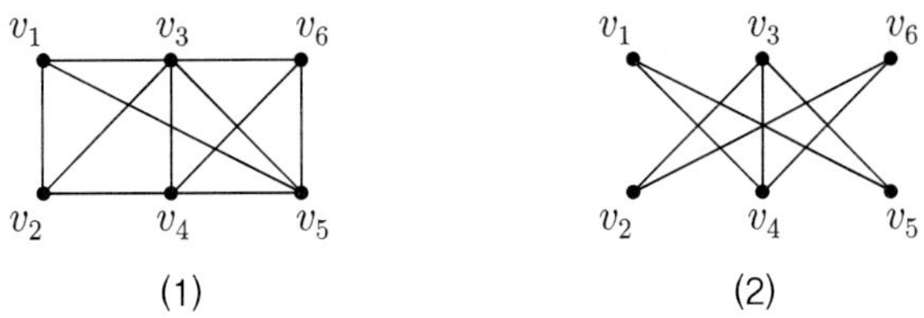

| 그림 5.3.5 | □

예 다음 그림

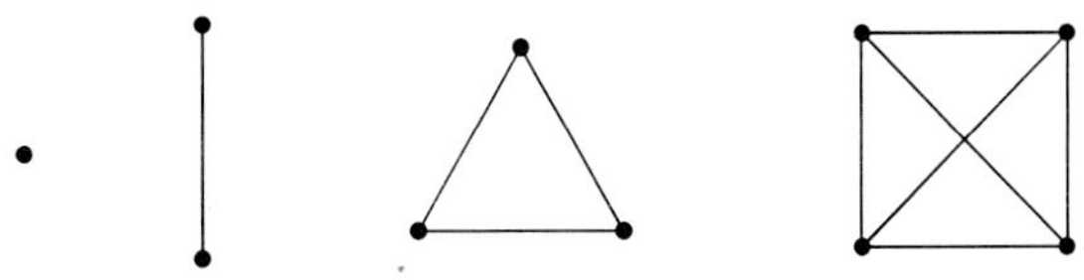

| 그림 5.3.6 |

에서 보는 바와 같이 $n = 1, 2, 3, 4$일 때, 완전그래프 K_n은 평면그래프이다. 그런데 K_5는 평면그래프가 아니다. 따라서 $n \geq 5$일 때 K_n은 평면그래프가 아니다. □

참고 순환그래프 C_n, 바퀴그래프 W_n, 별그래프 S_n은 모두 평면그래프이다. ✠

일반적으로 평면그래프를 평면 위에 그리면, 평면그래프는 모서리를 경계(boundary)로 평면을 여러 개의 **내부 영역**(interior region), 즉 유한 영역과 한 개의 **외부 영역**(exterior region), 즉 무한 영역으로 나누게 되는 데, 더 이상 작게 나누어지지 않는 영역을 그래프 G의 **면**(face)이라고 한다.

참고 트리 그래프는 평면그래프이다. 그리고 트리 그래프의 영역은 외부 영역 하나뿐이고, 모든 모서리가 외부 영역의 경계를 이룬다. ✠

예 아래 그림의 평면그래프

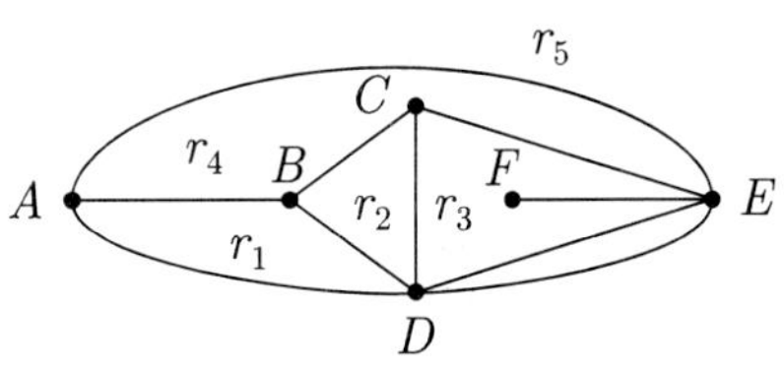

| 그림 5.3.7 |

에서는 6개의 꼭짓점과 9개의 모서리가 평면을 5개의 영역 r_1, r_2, r_3, r_4, r_5로 분할한다. 한편 아래 그림의 평면그래프

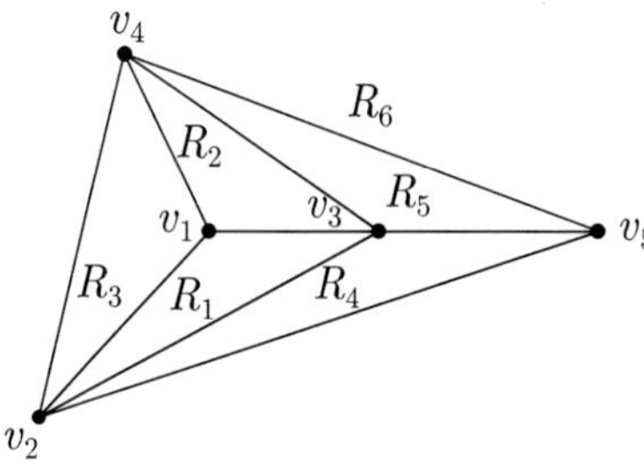

| 그림 5.3.8 |

에서는 평면을 6개의 영역으로 분할하며, 여기서 R_1, R_2, R_3, R_4, R_5는 모두 내부 영역이고 R_6는 외부 영역이다. 이때 세 모서리 $\{v_1, v_2\}$, $\{v_2, v_3\}$, $\{v_3, v_1\}$은 내부 영역 R_1의 경계를 이루며, 세 모서리 $\{v_4, v_2\}$, $\{v_2, v_5\}$, $\{v_5, v_4\}$는 외부 영역 R_6의 경계를 이룬다. 그리고 각 모서리는 반드시 어느 한 영역의 경계의 일부이다. □

주어진 그래프 G에서 꼭짓점의 개수를 $|V|$, 모서리의 개수를 $|E|$, 면의 개수를 f라 하자. 이때 다음 오일러 정리는 연결된 평면그래프에서 $|V|$, $|E|$, f 사이의 관계, 즉 오일러 공식을 보여준다.

정리 3 오일러 정리 (Euler's theorem)

연결된 평면그래프 $G=(V, E)$를 평면 위에 어느 두 모서리도 서로 교차하지 않도록 그렸을 때 생기는 면의 개수를 f라고 하면, 다음 오일러 공식

$$|V|-|E|+f=2$$

가 성립한다.

증명 모서리의 개수 $|E|$에 관한 수학적 귀납법을 이용하여 증명한다. 우선 $|E|=1$이면 $|V|=2$, $f=1$이므로, 관계식 $|V|-|E|+f=2$를 만족한다.

이제 모서리의 개수가 $|E|-1$일 때 등식 $|V|-|E|+f=2$가 성립한다고 가정하자.

먼저 G에 순환로가 존재하지 않는다고 하자. 그러면 G는 트리 그래프이므로, $|E|=|V|-1$이다. 또한 면의 개수는 1이다. 따라서

$$|V|-|E|+f=|V|-|V|+1+1=2$$

가 성립한다.

이제 G에 순환로 $(v_1, v_2, \cdots, v_k, v_1)$이 존재한다고 하자. 이때 $e=\{v_1, v_2\}$라 하고 $e' \in E-\{e\}$라고 하면, $G'=(V, E')$은 단순연결그래프이고 $|E'|=|E|-1$이다. 또한 G'의 면의 개수는 $f-1$이므로, 가정에 의해

$$|V|-|E'|+f-1=2$$

가 된다. 따라서

$$|V|-|E|+1+f-1=2,\ 즉\ |V|-|E|+f=2$$

가 성립한다. ■

참고 오일러 정리(정리 3)는 연결된 평면형 그래프에서도 성립한다. ✠

예제 꼭짓점의 개수가 10이고 각 꼭짓점의 차수가 3인 연결된 평면그래프의 면의 개수를 구하시오.

풀이 꼭짓점의 차수의 합이 $10\times 3=30$이므로, 모서리 수는 15이다. 따라서 오일러 정리에 의해 $10-15+f=2$가 성립한다. 그러므로 $f=7$로 주어진다. ■

예제 아래 그래프에 대해서는 오일러 공식이 성립하지 않는다.

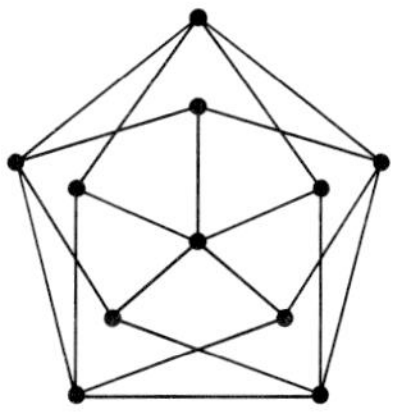

❙ 그림 5.3.9 ❙

증명 가운데 5개의 꼭짓점과 그 꼭짓점들과 연결된 모서리를 지우면 K_5인 부분그래프가 된다. 그런데 K_5는 평면형 그래프가 아니다. 따라서 오일러 공식이 성립하지 않는다. ■

다음은 주어진 그래프가 평면그래프가 아님을 보이기 위해 자주 이용되는 정리이다.

정리 4

$G=(V, E)$가 n(단, $n \geq 3$)개의 꼭짓점을 갖는 연결된 단순평면그래프일 때

$$|E| \leq 3|V|-6$$

이 성립한다.

증명 그래프 G의 면의 개수를 f라 하면, 오일러 공식에서 $f=2+|E|-|V|$이다. 그런데 한 면은 적어도 세 모서리를 포함하고, 한 모서리는 두 면에서 이용되므로, $3f \leq 2e$이다. 따라서

$$3f=3(2+|E|-|V|) \leq 2|E|$$

즉

$$|E| \leq 3|V|-6$$

이 성립한다. ■

참고 정리 4는 연결된 평면형 그래프에서도 성립한다. 그러나 $|E| \leq 3|V|-6$을 만족하는 $n \geq 3$개의 꼭짓점을 갖는 연결그래프 $G=(V, E)$가 평면형 그래프가 된다는 의미는 아니다. ✠

예 다음 **페테르센 그래프** (Petersen graph)는 $|E| \leq 3|V|-6$의 관계를 만족하지만 평면형 그래프는 아니다.

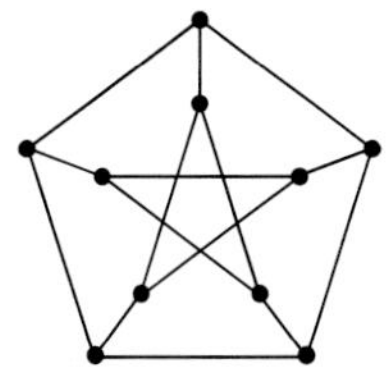

그림 5.3.10 □

예제 완전그래프 K_5는 평면그래프가 아니다.

증명 만약 K_5가 평면그래프라면, 정리 4에 의해 $|E| \leq 3|V|-6$, 즉 $|E| \leq 9$이다. 그러나 K_5는 항상 10개의 모서리를 가지므로 모순이다. 따라서 K_5는 평면그래프가 아니다. ■

예제 단순연결그래프 $G=(V, E)$가 평면그래프이고 $|V| \geq 3$인 경우에 이 그래프를 평면 위에 어느 두 모서리도 서로 교차하지 않도록 그렸을 때 생기는 면의 개수가 f이면, $f \leq 2|V|-4$가 성립한다.

증명 정리 3과 정리 4에 의해, $|E|=|V|+f-2$, $|E| \leq 3|V|-6$이다. 그러므로

$$|V|+f-2 \leq 3|V|-6$$

이다. 따라서 $f \leq 2|V|-4$가 성립한다. ■

정리 5

완전이분그래프 $K_{3,3}$는 평면그래프가 아니다.

증명 완전이분그래프 $K_{3,3}$는 6개의 꼭짓점과 9개의 모서리로 이루어진 단순연결그래프이다. 이제 $K_{3,3}$가 평면그래프라 가정하고, 또 이 그래프를 평면 위에 어느 두 모서리도 서로 교차하지 않도록 그렸을 때 생기는 면의 개수를 f라고 하자. 그러면 정리 3에 의해 $f=5$이다. 또한 경계를 이루는 모서리 전체의 개수를 m이라고 하면, 각 모서리는 두 번 이상 중복되지 않으므로

$$m \leq 2 \times 9 = 18$$

이다. 그런데 $K_{3,3}$는 이분그래프이므로 그 부분그래프 중에는 K_3와 동형인 것이 없다. 그러므로 각 영역의 경계는 4개 이상의 모서리로 이루어져 있다. 따라서

$$m \geq 4, \ f \geq 4 \times 5 = 20$$

이므로, 모순이 생긴다. 그러므로 $K_{3,3}$는 평면그래프가 아니다. ■

예 세 건물이 다음 그림

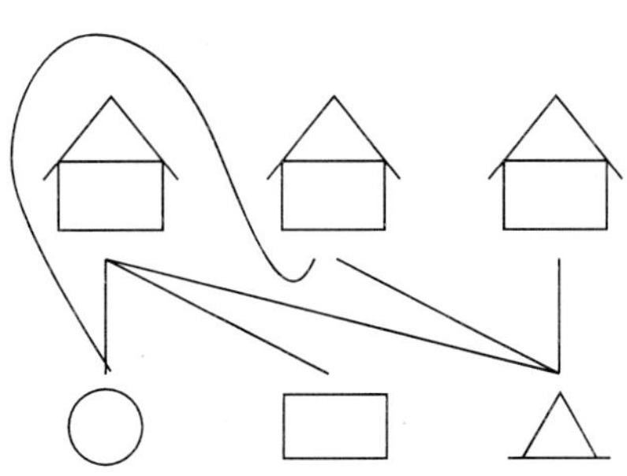

| 그림 5.3.11 |

과 같이 일렬로 늘어서 있다. 이때 세 건물에 전기, 수도, 가스를 모두 가설하는 경우, 정리 5에 의해 전기, 수도, 가스관을 서로 교차하지 않도록 가설할 수는 없다. □

예제 그래프 $G=(V, E)$가 평면그래프이면, G의 꼭짓점 중에는 $d(v) \le 5$인 꼭짓점 v가 적어도 하나 존재한다.

증명 모든 $v \in V$에 대하여 $d(v) \ge 6$이면, 5.1절 정리 15에 의해

$$2|E| = \sum_{v \in V} d(v) \ge 6|V|$$

이다. 그러므로

$$|E| \ge 3|V| > 3|V| - 6$$

이고 이것은 정리 4에 모순된다. 따라서 G에는 $d(v) \le 5$를 만족하는 꼭짓점 v가 적어도 하나 존재한다. ■

다면체(polyhedron)는 꼭짓점과 모서리, 그리고 면으로 이루어진 입체도형이다. 특히 다면체 중에서 면이 모두 합동인 정다각형으로 이루어진 다면체를 **정다면체**라고 한다. 정다면체에서 면은 모두 서로 합동이므로, 각 면을 둘러싸고 있는 모서리의 개수는 모두 같다. 또한 정다면체에서 한 면을 제거시킨 후, 이때 생긴 구멍 주위를 늘려서 찌그러뜨려 평면에 펼쳐 놓으면 평면그래프를 얻는다. 이때 남아 있는 면은 그래프의 내부 영역에 대응하고 또 제거된 면은 이 그래프의 외부 영역에 대응하며 각 꼭짓점의 차수는 일정하다. 오일러 공식을 이용하여, 모든 가능한 정다면체를 분류할 수 있다.

예제 정다면체는 다음과 같은 다섯 종류뿐이다.

정다면체	정사면체	정육면체	정팔면체	정십이면체	정이십면체
면의 모양	정삼각형	정사각형	정삼각형	정오각형	정삼각형
면의 개수	4	6	8	12	20
꼭짓점의 개수	4	8	6	20	12
모서리의 개수	6	12	12	30	30
꼭짓점의 차수	3	3	4	3	5

❙ 표 5.3.1 ❙

증명 정다면체의 꼭짓점의 개수, 모서리의 개수, 면의 개수가 각각 v, e, f일 때

$$v - e + f = 2$$

를 이용하여 증명한다. 이제 각 꼭짓점의 차수를 d라고 하면 5.1절 정리 15에 의해

$$vd = 2e, \text{ 즉 } v = \frac{2e}{d}$$

이고, 각 면을 정n각형이라고 하면

$$fn = 2e, \text{ 즉 } f = \frac{2e}{n}$$

이다. 그런데 $f = e - v + 2$이므로

$$\frac{2e}{n} = e - \frac{2e}{d} + 2, \text{ 즉 } \frac{1}{n} + \frac{1}{d} = \frac{1}{2} + \frac{1}{e}$$

이 성립한다. 한편 $n \geq 3$, $d \geq 3$이어야 하고, 또 n과 d가 상당히 크면 위의 등식의 좌변은 $\frac{1}{2}$ 이하가 되어 등식이 성립하지 않는다. 또한 $n = d = 4$일 때도 등식이 성립하지 않는다. 따라서 다음 결과

(1) $n = 3$인 경우:

$$d = 3, \quad e = 6, \quad v = 4, \quad f = 4$$
$$d = 4, \quad e = 12, \quad v = 6, \quad f = 8$$
$$d = 5, \quad e = 30, \quad v = 12, \quad f = 20$$

(2) $n = 4$인 경우:

$$d = 3, \quad e = 12, \quad v = 8, \quad f = 6$$

(3) $n = 5$인 경우:

$$d = 3, \quad e = 30, \quad v = 20, \quad f = 12$$

를 얻는다. ■

다음 다섯 가지 종류의 정다면체를 **플라톤의 입체**(Platonic solid)라고 한다.

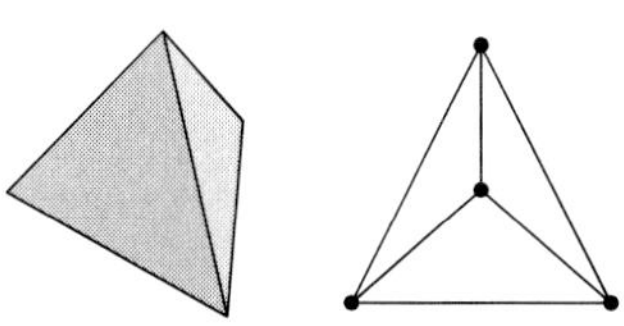

정4면체
$f = 4$, $v = 4$, $e = 6$

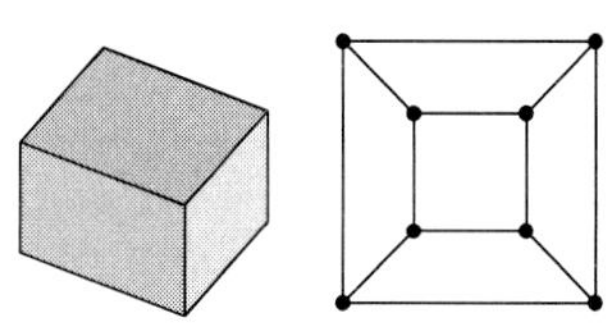

정6면체
$f = 6$, $v = 8$, $e = 12$

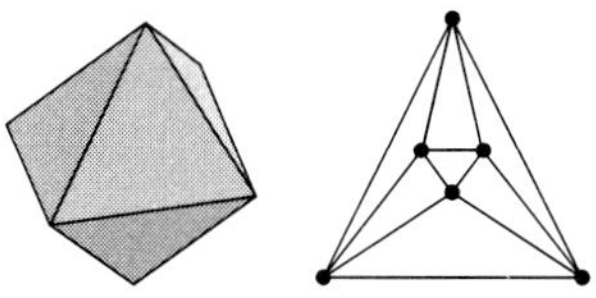

정8면체
$f = 8$, $v = 6$, $e = 12$

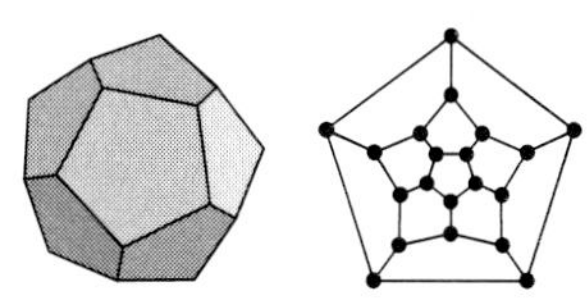

정12면체
$f = 12$, $v = 20$, $e = 30$

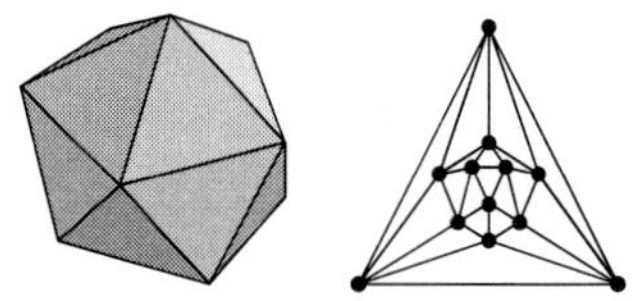

정20면체
$f = 20,\ v = 12,\ e = 3$(

❙ 그림 5.3.12 ❙

연습문제 5·3 EXERCISES

1. 다음 그래프

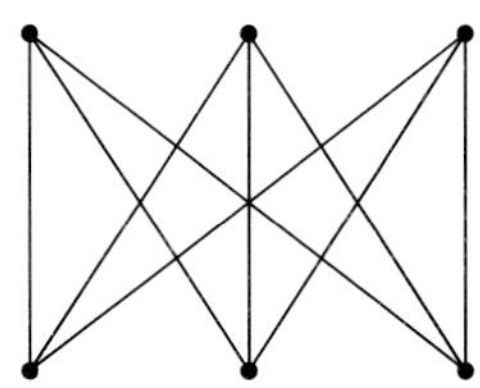

는 평면형 그래프가 아님을 보이시오.

2. 다음 그림

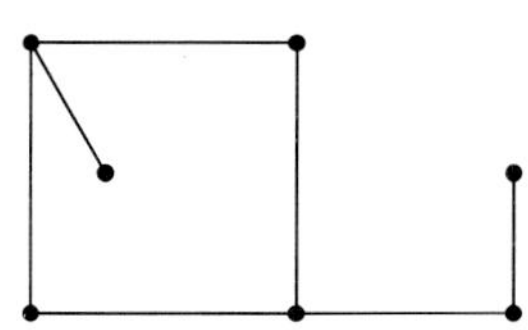

이 나타내는 그래프 $G = (V,\ E)$에서 모든 면의 경계를 이루는 모서리 전체의 개수를 m이라고 하면, $m < 2|E|$이고 $|E| < 3|V| - 6$임을 보이시오.

3. 그래프 $G = (V,\ E)$가 완전그래프 K_3일 때, $|E| < 3|V| - 6$이 성립함을 보이시오.

4. 단순연결그래프 $G = (V,\ E)$가 평면그래프일 때, $|V| \geq 2$을 만족하는 꼭짓점 중에서 $d(v) \leq 5$인 꼭짓점이 적어도 두 개 존재함을 보이시오.

5.4 그래프 채색과 최단 경로

1. 그래프 채색

영국의 거스리(Guthrie)는 "모든 지도를 인접한 나라와 해양을 서로 다르게 채색할 수 있는 색의 수는 몇 가지일까?"에 의문을 갖고 많은 지도를 조사하여 모든 지도는 4가지의 색 이하로 칠할 수 있을 것이라고 추정했다.

참고 지도를 4가지 색만을 사용하여 색칠하되 국경을 공유하는 나라는 다른 색을 칠하여 구별할 수 있을까? 이 4색 문제(Five-Color problem)는 1852년 영국의 거스리가 제기한 이래 100여 년이 지난 후 아펠과 하켄이 코흐(Koch)의 도움을 받아 1976년에 컴퓨터를 사용하여 이 문제에 대한 긍정적인 해답을 얻었다. 그러나 이 문제를 컴퓨터를 사용하지 않고 이론적으로 해결한 수학자는 없다. 이러한 4색 문제의 증명은 인간이 모두 확인할 수 없을 정도의 많은 계산으로 인해 수학자들을 만족시키지 못하고 있지만 아직 오류가 발견되지 않고 있다. 따라서 4색 문제는 추론이 아니라 4색 정리로 남게 되었다. ✠

어떠한 모양의 지도에 대해서도 나라 또는 해양을 꼭짓점으로 나타내고 국경을 공유하는 나라에 대응하는 꼭짓점은 모서리로 이어 그래프를 만들면, 지도에 대응하는 평면그래프를 얻는다. 이와 같이 지도에 평면그래프를 대응시키면, 지도의 채색 문제는 그래프에서 인접한 두 점을 다른 색으로 칠하는 꼭짓점의 채색 문제와 동치인 그래프가 된다. 즉 그래프의 모든 꼭짓점에 색칠하되 서로 이웃하는 꼭짓점은 다른 색을 칠하는 문제와 마찬가지이다.

정의 1 그래프 채색

그래프 $G=(V, E)$에서 각 꼭짓점마다 색을 지정하되 서로 이웃하는 꼭짓점에 다른 색을 부여하는 것을 **그래프 채색**(graph coloring), 간단히 **색칠하기**(coloring)라고 한다. 주어진 그래프 G를 k가지 이하의 색으로 그래프 채색을 할 수 있으면 **k-채색가능**(**k**-colorable)하다고 하며, 채색 가능한 색의 최소 개수 k를 그래프 G의 색의 개수 또는 **채색수**(chromatic number)라 하고 $\chi(G)$로 나타낸다.

예 다음 그래프

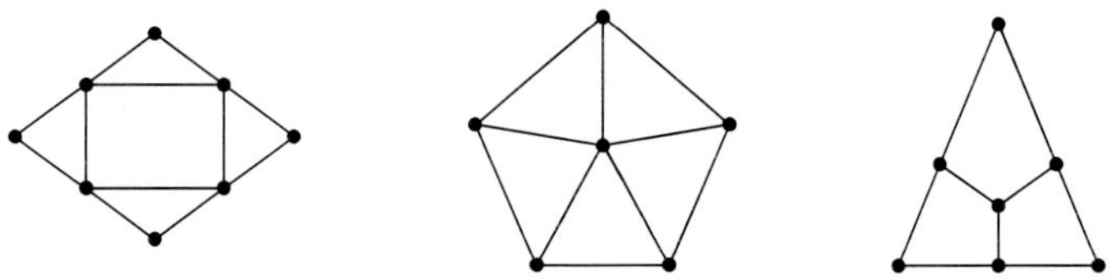

▌그림 5.4.1▐

의 채색수를 구해보자. 그래프에서 삼각형을 이루는 세 꼭짓점은 서로 다른 세 색깔로 색칠되어야 한다. 이 사실을 이용하여 각 그래프의 꼭짓점에 배정되는 색깔을 번호를 나타내면 아래 그림과 같고, 따라서 위 그래프의 채색수는 각각 3, 4, 2로 주어진다.

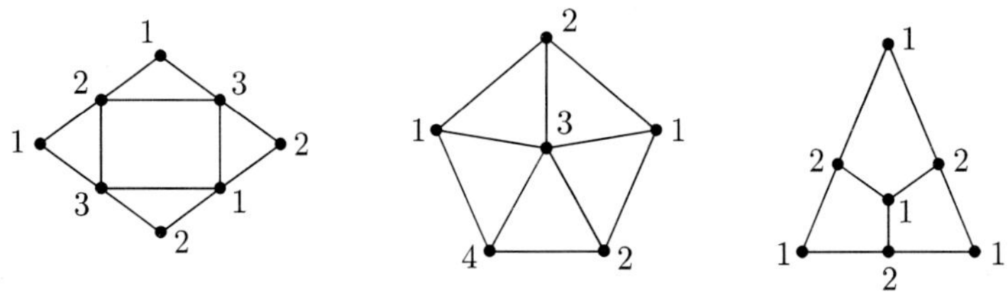

▌그림 5.4.2▐ □

예제 그래프 G에 대한 다음 명제에 대하여, 진위를 판정하시오.

(1) 해밀턴 순환로가 존재하고 $\chi(G)=2$이면, G는 평면그래프이다.

(2) 오일러 회로와 해밀턴 순환로가 존재하면, $\chi(G)\le 6$이다.

풀이 (1) 거짓이다. 예를 들어 완전이분그래프 $K_{3,3}$에는 해밀턴 순환로가 존재하고 $\chi(K_{3,3})=2$이지만, $K_{3,3}$는 평면그래프가 아니다.

(2) 거짓이다. 예를 들어 완전그래프 K_7의 꼭짓점은 모두 짝수점이므로 K_7에는 오일러 회로가 존재하고 또 해밀턴 순환로가 존재하지만, $\chi(K_7)=7$이다. ■

예제 완전그래프 K_n에 대하여, $\chi(K_n)=n$이다.

증명 완전그래프 K_n의 n개의 서로 다른 꼭짓점은 모두 서로 이웃하므로, n개의 꼭짓점에 서로 다른 색을 지정해야 한다. 따라서 $\chi(K_n)=n$이다. ■

참고 일반적인 그래프의 채색수는 한계가 없다. 고리를 포함하는 그래프의 채색은 불가

능하며, 다중모서리는 그래프 채색과는 관련이 없다. ✠

예 순환그래프 C_n에 대하여

$$\chi(C_n)=\begin{cases}2, & n\text{이 짝수}\\ 3, & n\text{이 홀수}\end{cases}$$

이 성립한다. □

예 다음 그림

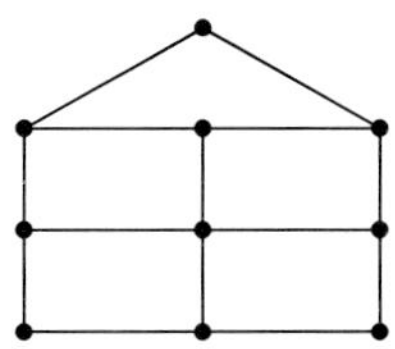

▎그림 5.4.3▎

이 나타내는 그래프 G에 대하여 $\chi(G)$를 구해보자. 이때 다음 그림

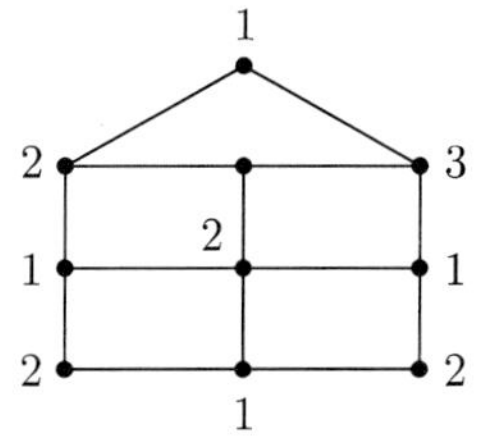

▎그림 5.4.4▎

과 같이 꼭짓점에 3가지 색 1, 2, 3을 각각 지정할 수 있으므로 $\chi(G)\le 3$이다. 그런데 G는 부분그래프 K_3를 포함하므로, $\chi(G)=3$이다. □

예 다음 그림

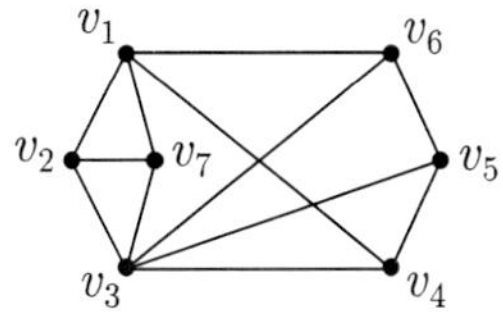

▎그림 5.4.5▎

이 나타내는 그래프 G를 생각해보자. G의 네 꼭짓점 v_3, v_4, v_5, v_6에 의해 결정되는

부분그래프는 완전그래프 K_4이다. 이때 $\chi(K_4)=4$ 이므로, $\chi(G) \geq 4$이다.

한편 각 꼭짓점에

$$v_1 : \text{빨강},\ v_2 : \text{파랑},\ v_3 : \text{빨강},\ v_4 : \text{노랑},\ v_5 : \text{빨강},\ v_6 : \text{파랑},\ v_7 : \text{노랑}$$

과 같이 4가지 색을 지정하면, 서로 이웃하는 꼭짓점에 다른 색이 지정된다. 따라서 $\chi(G)=4$이다. □

예제 다음 지도

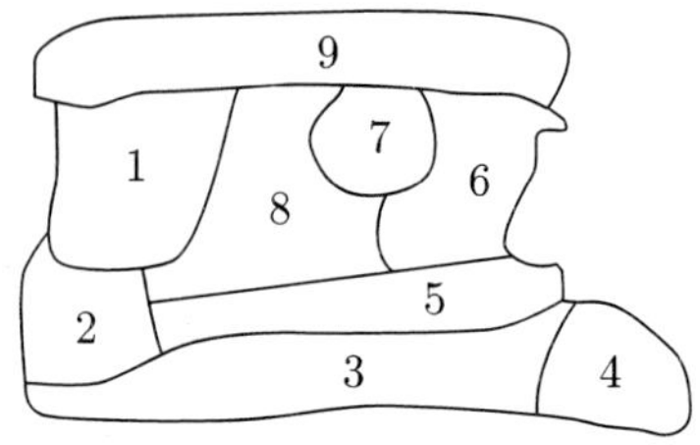

❙ 그림 5.4.6 ❙

에 대응하는 그래프를 G라 할 때, G를 그림으로 나타내고 $\chi(G)$를 구하시오.

풀이 다음 그림

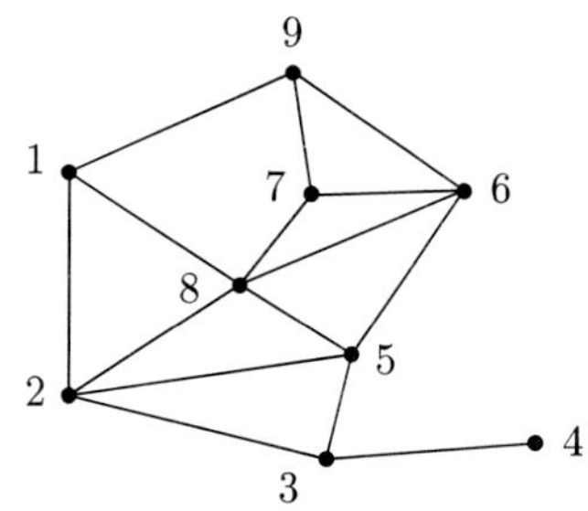

❙ 그림 5.4.7 ❙

은 지도에 대응하는 그래프 G를 나타낸 그림이다. 그래프 G는 부분그래프 K_3를 포함하고 있으므로 $\chi(G) \geq 3$이다. 그리고 아래와 같이 3가지 색만으로 이웃하는 꼭짓점에 다른 색을 지정 할 수 있으므로 $\chi(G)=3$이다.

1 : 빨강, 2 : 노랑, 3 : 파랑, 4 : 빨강, 5 : 빨강,
6 : 노랑, 7 : 빨강, 8 : 파랑, 9 : 파랑 ■

예제 다섯 명의 연사 A, B, C, D, E가 한 시간씩 강연하는 강연회를 개최하려고 한다. 그런데 다음 표처럼 연사들도 다른 연사들의 강연을 듣기를 원한다. 연사들이 듣고 싶은 강연을 모두 들을 수 있도록 시간을 배정하려고 할 때, 이 강연회가 끝나려면 최소한 몇 시간이 필요하겠는가?

A가 듣고 싶어 하는 강연의 연사	B, C
B가 듣고 싶어 하는 강연의 연사	C, D
C가 듣고 싶어 하는 강연의 연사	A
D가 듣고 싶어 하는 강연의 연사	C
E가 듣고 싶어 하는 강연의 연사	C, D

▌표 5.4.1▌

풀이 연사 A, B, C, D, E를 꼭짓점으로 하고, 한 연사가 다른 연사의 강연을 듣기를 원하면 두 연사 사이를 모서리로 연결한 그래프를 생각하면 아래 그림과 같다.

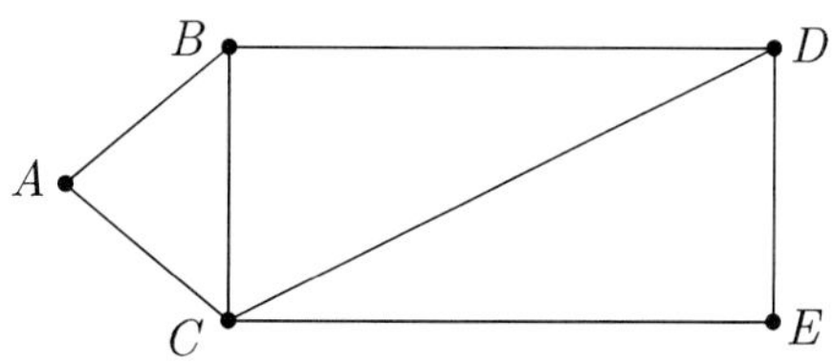

▌그림 5.4.8▌

그러면 이 그래프의 채색수가 강연회에 필요한 최소한의 시간수이다. 위의 그래프에서 꼭짓점 A, B, C는 삼각형을 이루므로 적어도 3가지 색깔이 필요하고, A, B, C, D, E에 각각 1, 2, 3, 1, 2로 색칠할 수 있으므로 이 그래프의 채색수는 3이다. 따라서 3시간만 있으면 연사들이 듣기를 원하는 강연을 모두 들을 수 있도록 시간을 배정할 수 있다. ■

정리 2

두 꼭짓점 이상으로 구성된 그래프 $G=(V, E)$가 연결된 이분그래프이면, 그래프의 채색수는 $\chi(G)=2$이다.

증명 가정에 의해 다음 두 조건

(1) $V=V_1 \cup V_2$(단, $V_1 \cap V_2 = \varnothing$)

(2) 모든 모서리의 한 끝점은 V_1에 속하고 다른 한 끝점은 V_2에 속한다.

를 만족하는 V의 공집합이 아닌 두 부분집합 V_1, V_2가 존재한다. 이때 E의 모든 모서리는 V_1의 한 꼭짓점과 V_2의 한 꼭짓점으로 연결되어 있다. 따라서 V_1의 모든 꼭짓점을 하나의 색으로, V_2의 모든 꼭짓점을 다른 한 색으로 칠하면 연결된 두 꼭짓점이 같은 색으로 지정되지 않는다. 그러므로 $\chi(G) \leq 2$이다.

한편 한 모서리의 두 끝점이 각각 $v \in V_1$, $\omega \in V_2$이면, 이 두 끝점에 서로 다른 색을 지정해야 하므로, $\chi(G) = 2$이다. ■

예 완전이분그래프 $K_{m,n}$에 대하여 $\chi(K_{m,n}) = 2$이다. □

우리가 접하는 모든 지도는 평면형 그래프(평면그래프)이므로, 지도에 관한 4색 정리는 일반적인 평면형 그래프(평면그래프)에 그대로 적용된다. 다음 정리는 아펠과 하켄에 의해 복잡한 컴퓨터 계산으로 증명되었다.

정리 3 **4색 정리** (Four-Color theorm)

모든 단순 평면형 그래프는 4-채색 가능하다.

일반적으로 주어진 임의의 그래프가 k-채색 가능한지의 여부 또는 채색수를 결정하는 간단한 방법은 없다. 앞에서 논한 4색 문제는 "임의의 평면그래프 G에 대하여 $\chi(G) \leq 4$이다."로 표현할 수 있다.

참고 1852년 드모르간의 제자이던 거스리는 그의 스승에게 모든 평면그래프 G에 대하여 $\chi(G) \leq 4$인지를 묻는 4색 문제를 제기하였다. 그 이후로 4색 문제는 100년 넘게 해결하지 못한 유명한 문제가 되었다. 마침내 1976년 미국의 아펠과 하켄은 가능한 모든 경우를 컴퓨터로 확인하여 4색 문제를 해결하였다. 그러나 그들의 증명은 경우의 수가 너무 많아 컴퓨터로 확인하는 시간만도 1200시간 가까이 걸렸을 정도로 매우 복잡하다. ✠

다음은 웰치(Welch)와 파웰(Powell)에 의해 개발된 그래프 채색을 위한 알고리즘이다. 그러나 알고리즘이 채색 가능한 최소의 색의 수를 구하지 못할 수도 있음에 유의한다.

웰치-파웰(Welch-Powell) 알고리즘 :

입력 : 그래프 G

출력 : 그래프 채색을 위한 색의 수 k

1. 그래프 G의 모든 꼭짓점을 차수가 높은 꼭짓점에서 낮은 꼭짓점의 순서로 나열한다. 단, 동일한 차수의 꼭짓점들은 순서에 관계없이 나열한다.
2. 나열된 처음 꼭짓점에 첫 색깔 C_1을 부여한다. 이미 색깔 C_1을 부여한 꼭짓점과 인접하지 않는 꼭짓점에 같은 색 C_1을 부여한다.
3. 나열된 꼭짓점들 중 색이 부여되지 않은 꼭짓점의 나열을 가지고 위의 제2단계와 같은 방법으로 색깔 C_{k+1}을 부여한다.
4. 나열된 모든 꼭짓점에 색이 부여되면 k를 출력하고 종료한다. 부여되지 않은 꼭짓점이 있으면 제3단계로 돌아간다.

예제 다음 그래프에 웰치 - 파웰 알고리즘을 적용하여 채색수 $\chi(G)$를 구하시오.

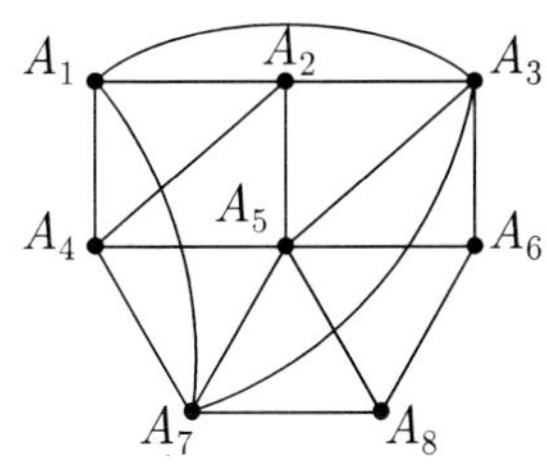

| 그림 5.4.9 |

풀이 그래프 G의 모든 꼭짓점을 차수가 높은 꼭짓점에서 낮은 꼭짓점의 순서로 나열하면

$$A_5,\ A_3,\ A_7,\ A_1,\ A_2,\ A_4,\ A_6,\ A_8$$

이다. 알고리즘의 제2단계에 의해 첫 색깔을 A_5, A_1에 부여하고, 두 번째 색을 A_3, A_4, A_8에 부여한다. 또한 세 번째 색을 A_7, A_2, A_6에 부여함으로써 그래프 G는 3 - 채색 가능함을 알 수 있다. 그러나 세 꼭짓점 A_1, A_2, A_4는 서로 연결되어 있으므로, 서로 다른 색이 부여되어야 한다. 따라서 2 - 채색 가능할 수 없다. 그러므로 그래프 G의 채색수는 $\chi(G)=3$이다. ■

히우드는 켐프가 주장한 4색 정리의 오류를 밝혔다. 그러나 그는 오류를 수정하여 올바른 증명을 하지 못하고, 단지 평면형 그래프는 5가지 색으로 충분히 색을 칠할 수 있음을 밝혔을 뿐이다. 다음은 히우드가 1890년경에 증명한 5색 정리이다.

정리 4	**5색 정리** (Five - Color theorem)
모든 단순 평면형 그래프는 5 - 채색 가능하다.	

다음 정리는 그래프의 채색수와 꼭짓점의 차수와의 관계이다.

정리 5

그래프 $G=(V, E)$에서 $\Delta(G)$를 G의 꼭짓점 전체에 대한 차수의 최댓값, 즉

$$\Delta(G) = \max\{d(v) \mid v \in V\}$$

라고 할 때

$$\chi(G) \leq 1 + \Delta(G)$$

가 성립한다.

예 완전그래프 K_n의 각 꼭짓점 v에 대하여 $d(v) = n-1$이므로, $\Delta(K_n) = n-1$이다. 따라서

$$\chi(K_n) = n = 1 + \Delta(K_n)$$

이 성립한다. □

예 순환그래프 C_n에서 모든 꼭짓점의 차수가 2이므로, $\Delta(C_n) = 2$이다. 이때

(1) n이 홀수이면, $\chi(C_n) = 3$이므로 $\chi(C_n) = 1 + \Delta(C_n)$
(2) n이 짝수이면, $\chi(C_n) = 2$이므로 $\chi(C_n) < 1 + \Delta(C_n)$

가 성립한다. □

2. 최단 경로

가중연결그래프 $G=(V, E)$의 서로 다른 두 꼭짓점 $x, y \in V$ 사이의 경로의 최소 가중치를 구하는 문제는 그래프 이론의 중요한 문제이다.

참고 그래프 중에는 각 모서리마다 시간, 거리, 비용, 이익, 용량과 같은 수치가 붙어 있는 경우가 있다. 그래프 $G=(V, E)$에서 각 모서리 e에 음이 아닌 실수, 즉 가중치 $\omega(e)$를 부여한 그래프를 가중그래프라 한다. 이때 $\omega(e)$를 모서리 e의 무게라고 한다. 임의의 두 꼭짓점 사이의 가중치는 두 꼭짓점을 연결하는 모서리들의 가중치를 모두 합한 값이 된다. ✠

모서리의 가중치를 모서리의 길이라고 생각하면 경로의 최소 가중치는 최단 경로를 의미하므로, 그래프의 주어진 두 꼭짓점 사이의 경로의 최소 가중치를 구하는 문제는 **최단 경로 문제**(shortest path problem)가 된다. 최단 경로 문제를 해결하는 데 사용되는 여러 가지의 알고리즘 중에서 널리 알려진 다익스트라 알고리즘과 플로이드-워셜 알고리즘을 소개한다.

정의 6　최단 경로와 최단 거리

가중그래프 $G=(V, E)$에서 각 모서리의 무게가 거리를 나타내는 경우, 특정한 꼭짓점 v_1과 꼭짓점 v를 연결하는 단순경로 중에서 그 거리의 합이 가장 작은 단순경로를 v_1에서 v까지의 **최단 경로**(shortest path)라 하고, 그 거리의 합을 **최단 거리**라고 한다.

이제 두 꼭짓점 u, v를 이은 모서리 $\{u, v\}$의 무게를 $w(\{u, v\})$로 각각 나타내기로 하고, 최단 경로와 최단 거리를 구하는 알고리즘에 대하여 설명한다. (참고문헌 2 참조)

참고　모서리 $e=\{u, v\}$에 대하여, $w(\{u, v\})$를 간단히 $w(e)$로 표기한다. ✠

다음에 소개할 다익스트라 최단거리 알고리즘은 너비 우선 탐색 알고리즘의 변형으로 단순그래프뿐만 아니라 방향그래프에도 적용할 수 있는 알고리즘이다. 이 알고리즘은 다익스트라(Dijkstra)가 1956년에 개발하였다. 이 알고리즘에서 시점 v_1에는 순서쌍 $(-, 0)$을 지정하고, v_1에서 v까지의 최단 경로가

$$(v_1, v_2, \cdots, u, v)$$

이고 그 최단 거리가 t인 경우에 v에 순서쌍 (u, t)를 지정한다. 여기서 모서리 $\{u, v\}$는 v_1에서 v까지의 최단 경로의 마지막 모서리이다.

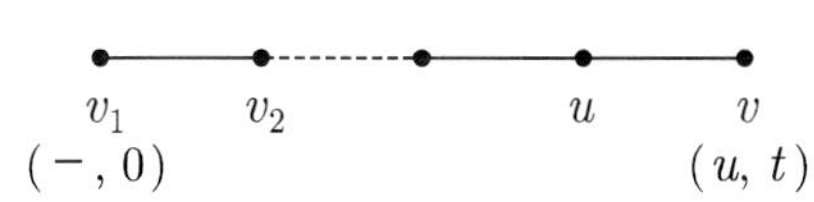

❙ 그림 5.4.10 ❙

다익스트라 최단 경로 알고리즘(Dijkstra's shortest path algorithm)은 가중연결그래프에서, 다음 절차

1. 꼭짓점 v_1에 순서쌍 $(-, 0)$을 지정한다.
2. 꼭짓점 v에 순서쌍이 지정되거나 또는 더 이상 순서쌍을 지정할 수 없을 때까지 다

음 과정을 되풀이한다.

(1) 꼭짓점 u에 순서쌍 (x, d)가 지정되어 있을 때, u와 이웃하는 꼭짓점 중에서 순서쌍이 지정되지 않은 각 꼭짓점 u'에 대하여 $d+w(\{u, u'\})$를 구한다.

(2) 위의 (1)에서 구한 모든 $d+w(\{u, u'\})$의 값 중에서 최솟값 d'을 구한다.

(3) 위의 (2)에서 구한 d'에 대하여 u'이 $d'=d+w(\{u, u'\})$인 꼭짓점이면, u'에 순서쌍 (u, d')을 지정한다. 이와 같은 꼭짓점 u'이 여러 개 있을 때는 이들을 모두 택한다.

에 따라 꼭짓점 v_1에서 꼭짓점 v 까지의 최단 경로와 최단 거리를 구하는 방법이다.

참고 다익스트라 최단 경로 알고리즘은 가중연결그래프 $G=(V, E)$의 한 꼭짓점 $v \in V$와 나머지 모든 꼭짓점 사이의 최단 경로의 가중치를 계산하여 종료 단계에서 최소 가중치를 구하고, G의 신장 트리를 만든다. 또한 그래프 G가 연결그래프가 아닌 경우에도 알고리즘을 적용할 수 있는데, 이 경우는 한 꼭짓점 $v \in V$를 포함하는 연결성분의 신장 트리와 $v \in V$와 연결된 모든 꼭짓점까지의 최단 경로를 구할 수 있으며, 또한 그래프의 연결성 여부를 조사하는 방법으로 활용할 수 있다. ✠

주어진 가중연결그래프의 꼭짓점 v에서 각 꼭짓점까지의 최단 경로의 가중치를 구하기 위해 다익스트라 최단 경로 알고리즘을 적용할 때 각 반복되는 단계마다 일어나는 현상을 예를 들어 설명한다.

예 다음 그림

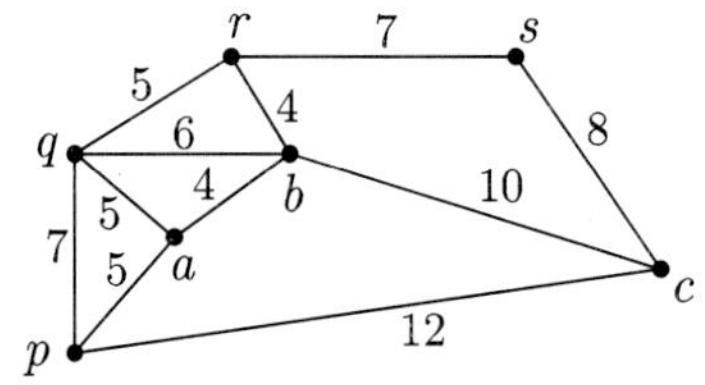

| 그림 5.4.11 |

이 나타내는 가중연결그래프에서, 꼭짓점 p에서 각 꼭짓점까지의 최단 경로와 최단 거리를 다익스트라 최단 경로 알고리즘에 따라 구해보자.

먼저 p에 순서쌍 $(-, 0)$을 지정한다. 꼭짓점 p에 이웃하는 꼭짓점은 q, a, c뿐이고, 이들에 대한 $d+w(e)$의 값은 각각

$$0+7=7,\ 0+5=5,\ 0+12=12$$

로 주어진다. 그런데 이들 세 값 5, 7, 12 중에서 최솟값은 5이고 또 $e=\{p, a\}$이므로, 꼭짓점 a에 순서쌍 $(p, 5)$를 지정한다.

이제 순서쌍이 지정된 두 꼭짓점 p, a에 대해 제2단계를 되풀이한다. 먼저 p에 이웃하는 꼭짓점 중에서 순서쌍이 지정되지 않은 꼭짓점은 q, c뿐이고, 이 두 꼭짓점에 대한 $d+w(e)$의 값은 각각

$$0+7=7,\ 0+12=12$$

로 주어진다. 또한 a에 이웃하는 꼭짓점 중에서 순서쌍이 지정되지 않은 꼭짓점은 q, b뿐이고, 이들 두 꼭짓점에 대한 $d+w(e)$의 값은 각각

$$5+5=10,\ 5+4=9$$

로 주어진다. 한편 이들 네 값 7, 12, 10, 9 중에서 최솟값은 7이고 또 이 값은 모서리 $e=\{p, q\}$에 대응하므로, q에 순서쌍 $(p, 7)$을 지정한다.

다시 순서쌍이 지정된 꼭짓점 p, a, q에 대하여 제2단계를 되풀이한다. 먼저 p에 이웃하는 꼭짓점 중에서 순서쌍이 지정되지 않은 것은 c뿐이고, 이에 대한 $d+w(\{p, c\})$의 값은 $0+12=12$로 주어진다. 또한 a에 이웃하는 꼭짓점 중에서 순서쌍이 지정되지 않은 것은 b뿐이고, 이에 대한 $d+w(\{a, b\})$의 값은 $5+4=9$로 주어진다. 그리고 q에 이웃하는 꼭짓점 중에서 순서쌍이 지정되지 않은 것은 r, b뿐이고, 이들 꼭짓점에 대한 $d+w(e)$의 값은 각각

$$7+5=12,\ 7+6=13$$

으로 주어진다. 그런데 이들 네 값 중에서 최솟값은 9이고, 이 값은 모서리 $e=\{a, b\}$에 대응하므로 b에 순서쌍 $(a, 9)$를 지정한다.

또한 순서쌍이 지정된 꼭짓점 p, a, q, b에 대해 제2단계를 되풀이한다. 먼저 p에 이웃하는 꼭짓점 중에서 순서쌍이 지정되지 않은 꼭짓점은 c뿐이고, 이에 대한 $d+w(\{p, c\})$의 값은 $0+12=12$이고, a에 이웃하는 꼭짓점에 대해서는 순서쌍이 지정되어 있다. 그리고 꼭짓점 q에 이웃하는 꼭짓점 중에서 순서쌍이 지정되지 않은 것은 r뿐이고, 이에 대한 $d+w(\{q, r\})$의 값은 $7+5=12$로 주어진다. 그리고 b에 이웃하는 꼭짓점 중에서 순서쌍이 지정되지 않은 것은 r, c뿐이고, 이들에 대한 $d+w(e)$의 값은 각각

$$9+4=13,\ 9+10=19$$

로 주어진다. 이들 네 값 12, 12, 13, 19 중에서 최솟값은 12이고 또 이 값은 모서리

$e = \{p, c\}$와 $e = \{q, r\}$에 대응하므로, c에 순서쌍 $(p, 12)$를 지정하고 또한 r에 순서쌍 $(q, 12)$를 지정한다. 마찬가지 방법으로, 꼭짓점 s에 순서쌍 $(r, 19)$를 지정한다.

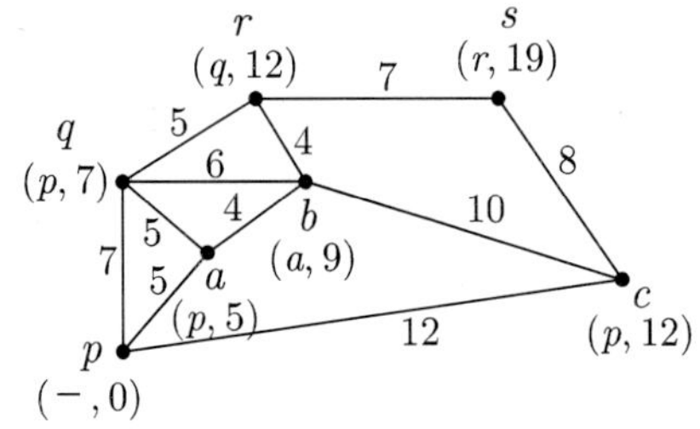

❙ 그림 5.4.12 ❙

이제 p에서 각 꼭짓점까지의 최단 경로와 이 최단 거리를 알 수 있다. 예를 들면, r에 지정된 순서쌍은 $(q, 12)$이고 q에 지정된 순서쌍은 $(p, 7)$이므로, p에서 r까지의 최단 경로는 (p, q, r)이고 최단 거리는 12이다. □

참고 다음 그림

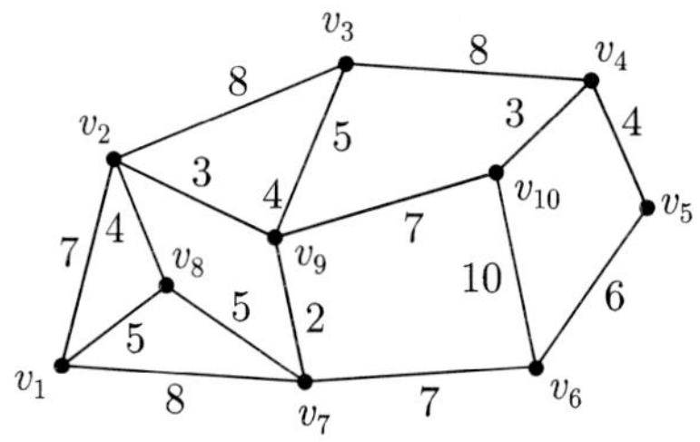

❙ 그림 5.4.13 ❙

이 나타내는 가중그래프에 대하여 다익스트라 최단 경로 알고리즘을 이용하여 꼭짓점 v_1에서 다른 꼭짓점까지의 최단 경로는

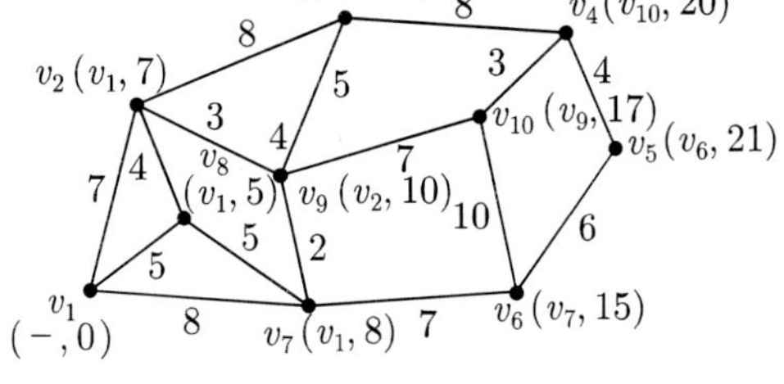

❙ 그림 5.4.14 ❙

으로 주어진다. ✠

다음 다익스트라 최단 거리 알고리즘은 다익스트라 최단 경로 알고리즘을 약간 변형한 것이다. **다익스트라 최단 거리 알고리즘**은 가중연결그래프에서, 다음 절차

1. 꼭짓점 v_1에 0을 지정하고, 다른 모든 꼭짓점에는 ∞를 임시로 지정한다.
2. 꼭짓점 v에 확정적인 수가 지정되거나 또는 임시로 지정된 ∞가 아래의 (1), (2)에서 변하지 않을 때까지 다음 과정을 되풀이한다. 여기서 모든 확정된 실수 a에 대하여 $a < \infty$로 생각한다.

   (1) 가장 마지막으로 확정적인 수 d가 지정된 꼭짓점 v_i를 택한다. 그리고 v_i에 이웃하는 꼭짓점 중에서 확정적인 수가 지정되지 않은 꼭짓점 u에 대하여 현재 u에 임시로 지정된 수가 t일 때

   $$d + w(\{v_i, u\}) < t$$

   이면, u에 t 대신 $d + w(\{v_i, u\})$를 임시로 지정한다.

   (2) 모든 꼭짓점 중에서 임시로 지정된 수가 가장 작은 꼭짓점 u를 택하여 $v_{i+1} = u$로 놓고, 그 임시로 지정된 수를 v_{i+1}에 확정적으로 지정한다. 여기서 임시로 지정된 수가 최소인 꼭짓점 u가 여러 개 있는 경우는 이들을 모두 택한다.

에 따라 꼭짓점 v_1에서 꼭짓점 v까지의 최단 거리를 구하는 방법이다. 꼭짓점 v_1에서 꼭짓점 v까지의 최단 거리를 구할 때, 먼저 출발점인 꼭짓점 v_1에 0을 지정한다. 그 밖의 꼭짓점에 처음에는 ∞를 임시로 지정하고 과정이 되풀이될 때마다 임시로 지정한 수는 감소하거나 또는 변하지 않는다. 이때 꼭짓점 u에 확정적으로 지정된 수가 v_1에서 u까지의 최단 거리이다.

이러한 절차는 각 꼭짓점 v에 확정적인 수가 지정되거나 또는 임시로 지정된 수가 변하지 않을 때까지 계속된다. 임시로 지정된 수가 변하지 않는 경우는 v_1에서 v까지의 최단 경로가 없음을 의미한다.

참고 다익스트라 알고리즘에서 입력된 그래프가 방향그래프이면 모든 단계에서 선택하는 인접한 꼭짓점은 화살표가 들어가는 인접한 꼭짓점(순서쌍)이어야 한다. 또한 알고리즘의 출력은 $v \in V$에서 도달할 수 있는 모든 꼭짓점으로 구성되는 부분방향그래프의 신장 트리가 된다. ✠

다음 **플로이드-워셜(Floyd-Warshall) 알고리즘**은 임의의 두 꼭짓점 사이의 최단 거리를 구할 때 이용되는 알고리즘이다. 플로이드-워셜 알고리즘은 가중연결그래프에 n개의 꼭짓점

$v_1, v_2, \cdots, v_n$이 존재할 때, 다음 절차

1. 각 $i=1, 2, \cdots, n$에 대하여, $d(i, i)=0$으로 놓는다. 또한 $1 \le i, j \le n$ (단, $i \ne j$) 일 때, 두 꼭짓점 v_i와 v_j를 이은 모서리 $\{v_i, v_j\}$가 존재하는 경우는 $d(i, j)$를 모서리 $\{v_i, v_j\}$의 무게 $w(\{v_i, v_j\})$로 놓고, 그렇지 않은 경우는 $d(i, j)=\infty$로 놓는다.
2. $k=1$에서 $k=n$까지 일 때, $i=1$에서 $i=n$까지와 $j=1$에서 $j=n$까지에 대하여

$$d(i, j)=\min\{d(i, j),\ d(i, k)+d(k, j)\}$$

로 놓는다. 여기서 $d(i, j)$의 마지막 값이 v_i에서 v_j사이의 최단 거리이다.

에 따라 임의의 두 꼭짓점 사이의 최단 거리를 구하는 방법이다. 플로이드-워셜 알고리즘에서 두 꼭짓점 v_i와 v_j를 이은 모서리 $\{v_i, v_j\}$가 존재하는 경우, 이 두 꼭짓점 사이의 최단 거리는 $d(v_i, v_j)=w(\{v_i, v_j\})$이다. 또한 단계 2에서 처음 $(k=1)$ 되풀이 과정이 끝난 이후에 모서리 $\{v_i, v_j\}$와 경로 (v_i, v_1, v_j)가 존재하면, v_i와 v_j사이의 최단 거리는

$$d(i, j)=\min\{d(i, j),\ d(i, k)+d(k, j)\}$$

로 주어진다.

예 다음 그림

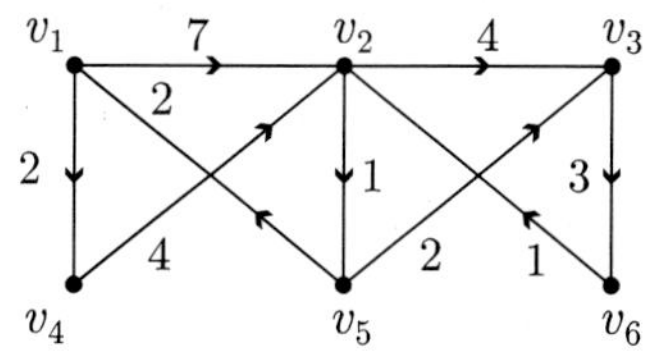

| 그림 5.4.15 |

이 나타내는 가중방향그래프에 대한 초기 $d(i, j)$의 값은 다음 표로 주어진다.

	v_1	v_2	v_3	v_4	v_5	v_6
v_1	∞	7	∞	2	∞	∞
v_2	∞	∞	4	∞	1	∞
v_3	∞	∞	∞	∞	∞	3
v_4	∞	4	∞	∞	∞	∞
v_5	2	∞	2	∞	∞	∞
v_6	∞	1	∞	∞	∞	∞

| 표 5.4.2 |

이 표로부터 두 꼭짓점 사이의 최단 거리를 얻을 수 있다. 플로이드-워셜 알고리즘에 따라 실행하는 경우, 제2단계에서 $k=1, 2, 3, \cdots, 6$에 대하여 $d(i, j)$의 값은 다음 표와 같다.

$k=1$

	v_1	v_2	v_3	v_4	v_5	v_6
v_1	∞	7	∞	2	∞	∞
v_2	∞	∞	4	∞	1	∞
v_3	∞	∞	∞	∞	∞	3
v_4	∞	4	∞	∞	∞	∞
v_5	2	9	2	4	∞	∞
v_6	∞	1	∞	∞	∞	∞

$k=2$

	v_1	v_2	v_3	v_4	v_5	v_6
v_1	∞	7	11	2	8	∞
v_2	∞	∞	4	∞	1	∞
v_3	∞	∞	∞	∞	∞	3
v_4	∞	4	8	∞	5	∞
v_5	2	9	2	4	10	∞
v_6	∞	1	5	∞	2	∞

$k=3$

	v_1	v_2	v_3	v_4	v_5	v_6
v_1	∞	7	11	2	8	14
v_2	∞	∞	4	∞	1	7
v_3	∞	∞	∞	∞	∞	3
v_4	∞	4	8	∞	5	11
v_5	2	9	2	4	10	5
v_6	∞	1	5	∞	2	8

$k=4$

	v_1	v_2	v_3	v_4	v_5	v_6
v_1	∞	6	10	2	7	13
v_2	∞	∞	4	∞	1	7
v_3	∞	∞	∞	∞	∞	3
v_4	∞	4	8	∞	5	11
v_5	2	8	2	4	9	5
v_6	∞	1	5	∞	2	8

$k=5$

	v_1	v_2	v_3	v_4	v_5	v_6
v_1	9	6	9	2	7	12
v_2	3	9	3	5	1	6
v_3	∞	∞	∞	∞	∞	3
v_4	7	4	7	9	5	10
v_5	2	8	2	4	9	5
v_6	4	1	4	6	2	7

$k=6$

	v_1	v_2	v_3	v_4	v_5	v_6
v_1	9	6	9	2	7	12
v_2	3	7	3	5	1	6
v_3	7	4	7	9	5	3
v_4	7	4	7	9	5	10
v_5	2	6	2	4	7	5
v_6	4	1	4	6	2	7

❙ 표 5.4.3 ❙

마지막 표는 임의의 두 꼭짓점 사이의 최단 경로의 가중치를 포함하는 최단 경로를 나타낸다. 예를 들어 꼭짓점 v_3에서 꼭짓점 v_4로 가는 최단 거리는 위의 그래프에서 눈으로 확인할 수 있는 바와 같이 9가 된다. □

예제 다음 그림

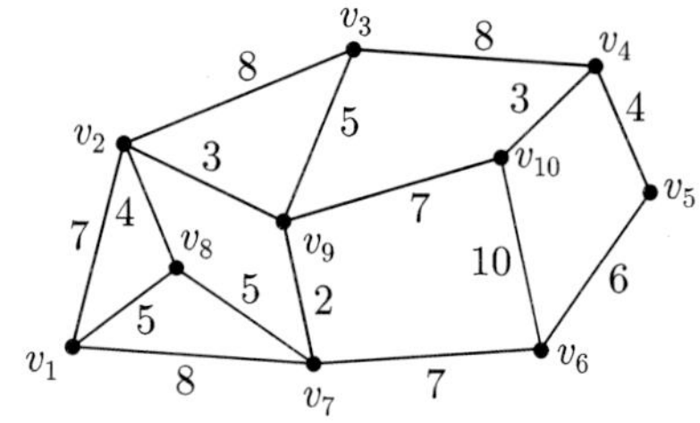

| 그림 5.4.16 |

이 나타내는 가중그래프의 꼭짓점 $v_1, v_2, \cdots, v_9, v_{10}$에 대하여 플로이드-워셜 알고리즘을 적용할 때, 다음 물음에 답하시오.

(1) $d(1, 1), d(1, 2), \cdots, d(1, 10)$의 마지막 값을 구하시오.

(2) $k=4$ 이후의 $d(1, 5), d(1, 6), d(3, 4), d(8, 5)$의 값을 구하시오.

(3) $d(2, 5)$의 초깃값을 구하고, 또 $k=1, 2, \cdots, 10$ 이후의 $d(2, 5)$의 값을 구하시오.

풀이 (1) $d(1, 1), d(1, 2), \cdots, d(1, 0)$의 마지막 값은 각각 꼭짓점 v_1에서 $v_1, v_2, \cdots, v_{10}$까지의 최단 거리이며, 아래 그림에서 보는 바와 같이 그 값은 각각

$$0,\ 7,\ 15,\ 20,\ 21,\ 15,\ 8,\ 5,\ 10,\ 17$$

이다.

(2) $k=4$ 이후에 $d(1, 5)$의 값은 꼭짓점 v_1, v_2, v_3, v_4를 통과하는 v_1에서 v_5까지의 경로 중에서 그 길이가 가장 짧은 경로의 길이이다. 그런데 이러한 최단 경로는 $(v_1, v_2, v_3, v_4, v_5)$뿐이고, 그 길이는 $7+8+8+4=27$이므로 $d(1, 5)=27$이다. 그리고 $d(1, 6)$의 값은 꼭짓점 v_1, v_2, v_3, v_4를 통과하는 v_1에서 v_6까지의 경로 중에서 그 길이가 가장 짧은 경로의 길이이다. 그런데 이와 같은 최단 경로는 없으므로, $d(1, 6)$는 아직도 ∞이다.

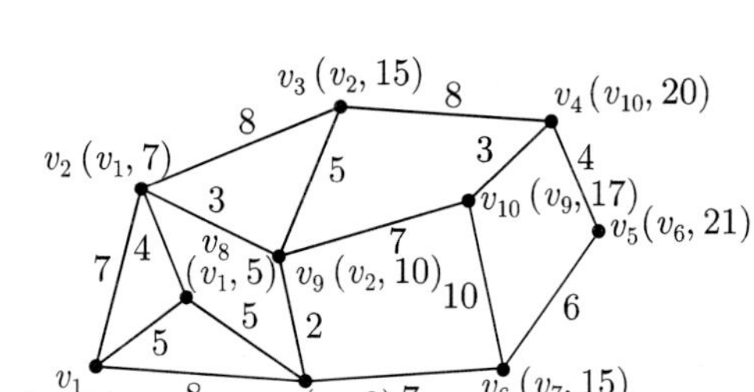

| 그림 5.4.17 |

마찬가지로 $d(3, 4)= 8$이다. 그리고 $d(8, 5)$의 값은 꼭짓점 v_1, v_2, v_3, v_4를 통과하는 v_8에서 v_5까지의 경로 중에서 그 길이가 가장 짧은 경로의 길이이다. 그런데 이러한 최단 경로는 $(v_8, v_2, v_3, v_4, v_5)$뿐이고, 그 길이는 $4+8+8+4=24$이므로 $d(8, 5)= 24$이다.

(3) 두 꼭짓점 v_2, v_5를 이은 모서리는 없으므로, $d(2, 5)$의 초기값은 ∞이다. 그리고 $k=1, 2, \cdots, 10$ 이후의 $d(2, 5)$의 값은

$$\infty,\ \infty,\ \infty,\ 20,\ 20,\ 20,\ 20,\ 20,\ 18,\ 17$$

로 주어진다. ∎

연습문제 5·4

EXERCISES

1. 다음 명제는 서로 동치임을 보이시오.

(1) 그래프 G는 2-채색 가능하다.

(2) 그래프 G는 이분그래프이다.

(3) G의 모든 순환로의 길이는 짝수이다.

2. 6개의 꼭짓점을 갖고 각 꼭짓점의 차수가 4이며 $\chi(G)=3$을 만족하는 그래프 G를 그리시오.

3. 다음 그림

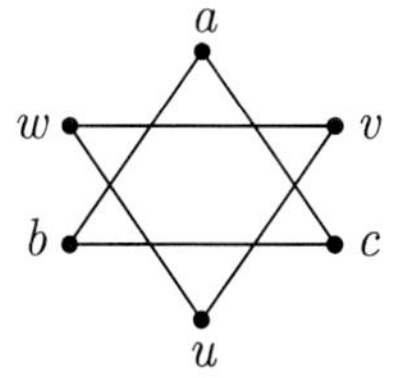

이 나타내는 그래프 G에 대하여, $\chi(G)$를 구하시오.

4. 다음 그림

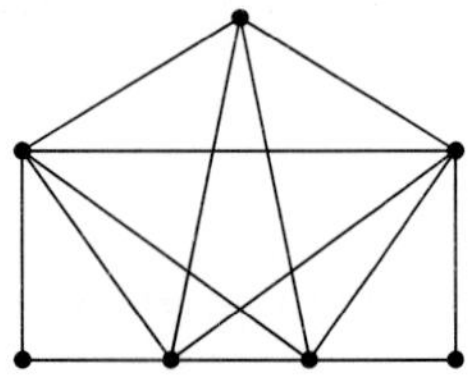

이 나타내는 그래프 G에 대하여, $\chi(G)$를 구하시오.

5. 단순연결그래프 $G=(V, E)$에서 $|V|=|E| \geq 3$이면, $\chi(G) \leq 3$임을 보이시오.

연습문제 풀이

연습문제 1.1

1.

p	q	$\sim p$	$\sim p \wedge q$
T	T	F	T
T	F	F	F
F	T	T	T
F	F	T	T

$p \rightarrow q$
T
F
T
T

와 같이 두 명제의 진릿값이 같으므로, $p \rightarrow q \equiv \sim p \wedge q$이다.

2. "비가 오다."를 p, "소풍을 간다."를 q라고 할 때

$$\sim (p \rightarrow \sim q) \equiv \sim (\sim p \vee \sim q) \equiv p \wedge q$$

이므로, 주어진 명제의 부정은 "비가 오고, 학생들은 소풍을 간다."가 된다.

3. (1) $\sim (p \rightarrow q) \equiv \sim (\sim p \vee q)$

$\equiv p \wedge \sim q$

(2) $\sim (p \leftrightarrow q) \equiv \sim [(\sim p \vee q) \wedge (\sim q \vee p)]$

$\equiv (p \wedge \sim q) \vee (q \wedge \sim p)$

$\equiv (p \vee q) \wedge (\sim q \vee \sim p)$

$\equiv \sim p \leftrightarrow q$

$\equiv p \leftrightarrow \sim q$

4. $\sim (p \wedge q) \vee (\sim p \wedge q) \equiv (\sim p \vee \sim q) \vee (\sim p \wedge q)$

$\equiv \sim p \wedge (\sim q \vee q)$

$\equiv \sim p \wedge T$

$\equiv \sim p$

5. (1)

p	q	$p \rightarrow q$	$\sim p$	$(p \rightarrow q) \wedge (\sim p)$	$\sim q$	$(p \rightarrow q) \wedge \sim p \rightarrow \sim q$
T	T	T	F	F	F	T
T	F	F	F	F	T	T
F	T	T	T	T	F	F
F	F	T	T	T	T	T

로부터 $(p \to q) \wedge (\sim p)$가 참일 때, $\sim q$가 참이 아닐 때도 있으므로 (표에서 진하게 표시한 부분) $(p \to q) \wedge \sim p \Rightarrow \sim q$가 성립하지 않는다.

(2) $(p \to q) \wedge (r \to s)$가 참이고, $(p \vee r) \to (q \vee s)$가 거짓인 경우가 없음을 보인다. 먼저 $(p \vee r) \to (q \vee s)$가 거짓이면 $(p \vee r)$이 참이고 $(q \vee s)$가 거짓이 된다. 또 $(p \vee r)$이 참이면 p, r은 모두 거짓이 될 수 없고, $(q \vee s)$이 거짓이면 q, s는 모두 거짓이 되어야 한다. 따라서 이 경우에 $(p \to q) \wedge (r \to s)$의 진릿값을 구하면

p	q	r	s	$p \to q$	$r \to s$	$(p \to q) \wedge (r \to s)$
T	F	T	F	F	F	F
T	F	F	F	F	T	F
F	F	T	F	T	F	F

이므로, $(p \to q) \wedge (r \to s)$가 참이 되는 경우가 없다.

6. (1)

p	q	$p \wedge q$	$p \leftrightarrow q$
T	T	T	T
T	F	F	F
F	T	F	F
F	F	F	T

(2)

p	q	$\sim q$	$p \leftrightarrow \sim q$	$p \to q$
T	T	F	F	T
T	F	T	T	F
F	T	F	T	T
F	F	T	F	T

이므로, (1)은 성립하고 (2)는 성립하지 않는다.

7. $[(p \wedge \sim q) \to \sim p] \wedge [(p \wedge \sim q) \to p]$가 참이고 $[(p \wedge \sim q) \to c]$가 거짓인 경우가 없음을 보인다. 만약 $[(p \wedge \sim q) \to c]$가 거짓이라면 $(p \wedge \sim q)$는 참이고, 따라서 p와 $\sim q$는 참이어야 한다. 그런데 p, $\sim q$가 모두 참이면

$$[(p \wedge \sim q) \to \sim p] \wedge [(p \wedge \sim q) \to p]$$

에서 $[(p \wedge \sim q) \to \sim p]$는 거짓이고, $[(p \wedge \sim q) \to p]$는 참이므로

$$[(p \wedge \sim q) \to \sim p] \wedge [(p \wedge \sim q) \to p]$$

는 거짓이 된다. 따라서

$$[(p \wedge \sim q) \to \sim p] \wedge [(p \wedge \sim q) \to p] \Rightarrow [(p \wedge \sim q) \to c]$$

가 성립된다.

연습문제 1.2

1. a가 짝수라면 $a = 2k$를 만족하는 정수 k가 존재한다. 이때

$$a^5 + 7 = (2k)^5 + 7 = 32k^5 + 7 = 2(16k^5 + 3) + 1$$

이므로, $a^5 + 7$은 홀수이다. 따라서 대우명제가 참이다.

2. $3n + 2$가 홀수일 때 n이 홀수가 아니라면, 즉 짝수라면 $n = 2k$를 만족하는 정수 k가 존재한다. 따라서

$$3n + 2 = 3(2k) + 2 = 6k + 2 = 2(3k + 1)$$

이 되므로, $3n + 2$는 짝수가 된다. 이것은 $3n + 2$가 홀수라는 가정에 모순이다.

3. p를 "연속되는 23일 중에 적어도 4일은 같은 요일이다."라고 하자. 이때 $p \equiv T \to p$이므로, $T \to q$가 참임을 귀류법으로 증명하기 위해 $T \wedge \sim q \equiv \sim q$, 즉 "연속되는 23일 중에 최대 3일이 같은 요일이다."가 된다. 그런데 일주일은 7일이므로, 3일이 같은 요일이 되려면 21일이 최대로 선택되어야 한다. 따라서 이것은 모순이다.

4. $n = 4$이면 $24 = 4! > 2^4 = 16$이므로, 부등식이 성립한다. 이제 $k \geq 4$일 때, $k! > 2^k$이라고 가정하자. 그러면

$$\begin{aligned}(k+1)! &= k!(k+1) \\ &> 2^k(k+1) \\ &> 2^k \times 2 = 2^{(k+1)}\end{aligned}$$

이므로, $n = k + 1$일 때도 성립한다. 따라서 수학적 귀납법에 의해, n이 4 이상의 정수일 때 $n! > 2^n$이 성립한다.

5. 모든 양의 정수의 일의 자리의 수는 다음 6가지의 경우(비둘기집)

$$\{0\},\ \{1, 9\},\ \{2, 8\},\ \{3, 7\},\ \{4, 6\},\ \{5\}$$

로 분류된다. 임의의 7개의 양의 정수의 일의 자리만 생각하면 비둘기집 원리에 의해 7개의 일의 자리(비둘기) 중 적어도 두 개 이상은 위의 6개의 경우(비둘기집) 중의 하나에 포함된다. 이때 두 개의 일의 자리가 같으면 두 양의 정수의 차는 10의 배수가 되고, 두 개의 일의 자리가 다르면 두 양의 정수의 합이 10의 배수가 된다. 따라서 임의의 7개의 양의 정수 중에는 합 또는 차가 10의 배수가 되는 두 개의 양의 정수가 반드시 존재한다.

연습문제 1.3

1. (1) $A \cap B = U$이면, $A = U$ 또는 $B = U$이다.

   (2) $B \subset A$일 때, 그때에 한하여 $A \cup B^c = U$이다.

   (3) $A \cup B^c = U$, $B \cup C^c = U$이면, $A \cup C^c = U$이다.

   (4) $A \cap B^c = \varnothing$, $A \cup B^c = U$이면, $B = A^c$이다.

2. (1) $B = B \cap (A \cup B) = B \cap (A \cup C) = (B \cap A) \cup (B \cap C)$
   $= (A \cap B) \cup (B \cap C) = (A \cap C) \cup (B \cap C) = (A \cup B) \cap C$
   $= (A \cup C) \cap C = C$

   (2) $(A \cup B) \cap (A \cup B^c) = A \cup (B \cap B^c) = A \cup \varnothing = A$

3. (1) 거짓이다. 예를 들면 $A = \{1, 2, 3\}$, $B = \{1, 4\}$, $C = \{2, 4\}$일 때,
   $A \cup B = \{1, 2, 3, 4\} = A \cup C$이지만 $B \neq C$이다.

   (2) 거짓이다. 예를 들면 $A = \{1, 2, 3\}$, $B = \{1, 4\}$, $C = \{1, 5\}$일 때,
   $A \cap B = \{1\} = A \cap C$이지만 $B \neq C$이다.

4. 여기서는 (1), (2)의 첫째 등식이 성립함을 보인다. 둘째 등식은 쌍대성의 원리에 의해 성립한다.

   (1) $(A^c \cup B) \cap (A \cup B^c)$
   $= [(A^c \cup B) \cap A] \cup [(A^c \cup B) \cap B^c]$
   $= [A \cap (A^c \cup B)] \cup [B^c \cap \{(B^c)^c \cup A^c\}]$
   $= (A \cap B) \cup (B^c \cap A^c) = (A \cap B) \cup (A^c \cap B^c)$

   (2) $(A \cup B) \cup (A^c \cap C)$
   $= [A \cup (A^c \cap C)] \cup B$
   $= (A \cup C) \cup B = A \cup (C \cup B)$
   $= A \cup (B \cup C) = A \cup B \cup C$

연습문제 2.1

1. $S = \{n - dk \mid k$는 정수, $n - dk \geq 0\}$라 하자. 이때 n이 양수이면 $n - 0 \cdot d = n \geq 0$이므로 $n \in S$, n이 음수이면 $n - nd = n(1-d) \geq 0$이므로 $n - nd \in S$가 성립한다. 따라서 $S \neq \varnothing$이다. 그런데 S가 공집합이 아닌 정수의 부분집합이므로, S는 최소원 r을 갖는다. 즉

$r=n-dq\in S$를 만족하는 정수 q가 존재한다. 따라서 $n=dq+r$을 만족하는 정수 q, r이 존재한다. 이제 $r\ge d$이라면 $n-d(q+1)=n-dq-d=r-d\ge 0$이므로, 최소원 r보다 작은 원소 $n-d(q+1)\in S$이 존재한다. 이것은 모순이다. 따라서 $0\le r<d$이 된다.

2. $p\mid a\left(\frac{b}{a}\right)=b$이므로 $p\mid a$ 또는 $b\mid\left(\frac{b}{a}\right)$이다. 그런데 p가 a의 약수가 아니므로, $p\mid\left(\frac{b}{a}\right)$가 성립한다. 따라서 소수 p는 $\frac{b}{a}$의 약수이다.

3. $\binom{p}{k}$의 정의로부터 p가 소수이면 $p\mid\binom{p}{k}$가 성립한다. 그러나 $\binom{4}{2}$는 4로 나누어지지 않는다.

4. (1) $a=2,\ b=3,\ c=6$일 때, $a\mid c,\ b\mid c$이지만 $a+b=5$이므로 $(a+b)\nmid c$이다.
(2) $a=2,\ b=4,\ c=4$일 때, $a\mid c,\ b\mid c$이지만 $ab=8$이므로 $ab\nmid c$이다.

5. $a\mid b$이면, $b=am$을 만족하는 정수 m이 존재한다. 이때

$$bc=amc=(ac)m$$

이므로, $ac\mid bc$이다.

6. (1) $\binom{n}{0}=\binom{n-1}{0}$이고 $\binom{n+1}{r}=\binom{n}{r-1}+\binom{n}{r}$이므로

$$\begin{aligned}&\binom{n}{0}-\binom{n}{1}+\binom{n}{2}-\binom{n}{3}+\cdots+(-a)^n\binom{n}{n}\\&=\binom{n-1}{0}-\left[\binom{n-1}{0}+\binom{n-1}{1}\right]+\left[\binom{n-1}{1}+\binom{n-1}{2}\right]-\left[\binom{n-1}{2}+\binom{n-1}{3}\right]+\cdots\\&=0\end{aligned}$$

(2) $\binom{n}{0}=\binom{n-1}{0}$이고 $\binom{n+1}{r}=\binom{n}{r-1}+\binom{n}{r}$이므로

$$\begin{aligned}&\binom{n}{0}-\binom{n}{1}+\binom{n}{2}-\binom{n}{3}+\cdots+(-a)^n\binom{n}{k}\\&=\binom{n-1}{0}-\left[\binom{n-1}{0}+\binom{n-1}{1}\right]-\cdots(-1)^k\left[\binom{n-1}{k-1}+\binom{n-1}{k}\right]\\&=(-1)^k\binom{n-1}{k}\end{aligned}$$

7. $4\equiv 1\pmod 3$이지만, $4\not\equiv 1\pmod 6$이다.

8. (1) $(26, 15) = 1$이고 $26 \cdot (-4) + 15 \cdot 7 = 1$이므로

$$15 \cdot 7 \equiv 1 \pmod{26}$$
$$15 \cdot (49) \equiv 7 \pmod{26}$$

이다. 따라서 합동식 $15x \equiv 7 \pmod{26}$의 해는 $x \equiv 49 \pmod{26}$, 즉 $x \equiv 23 \pmod{26}$

(2) $(26, 11) = 1$이고 $26 \cdot 3 + 11 \cdot (-7) = 1$이므로

$$11 \cdot (-7) \equiv 1 \pmod{26}$$
$$11 \cdot 19 \equiv 1 \pmod{26}$$

이다. 따라서 합동식 $11x = 1 \pmod{26}$의 해는 $x \equiv 19 \pmod{26}$

9. (1) $37^{500} - 37^{100} = (37^{100})^5 - 37^{100}$이므로 5의 배수가 되고, 37이 홀수이므로 37^{500}과 37^{100}은 모두 홀수이다. 그러므로

$$37^{500} - 37^{100}$$

은 짝수가 된다. 따라서 $37^{500} - 37^{100}$은 10의 배수이므로, 10으로 나누어떨어진다.

(2) $341 = 11 \times 31$에서 $11 \mid (2^5 + 1) = 33$이고 $31 \mid (2^5 - 1) = 31$이므로

$$31 \times 11 \mid (2^5 - 1)(2^5 + 1) = 2^{10} - 1$$

이다. 그런데 $(2^{10} - 1) \mid [(2^{10})^{34} - 1] = 2^{340} - 1$이므로, $341 \mid 2^{340} - 1$이 성립한다.

10. 먼저 알고리즘의 각 실행 횟수에 따라 생성되는 값은 아래 표와 같다. 여기서 각 i번째에서 $a_i = b_{i-1}$이므로, b_i를 따로 표시하지 않는다.

i	a_i	q_i	m_i	n_i
0	135		1	0
1	40	3	0	1
2	15	2	1	-3
3	10	1	-2	7
4	5	2	3	-10
5	0			

따라서 알고리즘의 종료에 따라 $a_4 = d = m_4 a + n_4 b$이므로

$$5 = 3(135) + (-10)40$$

으로 표현된다. 그러므로

$$\gcd(135,\ 40) = 5,\ m = 3,\ n = -10$$

이 된다.

11. 연속된 n개의 수

$$(n+1)!+2,\ (n+1)!+3,\ (n+1)!+4,\ \cdots,\ (n+1)!+n+1$$

을 생각한다. 이때 $2 \mid \{(n+1)!+2\}$가 성립하고, $3 \mid (n+1)!$이므로

$$3 \mid [(n+1)!+3]$$

이다. 이와 같이 계속하면 $(n+1)!+i$는 i (단, $2 \leq i \leq n+1$)로 나누어떨어진다. 따라서 연속된 n (단, $n \geq 2$)개의 수는 소수가 아닌 합성수이다.

12. n이 양의 합성수이므로

$$n = ab \ (\text{단, } 1 < a < n,\ 1 < b < n)$$

를 만족하는 정수 a, b (단, $a \leq b$)가 존재한다. 그런데 $n = a \cdot b \geq a \cdot a = a^2$이므로 $a \leq \sqrt{n}$이다. 이때 a가 소수이면 정리가 성립된다. 그러나 a가 소수가 아니면, a는 소수인 소인수 p (단, $p < a \leq \sqrt{n}$)를 갖는다. 따라서 $p \mid a$와 $a \mid n$이므로, $p \mid n$이 된다.

연습문제 2.2

1. 모든 $\langle a, b \rangle \in \mathbb{N} \times \mathbb{N}$에 대하여 $ab = ba$이다. 따라서 $\langle a, b \rangle \simeq \langle a, b \rangle$이므로, $\simeq$은 반사적이다. 이제 $\langle a, b \rangle \simeq \langle c, d \rangle$라 가정하자. 이때 $ad = bc$이므로, $cb = da$가 성립한다. 따라서 $\langle c, d \rangle \simeq \langle a, b \rangle$이다. 그러므로 $\simeq$은 대칭적이다. 마지막으로

$$\langle a, b \rangle \simeq \langle c, d \rangle,\ \langle c, d \rangle \simeq \langle e, f \rangle$$

라 가정하면 $ad = bc$이고 $cf = de$이므로, $(ad)(cf) = (bc)(de)$이다. 따라서 $af = be$이다. 즉 $\langle a, b \rangle \simeq \langle e, f \rangle$이므로, $\simeq$은 추이적이다. 그러므로 $\simeq$은 동치관계이다.

2. $\langle x, z \rangle \in \mathfrak{R} \circ \mathfrak{R}$라 하면, $\langle x, y \rangle \in \mathfrak{R}$이고 $\langle y, z \rangle \in \mathfrak{R}$로 되는 $y \in X$가 존재한다. 그런데 $\mathfrak{R}$이 추이적이므로, $\langle x, y \rangle \in \mathfrak{R}$이고 $\langle y, z \rangle \in \mathfrak{R}$이면 $\langle x, z \rangle \in \mathfrak{R}$가 된다. 따라서 $\mathfrak{R} \circ \mathfrak{R} \subset \mathfrak{R}$이 성립한다. 역으로 $\mathfrak{R} \circ \mathfrak{R} \subset \mathfrak{R}$이라 가정하자. 이때 $\langle x, y \rangle \in \mathfrak{R}$이고 $\langle y, z \rangle \in \mathfrak{R}$이면 $\langle x, z \rangle \in \mathfrak{R} \circ \mathfrak{R} \subset \mathfrak{R}$이다. 그러므로 $\mathfrak{R}$은 추이적이다.

3. $a_0 = 2^0\left(1 - \dfrac{1}{2}\right) = 1$이다. 또한 모든 n (단, $n = 0, 1, 2, \cdots$)에 대하여

$$-4a_n+4a_{n+1}=-4\cdot 2^n\left(1-\frac{n}{2}\right)+4\cdot 2^{n+1}\left(1-\frac{n+1}{2}\right)$$
$$=-2^{n+2}\left(1-\frac{n}{2}\right)+2^{n+2}(2-n-1)$$
$$=2^{n+2}\left(-\frac{n}{2}\right)=2^{n+2}\left(1-\frac{n+2}{2}\right)=a_{n+2}$$

가 성립한다.

4.
$$\begin{aligned}a_n&=n\cdot a_{n-1}+1\\&=n[(n-1)\cdot a_{n-2}+1]+1\\&=n(n-1)\cdot a_{n-2}+n+1\\&=n(n-1)\cdot[(n-2)\cdot a_{n-3}+1]+(n+1)\\&=n(n-1)\cdot(n-2)\cdot a_{n-3}+[n(n-1)+n+1]\\&\quad\vdots\\&=\frac{n!}{(n-k)!}\cdot a_{n-k}+\left[\frac{n!}{\{n-(k-1)\}!}+\cdots+\frac{n!}{n!}\right]\\&\quad\vdots\\&=\frac{n!}{0!}\cdot a_0+\left[\frac{n!}{1!}+\frac{n!}{2!}+\cdots+\frac{n!}{(n-1)!}+\frac{n!}{n!}\right]\\&=\sum_{k=1}^{n}\frac{n!}{k!}\end{aligned}$$

이므로, 일반항은 $a_k=\sum_{k=1}^{n}\frac{n!}{k!}$ (단, $k\geq 1$)로 주어진다.

5. (1) 특성방정식 $r^2-2r-3=0$의 해가 $r=3,\ -1$이므로, 일반항은

$$a_n=a\cdot 3^n+b\cdot(-1)^n\ (\text{단, } n=0,\ 1,\ 2,\ \cdots)$$

형태이다. 이때 초기조건 $a_0=4,\ a_1=8$로부터 구한 연립방정식

$$a+b=0,\ 3a-b=8$$

에서 $a=2,\ b=-2$를 얻는다. 따라서 일반항은

$$a_n=2\cdot 3^n-2\cdot(-1)^n\ (\text{단, } n=0,\ 1,\ 2,\ \cdots)$$

으로 주어진다.

(2) 특성방정식 $r^2-6r+9=0$의 해가 $r=3$ (중근)이므로, 일반항은

$$a_n = (a + bn) \cdot 3^n \ (\text{단}, \ n = 0, 1, 2, \cdots)$$

형태이다. 이때 초기조건 $a_0 = -5$, $a_1 = 3$ 으로부터 구한 연립방정식

$$\begin{cases} a & = -5 \\ 3a + 3b = & 3 \end{cases}, \ \text{즉} \ \begin{cases} a & = -5 \\ a + b = & 1 \end{cases}$$

에서 $a = -5$, $b = 6$을 얻는다. 따라서 일반항은

$$a_n = (-5 + 6n) \cdot 3^n \ (\text{단}, \ n = 0, 1, 2, \cdots)$$

으로 주어진다.

6. (1) $\dfrac{1}{(1-z)^2} = \displaystyle\sum_{k=0}^{\infty} (k+1) z^k$이므로

$$\frac{z}{(1-z)^2} = z \sum_{k=0}^{\infty} (k+1) z^k = \sum_{k=0}^{\infty} (k+1) z^{k+1} = \sum_{j=1}^{\infty} j z^j = \sum_{k=0}^{\infty} k z_k$$

(2) $\dfrac{1}{1+2z} = (1+2z)^{-1} = \displaystyle\sum_{k=0}^{\infty} \binom{-1}{k} (2z)^k = \sum_{k=0}^{\infty} (-1)^k \binom{k}{k} 2^k z^k = \sum_{k=0}^{\infty} (-2)^k z^k$

7. (1) $G(z) = (z+1)^2 = 1 + 2z + z^2$이므로, $\{a_n\}$은

$$\{1, 2, 1, 0, 0, 0, 0, 0, 0, \cdots\}$$

(2) $G(z) = \dfrac{z^4}{1-z} = z^4 (1 + z + z^2 + z^3 + \cdots) = z^4 + z^5 + z^6 + z^7 + \cdots$이므로, $\{a_n\}$은

$$\{0, 0, 0, 0, 1, 1, 1, 1, 1, \cdots\}$$

8. (1) $G(z) = (1 + 2z + 3z^2)(1 + z^3 + z^6 + z^9 + \cdots)$

$$= \frac{1 + 2z + 3z^2}{1 - z^3}$$

(2) $G(z) = 1 - 2z + 3z^2 - 4z^3 + 5z^4 - 6z^5 + 7z^6 - 8z^7 + \cdots$

$$= \sum_{k=0}^{\infty} (-1)^k (k+1) z^k = \sum_{k=0}^{\infty} (k+1)(-z)^k$$

$$= \frac{1}{(1+z)^2}$$

9. (1) 점화식의 양변에 z^n을 곱한 후, 모든 $n \geq 2$에 관해 양변을 합하면

$$\sum_{n=2}^{\infty} a_n z^n = \sum_{n=2}^{\infty} a_{n-1} z^n + 6\sum_{n=2}^{\infty} a_{n-2} z^n$$

이다. 수열 $\{a_n\}$에 관한 생성함수를 $G(z) = \sum_{k=0}^{\infty} a_k z^k$이라 하면, 위의 관계식은

$$G(z) - a_0 - a_1 z = [zG(z) - a_0 z] + 6z^2 G(z)$$

로 주어진다. 이때 $G(z)$에 관해 풀면 $(a_0 = 1,\ a_1 = 2)$

$$\begin{aligned} G(z) &= (1+z)\frac{1}{1-z-6z^2} \\ &= (1+z)\frac{1}{(1+2z)(1-3z)} \end{aligned}$$

이므로, 수열의 일반항 a_n은

$$\begin{aligned} a_n &= \frac{1}{5}[3^{n+1} - (-2)^{n+1}] + \frac{1}{5}[3^n - (-2)^n] \\ &= \frac{4}{3}\cdot 3^n + \frac{1}{5}\cdot(-2)^n \end{aligned}$$

으로 주어진다.

(2) $$\begin{aligned} \sum_{n=2}^{\infty} a_n z^n &= -5\sum_{n=2}^{\infty} a_{n-1} z^n + 36\sum_{n=2}^{\infty} a_{n-2} z^n \\ &= -5z\sum_{j=1}^{\infty} a_j z^j + 36z^2 \sum_{j=0}^{\infty} a_j z^j \end{aligned}$$

이다. 따라서

$$\begin{aligned} G(z) - a_0 - a_1 z &= -5z[(G(z) - a_0] + 36z^2 G(z) \\ G(z) &= (3+3z)\left[\frac{1}{(1+9z)(1-4z)}\right] \\ &= \frac{3}{13}\left[\sum_{k=0}^{\infty}\{8\cdot(-9)^k + 5\cdot 4^k\}z^k\right] \end{aligned}$$

이므로, 수열의 일반항 a_n은

$$a_n = \frac{24}{13}\cdot(-9)^n + \frac{15}{13}\cdot 4^n \ (\text{단},\ n \geq 0)$$

으로 주어진다.

10. $f(x) = x - \ln x$일 때

$$f'(x) = 1 - \frac{1}{x} > 0 \ (\text{단, } x > 1)$$

이므로, $f(x)$는 증가함수이다. 이때 $f(1) = 1$이므로

$$f(x) = x - \ln x > 0 \ (\text{단, } x > 1), \text{ 즉 } \ln x < x \ (\text{단, } x > 1)$$

이다. 따라서 $\ln x \in O(x)$이다. 그러므로 $x \in O(x^{\alpha})$로부터

$$\ln x \in O(x^{\alpha}) \ (\text{단, } x \to \infty)$$

이 성립한다.

연습문제 2.3

1. (1) $x \geq 1$인 모든 실수 x에 대하여

$$|4x| = 4x \leq 4x^3 = 4|x^3|$$

이므로, $f(x) \in O(g(x))$이다.

(2) $x \geq 1$인 모든 실수 x에 대하여

$$f(x) = \log_2 x^7 = 7\log_2 x \leq 7x$$

이므로, $f(x) \in O(g(x))$이다.

2. 제2단계에서 비교 연산이 1번 필요하고, 각 i에 대하여 k가 $i-1$번 반복해야 하므로, 전체의 비교 연산의 횟수는

$$1 + 2 + \cdots + (n-1) = \frac{n(n-1)}{2}$$

이다. 따라서 복잡도는 $\Theta(n^2)$으로 주어진다.

3. $|x\log_2 x| \leq |x + x\log_2 x|$ (단, $x > 1$)이므로, $x + x\log_2 x \in \Omega(x\log_2 x)$이다. 또한 $x < x\log_2 x$ (단, $x > 2$)로부터

$$|x + x\log_2 x| < 2|x\log_2 x| \ (\text{단, } x > 2)$$

이므로, $x + x\log_2 x \in O(x\log_2 x)$를 얻는다. 따라서

$$x + x\log_2 x \in \Theta(x\log_2 x)$$

가 성립한다.

4. 제3단계에서 각 j에 대하여, 덧셈 2번과 뺄셈 1번, 곱셈 1번의 연산이 수행된다. 그러나 각 j가 제2단계의 i에 따라 $1, 2, 3, \cdots, n$까지 수행하게 되므로, 모든 산술 연산의 수는

$$4 \cdot 1 + 4 \cdot 2 + 4 \cdot 3 + \cdots + 4 \cdot n = 4 \cdot \frac{n(n+1)}{2} = 2n(n+1)$$

로 주어진다. 따라서 복잡도는 $\Theta(n^2)$이 된다. 또한 각 제3단계의 곱셈 연산이 1번이므로, 전체의 곱셈 연산의 수는 $\frac{n(n+1)}{2}$가 된다. 따라서 복잡도는 $\Theta(n^2)$과 같다.

연습문제 4.1

1. (1) 덧셈의 법칙에 의해, $5+3=8$ (2) 곱셈의 법칙에 의해, $5 \times 3 = 15$

2. $6 \times 8 = 48,\ 6+8=14$

3. $70 = 2 \times 5 \times 7$이므로, 2 또는 5 또는 7을 인수로 갖지 않는 양의 정수이다. 따라서

$$70 - |2\text{의 배수 또는 } 5\text{의 배수 또는 } 7\text{의 배수}|$$

을 구하면 된다. 그런데

$$\begin{aligned}
&|2\text{의 배수 또는 } 5\text{의 배수 또는 } 7\text{의 배수}| \\
&\quad = |2\text{의 배수}| + |5\text{의 배수}| + |7\text{의 배수}| \\
&\qquad\quad - |10\text{의 배수}| - |14\text{의 배수}| - |35\text{의 배수}| + |70\text{의 배수}| \\
&\quad = 24
\end{aligned}$$

이다. 따라서 70 이하의 양의 정수 중에서 70과 서로소인 양의 정수의 개수는 46이다.

4. 서로 다른 색, 즉 빨간색-갈색, 빨간색-검정색, 갈색-빨간색, 갈색-검정색, 검정색-갈색, 검정색-빨간색 등 6가지로 나누어 줄 수 있다. 또한 각 경우에 대하여, 빨간색-갈색(또는 갈색-빨간색)으로 나누어 줄 수 있는 방법은 $3 \times 4 = 12$, 빨간색-검정색(또는 검정색-빨간색)은 $3 \times 5 = 15$, 갈색-검정색(또는 검정색-갈색)은 $4 \times 5 = 20$가지로 구분된다. 따라서 모든 경우의 수는 $2 \times (12+15+20) = 94$이다.

5. (1) 끝자리의 수가 0인 경우 :
첫째 자리의 수를 a_1이라고 하면 a_1은 $1, 2, \cdots, 9$ 중의 어느 하나이고, 둘째 자리의 수를 a_2라고 하면 a_2는 $1, 2, \cdots, 9$ 중에서 a_1을 제외한 8개의 수 중에서 어느 하나이다. 또한

셋째 자리의 수는 $1, 2, \cdots, 9$ 중에서 a_1, a_2를 제외한 7개의 수 중에서 어느 하나이다. 그러므로 이러한 짝수의 개수는 모두 $9\times 8\times 7 = 504$이다.

(2) 끝자리의 수가 0이 아닌 경우 :

끝자리의 수를 b_4 라고 하면 b_4는 4개의 정수 2, 4, 6, 8 중의 어느 하나이고, 첫째 자리의 수를 b_1 이라고 하면 b_1 은 $1, 2, \cdots, 9$ 중에서 b_4 를 제외한 8개의 수 중의 어느 하나이다. 그리고 둘째 자리의 수를 b_2 라고 하면 b_2 는 $0, 1, 2, \cdots, 9$ 중에서 b_1, b_4를 제외한 8개의 수 중에서 어느 하나이고, 또한 셋째 자리의 수는 $0, 1, 2, \cdots, 9$ 중에서 b_1, b_2, b_4를 제외한 7개의 수 중에서 어느 하나이다. 그러므로 이와 같은 짝수의 개수는 모두 $8\times 8\times 7\times 4 = 1792$이다.

그러므로 (1), (2)로부터 구하는 개수는 모두 $9\times 8\times 7+8\times 8\times 7\times 4=2296$이다.

6. (1) 1부터 100까지의 양의 정수 중에서 짝수는 $2, 4, ,6, \cdots, 100$의 50개가 있고 4로 나누어 나머지가 1이 되는 양의 정수는 $1, 5, 9, \cdots, 97$의 25개가 있다. 그런데 4로 나누어 나머지가 1이며 짝수인 양의 정수는 없다. 따라서 구하는 경우의 수는 덧셈의 법칙에 의해 $50+25=75$이다.

(2) 1부터 100까지의 양의 정수 중에서 짝수는 50개이고 3으로 나누어 나머지가 1이 되는 양의 정수는 $1, 4, 7, \cdots, 100$의 34개가 있다. 그런데 두 조건을 동시에 만족하는 양의 정수는 3으로 나누어 나머지가 1인 짝수이므로 $6k+4$의 형태이다. 그러므로 1부터 100까지의 양의 정수 중에서 $6k+4$ 형태는 $4, 10, 16, \cdots, 100$의 17개가 있다. 따라서 구하는 경우의 수는 덧셈의 법칙에 의해 $50+34-17=67$이다.

7. $U=\{1, 2, 3, \cdots, 300\}$이라고 하자. 그리고 U의 원소 중에서 3의 배수 전체의 집합, 5의 배수 전체의 집합, 7의 배수 전체의 집합을 각각 A, B, C라고 하자.

(1) 정수 1에서 300까지의 정수 중에서 3의 배수인 동시에 5의 배수이지만 7의 배수는 아닌 정수 전체의 집합은 $(A\cap B)-C$이고, 이 집합의 원소의 개수는

$$\begin{aligned}|(A\cap B)-C| &= |A\cap B|-|(A\cap B)\cap C| = |A\cap B|-|A\cap B\cap C|\\ &= 20-2=18\end{aligned}$$

이다. 따라서 구하는 개수는 18이다.

(2) 1에서 300까지의 정수 중에서 5의 배수이지만 3의 배수도 아니고 7의 배수도 아닌 정수 전체의 집합은 $B-(A\cup C)$이다. 이때 $|B-(A\cup C)|=|B|-|B\cap(A\cup C)|$이고,

$$\begin{aligned}|B\cap(A\cup C)| &= |(B\cap A)\cup(B\cap C)|\\ &= |B\cap A|+|B\cap C|-|(B\cap A)\cap(B\cap C)|\\ &= |B\cap A|+|B\cap C|-|A\cap B\cap C|\\ &= 20+8-2=26\end{aligned}$$

이므로, 구하는 개수는

$$|B-(A\cup C)| = |B| - |B\cap(A\cup C)| = 60-26 = 34$$

연습문제 4.2

1. 한 변의 길이가 2인 정사각형을 한 변의 길이가 1인 네 정사각형으로 분할하자. 그러면 비둘기집 원리에 의해 5개의 점 중에서 적어도 두 점은 4개의 작은 정사각형 중의 한 정사각형 또는 그 경계선에 놓여 있다. 그런데 이 작은 정사각형의 대각선의 길이는 $\sqrt{2}$ 이다. 따라서 이들 두 점 사이의 거리는 $\sqrt{2}$ 이하이다.

2. 0번, 1번, 2번, $\cdots$, $n-1$번 악수를 한 사람이 있다. 그러나 이 중에서 $n-1$번 악수를 한 사람이 있으면 0번 악수를 한 사람이 없게 되고, 누구와도 악수를 하지 않은 사람이 있으면 $n-1$번 악수를 한 사람이 없게 된다. 즉 0 또는 $n-1$번 악수를 한 사람의 수는 0명이다. 따라서 비둘기집 원리에 의해 n명이 악수한 각 횟수는 $n-1$가지이므로, n명 중에는 같은 수의 악수를 한 사람이 적어도 2명 이상이 있다.

3. (1) 비둘기집 원리를 이용한다. 세 영역 (비둘기집)에 5과목 (비둘기)을 수강해야 하므로, 한 영역에는 적어도 두 과목을 수강해야 한다.
   (2) 포함 배제 원리를 이용한다. 세 영역에 수강하는 과목의 집합을 각각 A, B, C라 하면, 공통부분이 없으므로 $|A\cup B\cup C| = 5 = |A|+|B|+|C|$이다. 또한 각 영역에 두 과목보다 많이는 들을 수 없으므로 $|B|+|C| \le 4$이다. 따라서

   $$|A| = 5-(|B|+|C|) \ge 1$$

   로 주어진다.

4. 짝수와 짝수, 또는 홀수와 홀수를 합할 때 짝수가 되므로

   $$\{1, 3, 5, 7, 9\},\ \{2, 4, 6, 8\}$$

   의 두 그룹에서 3개를 뽑으면 그 중에 2개의 합이 짝수가 된다.

5. 6개의 학년 (비둘기집) 중에 반드시 $\dfrac{|S|}{6}+1 = 20$명의 학생 (비둘기)이 있는 학년이 있도록 하기 위해서는 적어도 $|S|+1 = 115$명 이상의 학생 (비둘기)이 있어야 한다. 따라서 필요한 최소의 전체 학생 수는 115명이다.

6. a_1으로부터 시작하여 77개의 합

$$b_1 = a_1,\ \ b_2 = a_1 + a_2,\ \ \cdots,\ \ b_{77} = a_1 + a_2 + \cdots + a_{77}$$

을 생각하자. 먼저 적당한 k (단, $1 \le k \le 77$)에 대하여 $b_k = 21$인 경우에

$$a_1 + a_2 + \cdots + a_k = b_k = 21$$

이다. 다음에 모든 k (단, $1 \le k \le 77$)에 대하여 $b_k \ne 21$이라고 하자. 이때 154개의 정수

$$b_1,\ b_2,\ \cdots,\ b_{77},\ c_1 = b_1 + 21,\ c_2 = b_2 + 21,\ \cdots,\ c_{77} = b_{77} + 21$$

중에서 가장 큰 정수는 c_{77}이고

$$c_{77} = b_{77} + 21 \le 132 + 21 = 153$$

이 성립한다. 따라서 이들 정수 중에는 서로 같은 것이 적어도 한 쌍 있다(4.2절 정리 2 참조). 그런데 $1 \le j \le k \le 77$일 때

$$b_i < b_j,\ \ c_i < c_j$$

이므로, $1 \le j \le k \le 77$를 만족하는 두 정수 j, k에 대하여 $b_k = b_j + 21$이어야 한다. 따라서 $b_k - b_j = 21$이므로, $a_{j+1} + a_{j+2} + \cdots + a_k = b_k - b_j = 21$이다.

7. 1, 2, 3일에 우송한 청구서 사본을 상자 1에, 4, 5, 6일에 우송한 청구서 사본을 상자 2에, 7, 8, 9일에 우송한 청구서 사본을 상자 3에, 10, 11, 12일에 우송한 청구서 사본을 상자 4에 각각 넣어둔다고 하자. 이때 $195 = 48 \times 4 + 3$이므로, $\left\lceil \dfrac{195}{4} \right\rceil = 49$이다. 따라서 이 회사는 어느 한 연속된 사흘 동안에 청구서를 적어도 49장 발송했다.

연습문제 4·3

1. 이때 3과목을 3개의 서로 다른 색깔의 공이라고 생각하고, 5일을 5개의 수가 적혀 있는 상자라고 생각하면 $5 \times 4 \times 3 = 60$가지가 있다. 즉

$${}_5\mathrm{P}_3 = \frac{5!}{2!} = 5 \times 4 \times 3 = 60$$

가지의 방법이 있다. 이것은 5일 중에 3일을 3개의 시험과목에 순서 있게 배정하는 문제와 동일하다.

2. 일주일에 스파게티를 먹게 되는 세 번의 점심 식사를 공과 상자의 문제에서 3개의 같은 공이라고 생각하고 일주일, 즉 7일을 7개의 번호가 적힌 상자로 생각하자. 그러면 7일 중 3일을 선택하기만 하면 되므로, 방법의 수는

$$\binom{7}{3} = \frac{{}_7\mathrm{P}_3}{3!} = \frac{7!}{3!\,4!} = 35$$

로 주어진다.

3. $7! - |D_7| = 5{,}040 - 1{,}854 = 3{,}186$

4. $(n-1)(|D_{n-1}| + |D_{n-2}|)$

$$= (n-1)\left[(n-1)!\left(1 - \frac{1}{1!} + \frac{1}{2!} + \cdots + (-1)^{n-1}\frac{1}{(n-1)!}\right)\right]$$

$$+ (n-1)\left[(n-2)!\left(1 - \frac{1}{1!} + \frac{1}{2!} + \cdots + (-1)^{n-2}\frac{1}{(n-2)!}\right)\right]$$

$$= n(n-1)!\left(1 - \frac{1}{1!} + \frac{1}{2!} + \cdots + (-1)^{n-1}\frac{1}{(n-1)!}\right)$$

$$- (n-1)!\left(1 - \frac{1}{1!} + \frac{1}{2!} + \cdots + (-1)^{n-1}\frac{1}{(n-1)!}\right)$$

$$+ (n-1)!\left(1 - \frac{1}{1!} + \frac{1}{2!} + \cdots + (-1)^{n-2}\frac{1}{(n-2)!}\right)$$

$$= n!\left(1 - \frac{1}{1!} + \frac{1}{2!} + \cdots + (-1)^{n-1}\frac{1}{(n-1)!}\right) - (-1)^{n-1}$$

$$= n!\left(1 - \frac{1}{1!} + \frac{1}{2!} + \cdots + (-1)^{n-1}\frac{1}{(n-1)!} + (-1)^{n}\frac{1}{n!}\right) = |D_n|$$

5. $10! - \left\{\binom{5}{1}\cdot 9! - \binom{5}{2}\cdot 8! + \binom{5}{3}\cdot 7! - \binom{5}{4}\cdot 6! + \binom{5}{5}\cdot 5!\right\}$

$$= 10! - (5\cdot 9! - 10\cdot 8! + 10\cdot 7! - 5\cdot 6! + 5!)$$

6. (1) $\binom{7}{3}\cdot\binom{5}{2} = 350$ (2) $\binom{12}{1}\cdot\binom{11}{4} = 3{,}960$

7. $\binom{n}{m}\binom{n-m}{k} = \frac{n!}{m!(n-m)!}\,\frac{(n-m)!}{k!(n-m-k)!} = \frac{n!}{m!k!(n-m-k)!}$ 이 성립한다. 또한

$$\binom{n}{k}\binom{n-k}{m} = \frac{n!}{k!(n-k)!}\,\frac{(n-k)!}{m!(n-k-m)!} = \frac{n!}{k!m!(n-m-k)!}$$

$$= \frac{n!}{m!k!(n-m-k)!}$$

이 성립한다. 따라서 $\binom{n}{m}\binom{n-m}{k}=\binom{n}{k}\binom{n-k}{m}$이다.

8. (1) $\binom{n}{4}$ (2) $\binom{n+2}{4}$

9. (1) $\binom{6}{2}\binom{7}{2}\binom{8}{2}=15\cdot 21\cdot 28=8820$

(2) $\binom{6}{3}\binom{7}{2}\binom{8}{2}+\binom{6}{2}\binom{7}{3}\binom{8}{2}+\binom{6}{2}\binom{7}{2}\binom{8}{3}$

$=20\times 21\times 28+15\times 35\times 28+15\times 21+56$

$=11760+14700+17640=44100$

10. 일어날 수 있는 경우는 $2^{10}=1024$가지이다. 또한 앞면이 반드시 4번 나오는 경우는 $\binom{10}{4}=210$가지이다.

11. (1) $\binom{10}{3}$ (2) $\binom{10}{1}\binom{9}{1}=90$

(3) 10 (4) ${}_{10}\mathrm{H}_3=\binom{10+3-1}{3}=\binom{12}{3}$

12. (1) 1차 방정식 $x_1+x_2+x_3+x_4=19$는

$$(x_1-7)+x_2+x_3+x_4=12$$

로 변형된다. 따라서 구하는 개수는 ${}_4\mathrm{H}_{12}=\binom{4+12-1}{12}=\binom{15}{12}=\binom{15}{3}=455$이다.

(2) 1차 방정식 $x_1+x_2+x_3+x_4=19$는

$$(x_1-7)+(x_2-6)+x_3+x_4=6$$

로 변형된다. 따라서 구하는 개수는 ${}_4\mathrm{H}_6=\binom{4+6-1}{6}=\binom{9}{6}=\binom{9}{3}=84$이다.

13. A_1이 주어지면 A_2는 $A\setminus A_1$의 부분집합 중 어느 것을 택해도 좋다. 그런데 원소의 수가 k인 A_1을 선택하는 방법의 수는 $\binom{n}{k}$이고 A_2를 선택하는 방법의 수는 2^{n-k}이므로, 순서쌍 (A_1, A_2)를 선택하는 방법은 곱의 법칙에 의해

$$\binom{n}{k}2^{n-k}$$

이 된다. 따라서 k는 $0, 1, 2, \cdots, n$ 중 하나이므로, 서로소인 A의 부분집합의 순서쌍 (A_1, A_2)의 개수는 덧셈의 법칙에 의해

$$\binom{n}{0}2^n+\binom{n}{1}2^{n-1}+\binom{n}{2}2^{n-2}+\cdots+\binom{n}{n}2^0=(1+2)^n=3^n$$

으로 주어진다.

14. 순열 $T=(5\,1\,6\,3\,2\,4\,7)$보다 앞서 나타나는 모든 순열의 수를 다음 경우들로 구분하여 구해 보자.

(1) 첫 번째 자리의 수가 5이므로 사전편집 순서의 정의에 의해 첫 번째 자리에 5보다 작은 수 $\{1, 2, 3, 4\}$가 오고, 나머지 6개의 수는 임의로 정렬되는 모든 순열은 T보다 앞서 나타난다. 이러한 순열은 모두 $4 \cdot 6!$개 있다.

(2) 두 번째 자리의 수는 1이므로 1보다 작은 수는 없다. 그러므로 이 자리의 수로 사전편집 순서에서 앞서는 순열은 없다.

(3) $(5\,1\,*\,*\,*\,*\,*)$이면서 $(5\,1\,6\,*\,*\,*\,*)$보다 셋째 자리 수로만 사전편집 순서에서 앞서는 순열은 세 번째 자리가 $\{2, 3, 4\}$이고, 나머지 4개의 수는 임의로 정렬되는 순열이다. 따라서 이러한 순열의 모든 개수는 $3 \cdot 4!$개다.

(4) $(5\,1\,6\,*\,*\,*\,*)$이면서 $(5\,1\,6\,3\,*\,*\,*)$보다 넷째 자리 수로만 사전편집 순서에서 앞서는 순열은 네 번째 자리가 2이고, 나머지 3개의 수는 임의로 정렬되는 순열이다. 따라서 이러한 순열의 모든 개수는 $1 \cdot 3!$개다.

(5) $(5\,1\,6\,3\,*\,*\,*)$이면서 $(5\,1\,6\,3\,2\,*\,*)$보다 다섯째 자리 수로만 사전편집 순서에서 앞서는 순열은 없다.

(6) $(5\,1\,6\,3\,2\,*\,*)$이면서 $(5\,1\,6\,3\,2\,4\,*)$보다 여섯째 자리 수로만 사전편집 순서에서 앞서는 순열은 없다.

따라서 사전편집 순서로 나열된 순열에서 순열 T는 위의 $(1) \sim (6)$의 경우를 모두 합한 값보다 1이 많은 $4 \cdot 6!+3 \cdot 4!+1 \cdot 3!+1=2959$번째 나타난다.

연습문제 4.4

1. $f^{-1}(\{b_4\})=\{b_6\}$와 $f^{-1}(\{b_4\}) \supset \{b_6\}$ 두 가지 경우가 있다.

(1) 첫 번째 경우는 $f(A \setminus \{a_6\})=B \setminus \{b_4\}$를 만족하는 전사함수의 개수이므로 $S(6, 3)3!$이다.

(2) 두 번째 경우는 $f(A \setminus \{a_6\})=B$를 만족하는 전사함수의 개수이므로 $S(5, 4)4!$이다.

따라서 덧셈의 법칙에 의해 구하는 전사함수의 개수는 $S(5, 3)3!+S(5, 4)4!$이다.

2. n명의 사람을 여러 개의 그룹으로 나누는 방법의 수가 B_n이다. 마지막 n번째 사람이 k명과 그룹을 이루기 위해서는 먼저 $(n-1)$명 중 k명을 뽑고 나머지 $(n-k-1)$명을 여러 개의 그룹으로 분배하면 된다. 따라서 n번째 사람이 k명과 그룹을 이루는 방법의 수는

$$\binom{n-1}{k} B_{n-k-1}$$

이 된다. 그러므로 전체 벨 수는

$$\begin{aligned} B_n &= \sum_{k=0}^{n-1} \binom{n-1}{k} B_{n-k-1} \\ &= \sum_{k=0}^{n-1} \binom{n-1}{n-k-1} B_{n-k-1} \\ &= \sum_{j=0}^{n-1} \binom{n-1}{j} B_j \end{aligned}$$

를 만족한다.

3. (1) $S(4, 3) = 6$

(2) $S(4, 1) + S(4, 2) + S(4, 3) = 1 + 2 + 6 = 9$

4. $S(8, 4) = S(7, 3) + 4S(7, 4)$

$= S(6, 2) + 3S(6, 3) + 4[S(6, 3) + 4S(6, 4)] = S(6, 2) + 7S(6, 3) + 16S(6, 4)$

5. $S(6, 1) + S(6, 2) + S(6, 3) = 1 + 31 + 90 = 122$

6. 빈 상자를 허용한다면 양의 정수 8을 4개 이하의 양의 정수의 합으로 배분하는 방법의 수와 같으므로

$$p(8, 4) + p(8, 3) + p(8, 2) + p(8, 1) = 5 + 5 + 4 + 1 = 15$$

로부터, 15가지의 방법이 있다.

7. (1) 빈 상자가 없고 3개의 상자 안의 공을 합하면 6이므로, 상자 안의 공의 수는 3개의 부분을 갖는 6의 분배이다. 따라서 구하는 방법의 수는 $p(6, 3) = 3$이다.

(2) 6개의 서로 구별되지 않는 공을 서로 구별되지 않는 3개의 상자에 넣었다고 하자. 이때 3개의 상자 안의 공을 합하면 6이고 빈 상자를 허용하므로 상자 안의 공의 수는 많아야 3개의 부분을 갖는 6의 분배를 이룬다. 따라서 구하는 방법의 수는

$$p(6, 1) + p(6, 2) + p(6, 3) = 1 + 1 + 3 = 5$$

8. $p(8, 1)+p(8, 2)+p(8, 3)+p(8, 4)=1+4+5+5=15$

9. $$\begin{aligned} f(x) &= 5x^3+4x^2+3x \\ &= 5\left[S(3, 1)(x)_1+S(3, 2)(x)_2+S(3, 3)(x)_3\right] \\ &\qquad +4\left[S(2, 1)(x)_1+S(2, 2)(x)_2\right]+3S(1, 1)(x)_1 \\ &= [5S(3, 1)+4S(2, 1)+3S(1, 1)](x)_1 \\ &\qquad +[5S(3, 2)+4S(2, 2)](x)_2+5S(3, 3)(x)_3 \\ &= (5+4+3)(x)_1+(15+4)(x)_2+5(x)_3 \\ &= 12(x)_1+19(x)_2+5(x)_3 \end{aligned}$$

10. $$\begin{aligned} (x)_5 &= x(x-1)(x-2)(x-3)(x-4) \\ &= (x)_4(x-4)=(-6x+11x^2-6x^3+x^4)(x-4) \\ &= 24x-50x^2+35x^3-10x^4+x^5 \end{aligned}$$

이다. 따라서

$$s(5, 1)=24,\ s(5, 2)=-50,\ s(5, 3)=35,\ s(5, 4)=-10,\ s(5, 5)=1$$

연습문제 4.5

1. n이 짝수일 때, 짝수인 원소의 수는 $n/2$이므로 확률은 $\dfrac{n/2}{n}=1/2$이다. 또한 n이 홀수일 때, 짝수인 원소의 수는 $(n-1)/2$이므로 확률은 $\dfrac{(n-1)/2}{n}=\dfrac{n-1}{2n}$이다. 따라서 확률은 내림함수 $\dfrac{\left\lfloor \frac{n}{2} \right\rfloor}{n}$으로 표현된다.

2. 꺼낸 공이 빨간 공일 사건을 A, 꺼낸 공이 1번 주머니에서 나온 사건을 B_1, 꺼낸 공이 2번 주머니에서 나온 사건을 B_2라 하면, $P(A \mid B_1)=\dfrac{3}{7}$, $P(A \mid B_2)=\dfrac{5}{8}$이고 $P(B_1)=P(B_2)$이다. 따라서

$$P(A \cap B_1)=P(A \mid B_1)P(B_1)=\frac{3}{7}\times\frac{1}{2}=\frac{3}{14}$$

$$P(A \cap B_2)=P(A \mid B_2)P(B_2)=\frac{5}{8}\times\frac{1}{2}=\frac{5}{16}$$

이다. 이때

$$P(A)=P[(A\cap B_1)\cup(A\cap B_2)]=P(A\cap B_1)+P(A\cap B_2)=\frac{3}{14}+\frac{5}{16}=\frac{59}{112}$$

이므로

$$P(B_1\mid A)=\frac{P(A\cap B_1)}{P(A)}=\frac{3/14}{59/112}=\frac{336}{826}\approx 0.407$$

로 주어진다.

3. 처음 꺼낸 공이 빨간 공일 확률 $P(A_1)$은 $\frac{7}{10}$, 첫 번째가 빨간 공이고 두 번째 꺼낸 공이 또 빨간 공일 확률 $P(A_2\mid A_1)$은 $\frac{6}{9}$, 첫 번째와 두 번째가 빨간 공이고 세 번째 꺼낸 공도 빨간 공일 확률 $P(A_3\mid A_1\cap A_2)$은 $\frac{5}{8}$이다. 따라서 세 번 모두 꺼낸 공이 빨간 공일 확률 $P(A_1\cap A_2\cap A_3)$은 세 값의 곱

$$\frac{7}{10}\times\frac{6}{9}\times\frac{5}{8}=\frac{7}{24}\approx 0.29$$

가 된다.

4. 표본공간은 $S=\{HH, HT, TH, TT\}$이다. 이때

$$A=\{HH, HT\},\ B=\{HH, TH\},\ C=\{HH, TT\}$$

이고, $A\cap B=B\cap C=A\cap C=A\cap B\cap C=\{HH\}$이다. 따라서

$$P(A)=P(B)=P(C)=1/2,\ P(A\cap B)=P(B\cap C)=P(A\cap C)=1/4$$

이고 $P(A\cap B\cap C)=1/4$이다. 그러므로

$$P(A\cap B\cap C)=1/4\neq 1/8=P(A)P(B)P(C)$$

가 성립한다.

연습문제 5.1

1. (1) D_1: $\text{outdeg}\,v_1=2,\ \text{indeg}\,v_1=0,\ \text{outdeg}\,v_2=1,\ \text{indeg}\,v_2=2,$
$\text{outdeg}\,v_3=1,\ \text{indeg}\,v_3=1,\ \text{outdeg}\,v_4=1,\ \text{indeg}\,v_4=2$

D_2: outdeg $w_1 = 1$, indeg $w_1 = 2$, outdeg $w_2 = 1$, indeg $w_2 = 1$

outdeg $w_3 = 1$, indeg $w_3 = 2$, outdeg $w_4 = 2$, indeg $w_4 = 0$

(2) $A_1 = \begin{bmatrix} 0 & 1 & 0 & 1 \\ 0 & 0 & 0 & 1 \\ 0 & 1 & 0 & 0 \\ 0 & 0 & 1 & 0 \end{bmatrix}$, $A_2 = \begin{bmatrix} 0 & 0 & 1 & 0 \\ 1 & 0 & 0 & 0 \\ 0 & 1 & 0 & 0 \\ 1 & 0 & 1 & 0 \end{bmatrix}$

(3) 함수 $\phi : V_1 \rightarrow V_2$를

$$\phi(v_1) = w_4,\ \phi(v_2) = w_1,\ \phi(v_3) = w_2,\ \phi(v_4) = w_3$$

으로 정의할 때

$(v_1, v_2) \in E_1$이고, $(\phi(v_1), \phi(v_2)) = (w_4, w_1) \in E_2$이다.

$(v_1, v_4) \in E_1$이고, $(\phi(v_1), \phi(v_4)) = (w_4, w_3) \in E_2$이다.

$(v_2, v_4) \in E_1$이고, $(\phi(v_2), \phi(v_4)) = (w_1, w_3) \in E_2$이다.

$(v_3, v_2) \in E_1$이고, $(\phi(v_3), \phi(v_2)) = (w_2, w_1) \in E_2$이다.

$(v_4, v_3) \in E_1$이고, $(\phi(v_4), \phi(v_3)) = (w_3, w_2) \in E_2$이다.

2. (1), (3), (6)과 (4), (5)

3. 다음과 같이 정의된 사상 $\phi : V \rightarrow V'$는 동형사상이다.

$$\phi(a) = p,\ \phi(b) = r,\ \phi(c) = s,\ \phi(d) = q,\ \phi(e) = t$$

4. (1) $\begin{bmatrix} 0 & 3 & 0 & 1 \\ 3 & 0 & 2 & 1 \\ 0 & 2 & 0 & 1 \\ 1 & 1 & 1 & 0 \end{bmatrix}$ (2) $\begin{bmatrix} 0 & 1 & 1 & 1 & 1 \\ 1 & 0 & 1 & 1 & 1 \\ 1 & 1 & 0 & 1 & 1 \\ 1 & 1 & 1 & 0 & 1 \\ 1 & 1 & 1 & 1 & 0 \end{bmatrix}$

(3) $\begin{bmatrix} 0 & 0 & 1 & 1 & 1 \\ 0 & 0 & 1 & 1 & 1 \\ 1 & 1 & 0 & 0 & 0 \\ 1 & 1 & 0 & 0 & 0 \\ 1 & 1 & 0 & 0 & 0 \end{bmatrix}$ (4) $\begin{bmatrix} 0 & 2 & 1 & 0 & 0 & 0 \\ 2 & 0 & 1 & 0 & 0 & 0 \\ 1 & 1 & 0 & 3 & 0 & 0 \\ 0 & 0 & 3 & 0 & 1 & 1 \\ 0 & 0 & 0 & 1 & 0 & 1 \\ 0 & 0 & 0 & 1 & 1 & 2 \end{bmatrix}$

5. 오일러 경로 T의 양 끝점을 잇는 모서리를 연결그래프에 추가하여 만든 새로운 그래프는 연결그래프이다. 이때 모든 꼭짓점의 차수는 짝수가 된다. 따라서 오일러 정리에 의해 오일러 회로가 존재하며, 오일러 회로에서 새로 추가된 모서리를 삭제한 오일러 경로는 두 개의 홀수점을 포함한다.

6. (1) $K_{1,1}$, $K_{1,2}$, $K_{m,n}$ (단, m, n은 짝수)   (2) 모두 동형이 아니다.

7. (a) 오일러 회로가 존재하지 않는다.
   (b) 오일러 회로는 $(b,\ i,\ c,\ f,\ b,\ g,\ i,\ e,\ c,\ h,\ f,\ d,\ e,\ a,\ h,\ g,\ a,\ d,\ b)$로 주어진다.

8. 주어진 그래프 G의 2개의 홀수점을 u, v (단, $v \neq u$)라 하고, 두 꼭짓점을 잇는 모서리 e를 G에 추가하여 만든 연결그래프를 H라 하자. 그러면 그래프 H의 모든 꼭짓점의 차수는 짝수가 되고, H는 오일러 회로 T를 갖는다. 이제 오일러 회로 T에서 모서리 e를 삭제한 부분그래프 $T-e$는 두 꼭짓점 u, v (단, $v \neq u$)를 양 끝점으로 하는 오일러 경로가 된다.

9. 주어진 그래프에 해밀턴 순환로가 존재한다고 가정하자. 이때 순환로는 a를 포함하며 $d(a)=2$이므로, a를 끝점으로 갖는 모서리는 $\{a,\ b\}$, $\{a,\ e\}$ 뿐이다. 따라서 이 두 모서리도 순환로에 포함된다. 마찬가지로 $\{b,\ e\}$, $\{c,\ e\}$, $\{d,\ e\}$는 모두 순환로에 포함된다. 그러나 해밀턴 순환로에는 출발점을 제외한 모든 꼭지점을 한 번씩만 포함하므로, e를 끝점으로 갖는 모서리는 두 개만이 순환로에 포함되어야 한다. 따라서 주어진 그래프에 해밀턴 순환로는 존재하지 않는다.

10.

해밀턴 순환로	비용	해밀턴 순환로	비용
$(A,\ B,\ C,\ D,\ E,\ A)$	50	$(A,\ C,\ B,\ D,\ E,\ A)$	46
$(A,\ B,\ C,\ E,\ D,\ A)$	52	$(A,\ C,\ B,\ E,\ D,\ A)$	50
$(A,\ B,\ D,\ C,\ E,\ A)$	45	$(A,\ C,\ D,\ B,\ E,\ A)$	43
$(A,\ B,\ D,\ E,\ C,\ A)$	42	$(A,\ C,\ E,\ B,\ D,\ A)$	45
$(A,\ B,\ E,\ C,\ D,\ A)$	49	$(A,\ D,\ B,\ C,\ E,\ A)$	51
$(A,\ B,\ E,\ D,\ C,\ A)$	44	$(A,\ D,\ C,\ B,\ E,\ A)$	53

으로부터 해밀턴 순환로 $(A,\ B,\ D,\ E,\ C,\ A)$가 42의 최소 가중치를 갖는다.

연습문제 5.2

1. G가 트리 그래프이므로, $|E|=|V|-1$이다. 따라서 부분그래프 G'에서

$$|E'|=|E|-1=|V|-2$$

가 성립한다. 그런데 트리 그래프 G의 부분그래프 G'에는 회로가 없다. 그러므로 G'이 연결그래프라면, G'은 트리 그래프이어야 한다. 따라서 $|E'|=|V|-1$로 되어 위의 결과에 모순이 된다. 그러므로 G'은 연결그래프가 아니다.

2.

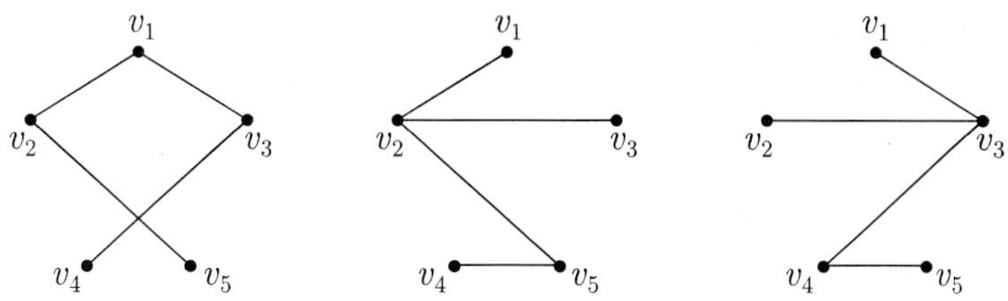

첫째 그림이 나타내는 수형도는 다른 두 그림이 나타내는 수형도와 동형이 아니지만, 둘째 그림과 셋째 그림이 나타내는 수형도는 서로 동형이다.

3.

(1)

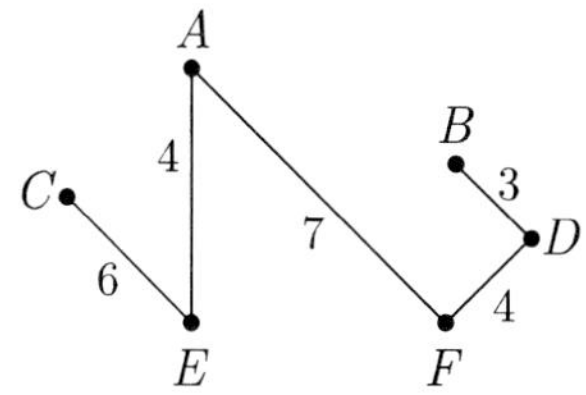

(2)

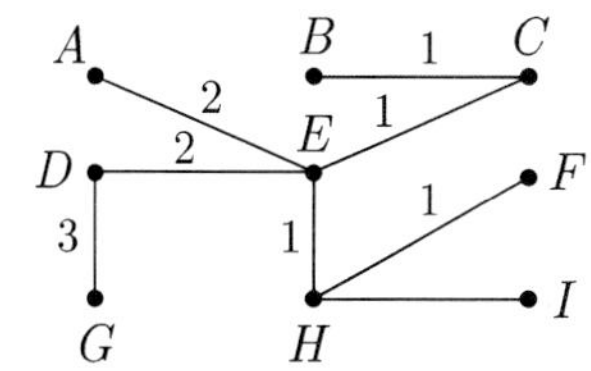

4.

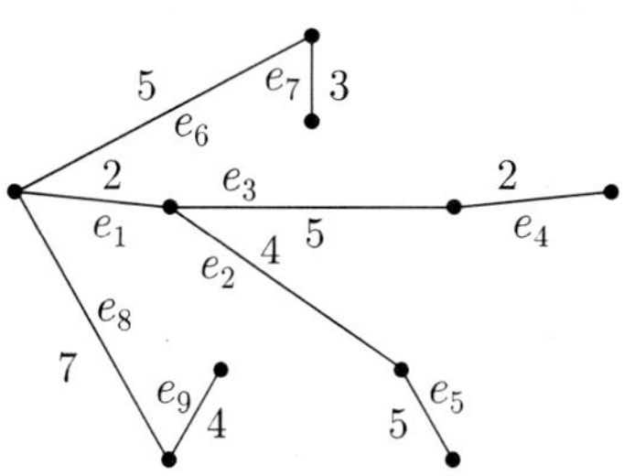

프림 알고리즘의 결과

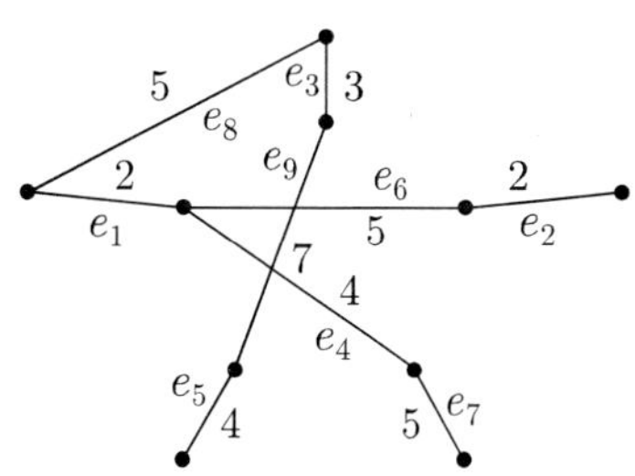

크루스칼 알고리즘의 결과

연습문제 5·3

1. 이분그래프 $K_{3,3}$가 평면형 그래프이라면 각 면은 4개 이상의 모서리를 갖고 있다. 따라서 오일러의 공식으로부터, $e \leq 2v-4$의 관계를 만족해야 한다. 그러나 위의 그래프에서 $e=9$, $v=6$는 $v-e+\frac{1}{2}e \geq 2$가 부등식을 만족하지 못한다. 따라서 평면형 그래프가 아니다.

2. $m=5+6=11$, $|E|=7$이므로, $m=11<14=2|E|$이 성립한다. 또한 $|E|=7$, $|V|=7$이므로, $3|V|-6=21-6=15$이다. 따라서 $|E|<3|V|-6$이다.

3. $|E|=3$과 $|V|=3$이므로, $|E|=3=3|V|-6$이다.

4. 그래프 G는 연결그래프이므로, 모든 $v \in V$에 대하여 $d(v) \geq 1$이다. 먼저 $|V| = 2$이면, G의 두 꼭짓점의 차수는 모두 1이므로 $d(v) \leq 5$인 꼭짓점이 두 개 존재한다. 이제 $|V| \geq 3$인 경우에 $d(v) \leq 5$인 꼭짓점이 없거나 또는 한 개 존재한다고 가정하자. 이때 $|V| - 1$개의 꼭짓점의 차수는 모두 6 이상이므로

$$2|E| = \sum_{v \in V} d(v) \geq 6(|V| - 1) + 1$$

이다. 또한 $|E| \leq 3|V| - 6$이므로

$$2(3|V| - 6) \geq 2|E| \geq 6(|V| - 1) + 1,\ 즉\ 6|V| - 12 > 6|V| - 5$$

로 되어 모순이 발생한다. 따라서 이 경우에도 $d(v) \leq 5$인 꼭짓점이 적어도 두 개 존재한다.

연습문제 5·4

1. (1) ⇒ (2) 그래프 G가 2-채색 가능하면 두 가지 색이 할당된 꼭짓점의 집합을 각각 M, N이라고 할 때, 각 집합의 꼭짓점은 서로 연결이 안 된다. 또한 $M \cup N$은 G의 모든 점이며, $M \cap N = \varnothing$이다. 따라서 G는 이분그래프이다.
   (2) ⇒ (3) $M \cup N$이 꼭짓점의 집합인 이분그래프를 G라 하면, G의 순환로는 M, N의 집합 중 한 꼭짓점에서 출발하여 두 집합의 꼭짓점으로 왔다 갔다 하다가 출발한 꼭짓점으로 돌아와야 한다. 따라서 모든 순환로의 길이는 짝수이다.
   (3) ⇒ (1) 모든 순환로의 길이가 짝수라 하자. 각 연결성분에서 한 꼭짓점을 뽑아 빨간색을 칠하고, 그 인접한 꼭짓점은 파랑색을 칠한다. 또한 파란색에 인접한 꼭짓점에는 빨간색을 칠한다. 이때 모든 순환로의 길이가 짝수이므로 두 인접한 꼭짓점에는 같은 색이 할당될 수 없다. 따라서 그래프 G는 2-채색 가능하다.

2.

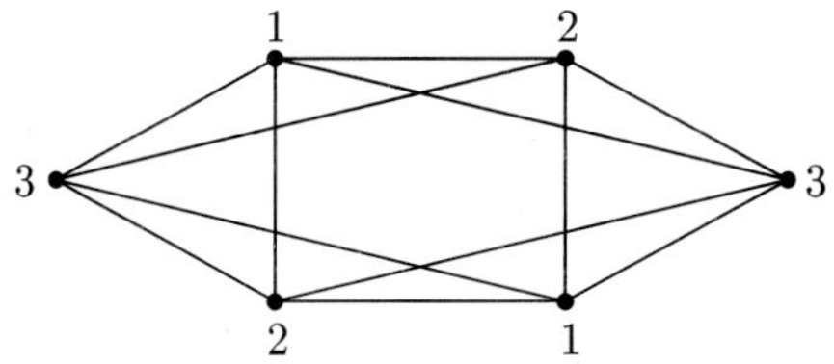

3. 그래프 G의 세 꼭짓점 a, b, c에 의해 결정되는 부분그래프는 완전그래프 K_3이다. 이때 $\chi(K_3) = 3$이므로, $\chi(G) \geq 3$이다. 그런데 나머지 세 꼭짓점 u, v, w에 대해서는 a, b, c에 지정한 색을 사용해도 좋으므로, $\chi(G) = 3$이다.

4. 다음 그림

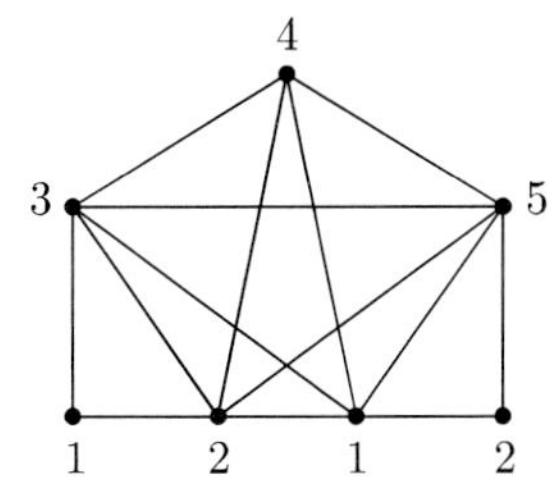

과 같이 꼭짓점에 다섯 가지 색 1, 2, 3, 4, 5를 지정할 수 있으므로 $\chi(G) \le 5$이다. 그런데 G는 부분그래프 K_5를 포함하므로, $\chi(G) = 5$이다.

5. 그래프 G는 연결그래프이므로, G의 신장 트리 $G' = (V, E')$가 존재하고 $\chi(G') = 2$이다. 그런데 $|E'| = |V| - 1 = |E| - 1$이므로, $e = \{v, w\} \in E \setminus E'$이라고 하면 $E = E' \cup \{e\}$이다. 먼저 G'에서 두 꼭짓점 v, w에 서로 다른 색이 지정되어 있는 경우에는 $\chi(G) = 2$이다. 한편 G'에서 두 꼭짓점 v, w에 같은 색이 지정되어 있는 경우에는 v, w중 어느 한 꼭짓점에 제3의 색을 지정해 주어야 하므로 $\chi(G) = 3$이다. 그러므로 어느 경우에나 $\chi(G) \le 3$이다.

참고문헌

1. 김응태 · 박승안, 정수론 제7판, 경문사, 2007
2. 박승안, 이산수학 제3판, 경문사, 2012
3. 박종안 · 이재진 · 이준열 · 서승현, 이산수학 제4판, 경문사, 2014
4. 심재동 옮김, 컴퓨터 과학응용 이산수학 제2판, 경문사, 2009
5. 오세영 · 윤재헌 · 김성래, 이산수학 개정판, 경문사, 2014
6. 이병무, 집합론의 이해, 경문사, 2009
7. 이병무, 선형대수학 입문, 경문사, 2013
8. 조성진 · 김한두 · 최언숙, 이산수학 제2판, 경문사, 2009
9. 함미옥 · 홍영진, 이산수학, 한빛미디어, 2006
10. 신현성 외 10명, 이산수학 (고등학교 교과서), 교육인적자원부, 2003
11. 신현성 외 10명, 이산수학 (교사용 지도서), 교육인적자원부, 2003
12. Epp S. S., *Discrete Mathematics with Applications*, Thomson, 2004
13. Goodaire E. G. and M. M. Parmenter, *Discrete Mathematics with graph theory*, 3rd ed., Pearson education, Inc, Upper Saddle River, New Jersey, 2006
14. Gossett E., *Discrete Mathematics with Proof*, Pearson education, Inc, Upper Saddle River, New Jersey, 2003
15. Rosen, K. H., *Discrete Mathematics and its applications*, 6th ed., McGraw-Hill, 2007

찾아보기

ㄱ

가우스 소거법 101
가우스 함수 29
가우스-조르당 소거법 101
가중그래프 193, 247, 276
가중치 193
가중행렬 212
간접 증명 11
경계 261
경로 215
경로행렬 219
계수행렬 97
계승 12
고리 192, 204
고립점 199
곱집합 53, 112
공개키 49
공개키 암호시스템 50
공배수 30
공액관계 173
공액분배 173
공약수 30
관계 53
교란 135
귀류법 증명 11
그래프 191
그래프 채색 269
그래픽 차수수열 209
근접행렬 222
기본행연산 100
기수 110
기약행사다리꼴 100
기초그래프 203
기하급수적 복잡도 87
기하급수적 시간 알고리즘 87
길 215
깊이 우선 탐색 알고리즘 252
꼭짓점 191

ㄴ

낙하 계승 175
내림함수 57
내부 영역 261
너비 우선 탐색 알고리즘 255
논리적으로 함의 4
농도 110

ㄷ

다면체 266
다익스트라 최단 경로 알고리즘 277
다중그래프 193
다중모서리 192
다중방향그래프 204
다중호 204
다항계수 151
다항식 시간 알고리즘 87
단순경로 223
단순그래프 193
단순방향경로 206
단순방향그래프 204
닫힌경로 223
닫힌방향경로 206
대우증명 11
대칭차 21
대칭행렬 95
데카르트 곱 53, 112
독립사건 114, 186
동치 5
동치관계 54
동치류 54

동형 207
동형사상 207

ㄹ

류 55

ㅁ

멱집합 20
면 261
명제 2
명제함수 7
모서리 191
모순명제 3
무의미한 증명 14
무한급수 58
무한수열 58
무한집합 18
밀러-로빈의 소수 판별법 알고리즘 49

ㅂ

바퀴그래프 196
반례 증명 15
방향경로 206
방향그래프 203
방향순환로 206
방향회로 206
배낭 문제 88
배반사건 113
배수 28
버블 정렬 알고리즘 84
벨 수 165
변 191
별그래프 196
복호화 49
부분그래프 193
분명한 증명 14
분배 166
분할 55
비둘기집 원리 15
비밀키 49
비밀키 암호시스템 49
빈 그래프 202

ㅅ

사건 184
사례 증명 14
사이클 223
사전편집 순서 155
삽입정렬 알고리즘 86
상집합 54
생성 수형도 243
생성함수 70
서로 배반적 113
세일즈맨의 여행 문제 87
소수 33
소인수분해 34
소행렬식 108
수반행렬 108
수열 58
수형도 238
순열 129
순열의 생성 알고리즘 156
순환그래프 196
순환로 223
스털링 공식 62
스털링 삼각형 163
시간 복잡도 83
신장 트리 243
신장 트리를 구하는 탐욕 알고리즘 246
쌍대성 원리 21
쌍마다 서로소 19

ㅇ

알고리즘 83
알고리즘의 복잡도 83
암호론 49
암호시스템 49
암호키 49

암호화 49
약수 28
여인자 108
여인자 행렬 108
역관계 53
역함수 57
역행렬 105
연결그래프 224
연결성 225
연결성분 225
오일러 경로 225
오일러 회로 225
올림함수 57
완전그래프 195
완전이분그래프 197
외부 영역 261
원소수 110
원순열 133
월터 그래프 254
웰치-파웰 알고리즘 274
유도된 부분그래프 194
유일성 증명 15
이분그래프 197
이항계수 38
이항연산 57
이항정리 145
이항확률 187
인수 28
인접행렬 211
입력 차수 205
잉여류 55

ㅈ

재귀식 61
재귀함수 60
적집합 53
점유 문제 160
점화수열 61
점화식 61
점화식의 해 63
정다면체 266
정렬성 11
정사각행렬 93
정칙그래프 199
정칙행렬 105
제1종 스털링 수 178
제2종 스털링 수 161
조건확률 185
조합 142
존재성 증명 15
중복순열 138
중복조합 147
지도 그래프 260
직접 증명 10
진리표 2
진릿값 2
집합 17
집합열 23
집합족 23
짝수점 199

ㅊ

차수 60, 194
차수수열 209
차수행렬 221
채색수 269
첨가행렬 97
첨자집합 23
첨자집합족 23
체 59
초기조건 60, 61
최고한도 29
최단 거리 277
최단 경로 277
최단 경로 문제 277
최대공약수 30
최대정수함수 29
최소 신장 트리 247
최소 신장 트리를 구하는 크루스칼 알고리즘 249

최소 신장 트리를 구하는 프림 알고리즘 247
최소공배수 30
최저한도 29
출력 차수 204

ㅋ

카마이클 수 49
카테시안 곱 53

ㅌ

탐욕 알고리즘 250
트리 그래프 238, 261
특성다항식 65
특성방정식 65

ㅍ

파스칼 삼각형 39
팩토리얼 함수 12
페러 다이어그램 173
페테르센 그래프 264
평면그래프 260
평면형 그래프 259
포함 배제 원리 116
표본공간 184
표준분해 34
플라톤의 입체 267
플로이드-워셜 알고리즘 281
피보나치 수 42
피보나치 수열 42

ㅎ

하노이 탑 63
하이퍼큐브 260
한정사 7
함의 4
합동식 35
합동식의 해 37
합성수 33
항등행렬 95
항진명제 3
해밀턴 경로 229
해밀턴 그래프 229
해밀턴 순환로 229
해밀턴 퍼즐 229
행렬 93
행렬식 108
행사다리꼴 100
호 203
홀수점 199
확률 184
확률공간 184
확률함수 184
황금률 43
황금분할 43
황금비 43
회로 223

기타

4색 정리 274
12면체 229
GCD 알고리즘 44
k-조합의 생성 알고리즘 157
k-채색가능 269
k계의 선형동차점화식 61
k계의 선형점화식 61
Marix-Tree 정리 220
NP 완전 문제 집합 88
n차원 정육면체 199
r차의 정칙그래프 199

이산수학의 이해

지은이 이병무
펴낸이 조경희
펴낸곳 경문사
펴낸날 2016년 9월 1일 1판 1쇄
등 록 1979년 11월 9일 제313-1979-23호
주 소 04057, 서울특별시 마포구 와우산로 174
전 화 (02)332-2004 팩스 (02)336-5193
이메일 kyungmoon@kyungmoon.com
facebook facebook.com/kyungmoonsa

값 22,000원

ISBN 978-89-6105-578-9